2025
Critical Point Biology

Critical
포인트 생 물

별책 **Critical 포인트 생물 – 필기노트 –**

박윤 저

고시계사
THE GOSHIGYE

Preface

이번에 전면 개정판을 출간하게 되어서 참 감사합니다. 그만큼 수험생들이 저의 교재를 많이 아껴주셨고, 1차 변리사 생물에서 저의 교재를 통해 좋은 결과를 얻었다는 것입니다. 수험생들의 합격과 더 좋은 교재를 만들기 위해서 지난 1년 동안 개정 작업에 착수했습니다. 이렇게 탄생한 것이 전면 개정판입니다. 전면 개정판은 이론 부분에서 수험생들의 생물 학습을 상승시키기 위해 고퀄러티의 생물 그림을 다수 포함시켜서 변리사 생물 공부의 이해를 돕고자 했습니다. 개정된 교재는 변리사 생물 시험에서 고득점을 최단 시간에 얻고자하는 수험생들의 요구를 만족시키기 위해서 탄생한 셈입니다. 이 자리를 빌려 수험생들의 변리사 생물에서의 고득점을 응원합니다.

크리티컬 포인트 생물은 변리사 1차 생물 시험 준비를 위한 전용 이론서입니다. 시중에 있는 많은 변리사 1차 생물 교재의 경우 변리사 시험과는 다소 거리가 있는 내용과 그림들이 포함되어 있어서 수험생들의 소중한 시간을 뺏어가고 있습니다. 오직 변리사 1차 생물 시험대비에 필수적인 내용과 그림만 수록하려고 온 힘을 집중시켰습니다. 교재의 전체적인 틀은 다음과 같습니다. 변리사 생물 시험에 필수적인 이론 내용은 단원별로 구성했으며, 변리사 생물의 정복과 수업에만 집중하기 위해서 손으로 직접 적은 필기노트를 별책으로 수록했습니다. 그리고 이번 개정판에는 변리사 생물에서 출제되는 전 범위 핵심 정리 요약본이 부록으로 추가되었습니다.

추가된 변리사 생물 전 범위 핵심 정리 요약본은 변리사 생물에서 꼭 알아야 되는 부분을 총 30개 챕터로 나누어서 시험장에 들어가기 전에 꼭 숙지해야 되는 내용으로 구성을 하였습니다. 추가 부록을 통해서 수험생들은 자신감을 가지고 변리사 1차 생물에서 고득점을 얻을 수 있을 것입니다. 수험생들의 요구를 적극 반영해서 이번 개정판에서는 전 범위 요약본을 준비했으니 좋은 결과가 자연스럽게 따라올 것입니다.

우리 수험생들은 의학이나 약학을 연구하는 사람이 아닙니다. 변리사 생물 시험을 쳐서 합격점수를 얻는 것이 최종 목적입니다. 그 목적에 부합되는 교재를 만들기 위해서 지난 1년을 보냈습니다. 이제는 여러분들 차례입니다. 좋은 교재를 가지고 여러분들의 꿈을 이루기를 바랍니다. 본 교재를 활용해서 저도 현장에서 여러분들의 생물 시험 향상을 위해서 최선의 강의를 하도록 노력하겠습니다.

교재가 나오기까지 감사해야 될 분들이 너무 많습니다. 이 교재가 나오기까지 전체적인 틀과 아이디어를 주신 고시계 정상훈 대표님, 전병주 국장님, 신아름 팀장님께 감사인사를 드립니다. 나의 사랑하는 두 아들 랑이와 샘솔이게도 고마운 마음을 전하고 싶습니다. 교재 작업으로 인해 많은 시간을 함께 하지 못해서 미안한 마음이 늘 큽니다. 그럼에도 불구하고 아이들은 내가 강의와 교재 작업 후에 집에 갔을 때 기쁨으로 반겨주는 소중한 존재들입니다. 마지막으로 나의 아내 주삼이에게 최고의 감사를 전합니다. 아내는 병원일로 바쁜 생활을 보내고 있지만 늘 가정의 행복과 저를 위해서 항상 기도로 응원해주는 인생의 동반자입니다.

Sine te non sum! (라틴어로 – 당신이 없다면, 나는 내가 될 수 없다.)

2024년 2월 29일

박 윤

Contents

PART 03 분자생물학(molecular biology)

Chapter 08. 유전자의 분자생물학 ---- 85

Chapter 09. 유전자 발현 조절 ---- 103

Chapter 10. 유전공학 ---- 110

PART 04 인체생리학(human physiology)

Chapter 11. 영양과 소화 ---- 119

Chapter 12. 순환계 ---- 126

Contents

PART
01

세포생물학
(cell biology)

Chapter 01 세 포

1 세포의 발견과 연구 방법

(1) 세포의 발견과 세포설

ㄱ. **세포의 발견** : 영국의 과학자 로버트 훅이 자신의 현미경으로 코르크를 관찰했는데 코르크층의 작은 방을 가리켜 세포(cell)이라고 함

ㄴ. **세포설** : 세포(cell)는 모든 생명체의 **구조적 기능적 기본단위**이며, 세포는 **세포로부터 발생**한다. 최초의 생물체는 **화학진화설**로 설명되고, 이후 **생물속생설(세포설)**로 다양한 생물의 진화를 설명함

ㄷ. **생물 개체의 구성**

생물학적 구성 단계: 분자 – 세포 – 조직 – (조직계) – 기관 – (기관계) – 개체 – 개체군 – 군집 – 생태계 – 생물권

ⓐ **분자(molecule)**: 원자라고 불리는 작은 화학적 단위가 둘 이상으로 구성되어 있는 화학적 구조

ⓑ **세포(cell)**: 생명체의 근본적인 구조 및 기능적 단위

ⓒ **조직(tissue)**: 구조적, 기능적으로 유사한 세포들의 모임

ⓓ **기관(organ)**: 다세포 생물에서 몇 개의 조직이 복합하여 일정한 형태를 가지고 특정한 작용을 하는 부분

ⓔ **개체(individual)**: 개개의 생명체인 생물

ⓕ **개체군(population)**: 특정한 지역 내에 생존하는 한 종을 구성하는 모든 개체의 집합

ⓖ **군집(community)**: 특정 생태계에 서식하는 모든 생물체의 집단

ⓗ **생태계(ecosystem)**: 특정 지역에 살아있는 모든 생물종 뿐만 아니라 생물체와 상호작용하는 무생물적 환경을 포함한 것

ⓘ **생물권(biosphere)**: 생물체가 살고 있는 지구상의 모든 곳

⑵ 세포의 연구방법

ㄱ. **현미경법** : 현미경 사용 시의 중요한 두 가지 요소는 배율과 분해능인데, 배율이란 대상의 크기가 확대된 정도를 의미하며 분해능이란 가까이 있는 두 물체를 분리하여 보여주는 능력을 말함. 배율이 클수록 분해능은 좋아지게 됨

종 류	광학 현미경	전자 현미경	
		투과 전자 현미경	주사 전자 현미경
광 원	가시 광선	전자선	
해상력	$0.2\,\mu m$	0.2nm	50nm
원 리	표본을 통과한 빛을 대물 렌즈와 접안 렌즈를 통해 확대하여 관찰	표본에 전자선을 투과시켜 상을 얻음	전자선을 표본의 표면에 주사하여 상을 얻음
특 징	가시 광선의 특성 때문에 해상력에 한계가 있음	• 해상력이 매우 높으나 표본을 매우 얇게 만들어야 함 • 평면적인 상을 얻으며 단면의 구조를 관찰하기에 적당함	• 해상력은 투과 전자 현미경에 비해 떨어지나 3차원적인 상을 얻을 수 있음 • 표본의 외형을 있는 그대로 관찰할 수 있음

ㄴ. **세포분획법** : 원심분리기를 이용하여 세포 내 소기관을 밀도와 크기에 따라 분리해 내는 방법으로서 무거운 것일수록 먼저 가라앉는 성질을 이용한 것임

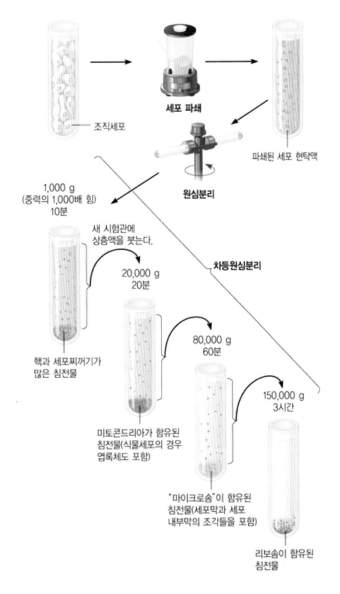

조직세포

세포 파쇄

파쇄된 세포 현탁액

원심분리

1,000 g
(중력의 1,000배 힘)
10분

새 시험관에
상층액을 붓는다.

20,000 g
20분

차등원심분리

핵과 세포찌꺼기가
많은 침전물

80,000 g
60분

미토콘드리아가 함유된
침전물(식물세포의 경우
엽록체도 포함)

150,000 g
3시간

"마이크로솜"이 함유된
침전물(세포막과 세포
내부막의 조각들을 포함)

리보솜이 함유된
침전물

ⓐ 동물세포의 세포소기관 분리 순서 : 핵 → 미토콘드리아 → 리보솜, 소포체 → 세포질

ⓑ 식물세포의 세포소기관 분리 순서 : 세포벽 → 핵 → 엽록체 → 미토콘드리아 → 리보솜, 소포체 → 세포질

② 세포의 구조와 기능

(1) **세포의 구분** : 구조적으로 서로 다른 두 종류의 세포가 진화해왔는데 하나는 원핵세포이고 또 다른 하나는 진핵세포임

ㄱ. **원핵세포(prokaryotic cell)** : 핵이 없으며 막성 세포소기관, 세포골격 등이 존재하지 않음
  예 진정세균과 시원세균

· **원핵생물(prokaryote ; pro=before, karyote=kernel, nucleus)**
  ⓐ 핵막이 없어 핵(nucleus)이 존재하지 않고, 유전물질인 DNA는 보통 1개의 **환형 DNA**가 잘 꼬인 초나선 형태의 **핵양체(nucleoid)**로 존재한다.
  ⓑ **세포벽**: 진정세균(eubacteria)의 세포벽은 **펩티도글리칸**(peptidoglycan ; 아미노산+탄수화물)이 주성분이고, 세포벽이 두꺼운 **그람양성균**과 얇은 세포벽을 갖는 **그람음성균**으로 구분

> · 리소자임(lysozyme)은 펩티도글리칸의 당 결합(glycosidic bond)을 분해하는 효소로 눈물과 달걀 흰자위에 많음
> · 페니실린(penicillin), 암피실린(ampicillin)은 펩티도글리칸 사이의 교차결합(cross linkage)을 형성하는 효소(transpeptidase)의 경쟁적 억제제이다.

  ⓒ **세포막(cytoplasmic membrane)**: 양친매성인 **인지질 이중층**(phospholipid bilayer)으로 구성된 원형질막으로 소수성 지방산이 내부에 존재하고 친수성 인산기는 외부로 돌출되어 물과 접촉하고 있어 극성물질의 이동을 격리하고 있다. 물질의 **선택적 투과**에 관여하는 단백질들은 인지질 이중층 사이에 존재하고 좌우로 표류할 수 있다(**유동모자이크막**; fluid mosaic membrane).

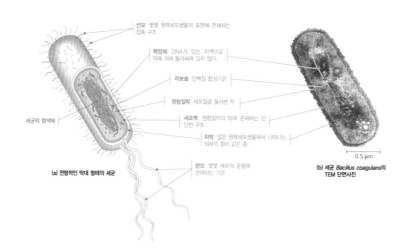

ⓓ **세포질(cytoplasm):** 세포질에는 세포골격(cytoskeleton)이 없고 비막성소기관인 70S(50S+ 30S)의 **리보솜**(ribosome)이 존재하여 단백질 합성에 관여

ⓔ **편모(bacterial flagella):** 세포골격이 없어 단위체인 플라젤린(flagellin) 단백질이 나선형으로 결합하여 고형화 된 구조로 양성자농도기울기(proton-motive force)를 이용하여 회전시켜 물을 밀어내는 스크류 운동을 한다.

   cf) 진핵생물의 편모: 세포골격의 일종인 미세소관의 9+2구조, ATP분해에 의한 채찍운동

ⓕ 필루스(pilus; 선모): 단위체인 필린(pillin)의 결합체로 세포를 표면에 부착시키고, 다른 세균과 접합을 도와 플라스미드 교환의 통로로 작용

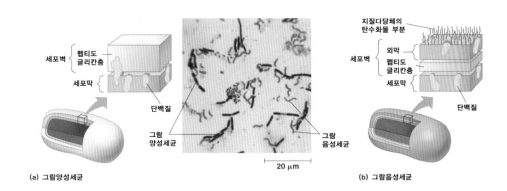

(a) 그람양성세균   20 μm   **(b) 그람음성세균**

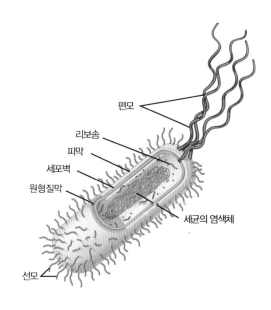

ㄴ. 진핵세포(eukaryotic cell) : 핵이 있으며 막성 세포소기관, 세포골격 등이 존재함

예 동물, 식물

ⓐ 동물세포의 구조 : 동물세포에는 존재하나 식물세포에는 존재하지 않는 구조로 리소좀, 편모 등이 있음

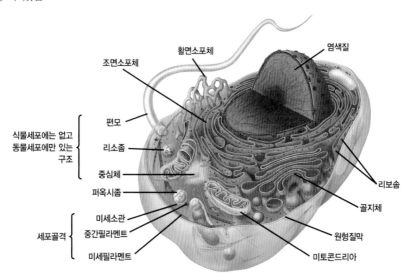

ⓑ 식물세포의 구조 : 식물세포에는 존재하나 동물세포에는 존재하지 않는 구조로 세포벽, 엽록 체, 중심 액포 등이 있음

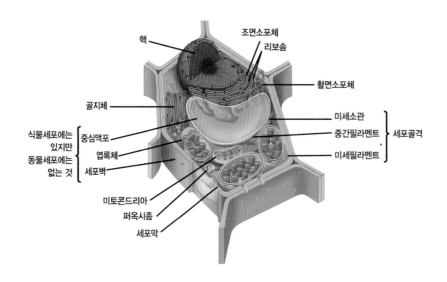

(2) **진핵 세포의 구조와 기능** : 지름이 원핵세포의 10배 정도 되는 전형적인 진핵세포의 경우 세포질의 부피는 원핵세포의 1,000배이지만 원형질막의 면적은 100배 정도에 불과한데 진핵세포는 세포내의 여러 막성구조물의 체계인 내막계를 통해 이러한 불리함을 극복함

ㄱ. **핵(nucleus)** : 유전물질인 DNA를 가지고 있어서 단백질 합성 명령을 하여 세포의 활동을 조절함. 핵을 둘러싸고 있는 2중막인 핵막(nuclear envelope)은 핵 안팎으로 물질을 통과시키는 핵공이 있는 이중막이며 인(nucleolus)은 핵의 독특한 구조이며 리보솜의 소단위체가 여기에서 만들어져 핵공을 통해 세포질로 나감

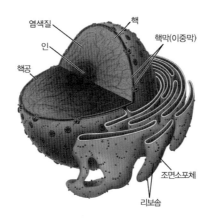

ㄴ. **조면소포체(rough endoplasmic reticulum ; RER)** : 소포체의 막 표면에 단백질 합성 소기관인 리보솜이 점점이 박혀 있음. 조면소포체는 다른 소기관으로 전달되는 단백질이나 세포가 분비하는 단백질을 변형시킴

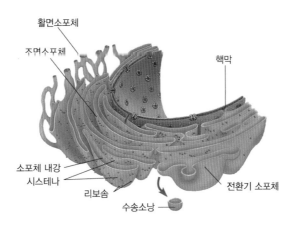

ㄷ. **활면소포체(smooth endoplasmic reticulum ; SER)** : 서로 연결된 관으로 이루어져 있고 부착된 리보솜이 없음. 지방산, 인지질, 스테로이드 등의 지질 합성, 약물 및 유해한 물질의 분해, 칼슘 이온의 저장 등의 역할을 수행함

ㄹ. **골지체(Golgi apparatus)** : 납작한 모양의 주머니가 포개져 배치되어 있는 구조물로 소포체와 밀접한 관계를 가지고 여러 기능을 수행함. 합성되는 단백질의 저장, 변형, 분비에 관여하며 단백질 분비가 활발한 세포에 발달되어 있는 것이 특징임

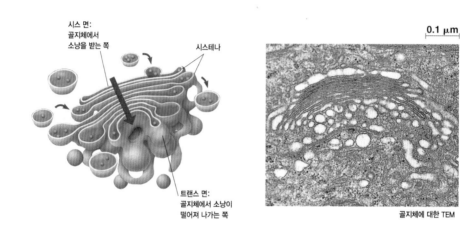

골지체에 대한 TEM

ㅁ. **리소좀(lysosome)**: 골지체에서 가수분해효소들을 포함하여 분리된 단일막 구조로 식세포작용 (phagocytosis)에 의한 외부단백질이나 노화된 자체 단백질을 분해 담당

- 가수분해효소에 의한 자기 단백질의 손상을 방지하기 위해 막으로 격리되어 있으며, 리소좀의 pH를 5.5정도를 유지하여 가수분해효소가 pH 7.4인 세포질로 방출되더라도 효소의 활성 pH가 달라 자기단백질의 분해가 억제됨

- **테이삭(Tay-Sachs)병:** 리소좀 가수분해효소(N-acetylhexosaminidase)의 결핍은 뇌세포 내에 갱글리오시드(ganglioside)라는 지질을 축적시켜 정신박약, 시력상실, 죽음까지도 유발

- **폼페병(Pompe's disease):** 리소좀 효소 중에서 글리코겐 분해효소의 결핍으로 간에서 글리코겐이 심하게 축적되는 질병

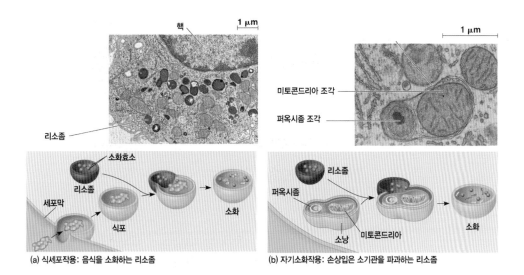

(a) 식세포작용: 음식을 소화하는 리소좀

(b) 자기소화작용: 손상입은 소기관을 파괴하는 리소좀

ㅂ. **액포(vacuole)** : 막으로 둘러싸인 주머니로 일반적으로 소포보다는 큰 내막계에 속하는 소기
관임. 성숙한 식물세포에 발달되어 있으며 식물세포의 수분함량을 조절하고 삼투압을 조절하여
식물 형태변화에 관여함. 세포 물질대사에 의한 부산물 등을 저장하기도 함

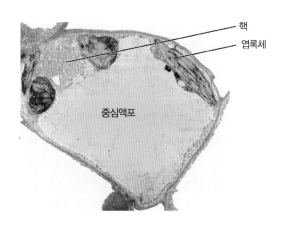

ㅅ. **미토콘드리아(mitochondria)** : 2중막으로 둘러싸여 있으며 특히 내막은 구불구불하여 크리스
테라고 함. 화학에너지인 ATP 생성을 하는 세포호흡을 수행하며 자신의 DNA를 가지고 있고 스
스로 복제, 분열할 수 있음

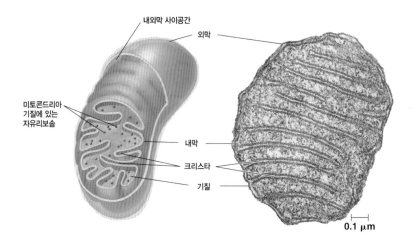

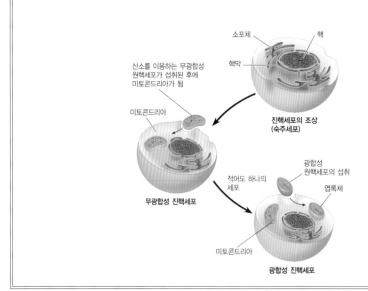

★ 세포공생설(endosymbiosis)

- 미토콘드리아: 진화과정에서 **호기성 진정세균**이 **원시 진핵**의 세포질에 포함되는 과정에서 이중
막을 갖고 산소호흡을 통한 에너지 생성에 관여
- 엽록체: 이후 광합성을 수행하는 남세균이 세포질에 유입되어 식물이 형성
- 세균과 같은 **자체의 환형** DNA와 **70S 리보솜**은 **세포공생설**의 근거이다.
- 진화과정에서 엽록체와 미토콘드리아 자체의 유전자 의존율은 낮아지고 핵에 의존하지만, 이들
의 복제는 핵의 복제와 별도로 발생하며 또한 모성유전을 따름

ㅇ. **엽록체(chloroplast)** : 모든 광합성 진핵세포의 광합성 기관으로서 2중막으로 둘러싸여 있고 그 안에는 틸라코이드 막이 겹겹이 쌓여 있어 명반응을 수행하는 그라나와 그 외의 공간으로 암반응을 수행하는 스트로마로 구분되어 있음. 미토콘드리아와 마찬가지로 자신의 DNA를 함유하고 있고 스스로 복제, 분열할 수 있음

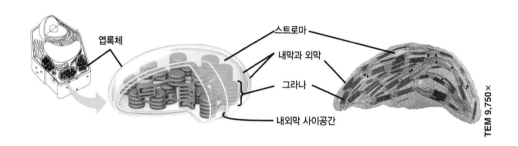

ㅈ. **퍼옥시좀(peroxisome)** : 막성 구형 세포소기관으로 지방산의 산화 등의 반응을 수행하는데 이때 형성된 H_2O_2를 퍼옥시좀 내의 카탈라아제(catalase)라는 효소를 이용해 제거함

ㅊ. **중심체(centrosome)** : 2개의 중심립과 그 밖의 물질로 구성되어 있음. 미세소관을 형성하는 기능을 수행하는데 특히 세포분열시 세포의 양극으로 이동한 뒤 방추사를 형성하여 염색체를 이동시키는 데 관여함

ㅋ. **세포골격(cytoskeleton)** : 가는 섬유로 된 그물 형태의 지지 구조로 세포질 전체에 퍼져 있으며 세포구조를 지지하고 세포 이동에 관여하기도 함

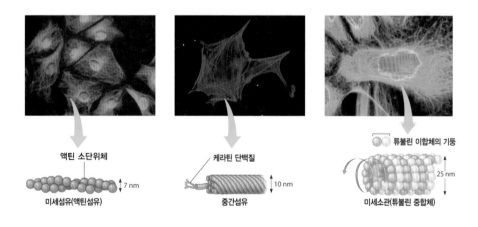

ⓐ 미세섬유(microfilament) : 액틴이라는 구형 단백질로 이루어져 있는 사슬 두 개가 나사 모양으로 꼬인 구조를 하고 있으며, 세포의 모양 유지, 변화에 관여함

ⓑ 중간섬유(intermediate filament) : 다양한 그룹으로 구성되며 구형이라기보다는 섬유 모양의 단백질이 밧줄과 같은 구조를 하고 있음. 세포의 모양을 견고하게 하는 역할을 하며 일부 세포 소기관의 위치를 고정시키는 작용도 수행함

ⓒ 미세소관(microtubule) : 튜불린이라고 하는 구형의 단백질로 만들어진, 속이 빈 원통형의 관으로서 세포 내의 세포소기관, 물질의 이동 등에 관여함. 섬모와 편모의 경우 구조상 미세소관이 주된 구성 요소임

ㅌ. **리보솜(Ribosome):** 막이 없는 구조로 원핵생물(70S)과 달리 **80S**(60S + 40S 소단위)의 침강계수를 갖고, 유전정보에 따라 아미노산을 지정하여 **단백질을 합성**한다.

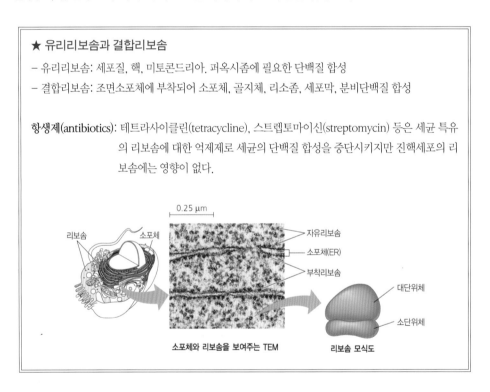

★ 유리리보솜과 결합리보솜
– 유리리보솜: 세포질, 핵, 미토콘드리아, 퍼옥시좀에 필요한 단백질 합성
– 결합리보솜: 조면소포체에 부착되어 소포체, 골지체, 리소좀, 세포막, 분비단백질 합성

항생제(antibiotics): 테트라사이클린(tetracycline), 스트렙토마이신(streptomycin) 등은 세균 특유의 리보솜에 대한 억제제로 세균의 단백질 합성을 중단시키지만 진핵세포의 리보솜에는 영향이 없다.

소포체와 리보솜을 보여주는 TEM   리보솜 모식도

(3) 세포의 표면과 연접

ㄱ. **식물의 세포벽(cell wall)** : 세포를 보호할 뿐만 아니라 식물이 땅 위에 있을 수 있도록 지지대 역할도 수행함. 원형질막보다 보통 10~100배 더 두꺼운 식물 세포벽은 다당류와 단백질로 된 바탕질에 셀룰로오스 섬유가 배열되어 있는 구조임

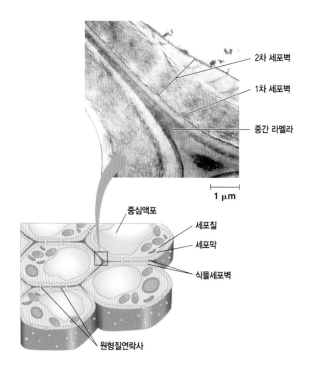

2차 세포벽
1차 세포벽
중간 라멜라
1 μm

중심액포
세포질
세포막
식물세포벽
원형질연락사

ㄴ. **세포연접(cell junction)** : 세포를 연결시켜주는 구조로서 동물세포에는 밀착연접, 데스모좀, 간극연접이 있으며 식물세포에는 원형질연락사가 존재함

ⓐ 밀착연접(tight junction) : 세포들을 매우 빽빽하게 묶어 물질이 새어나가지 못하도록 판을 형성하므로 세포 간극을 통한 물질이동을 제한하고 세포막에 존재하는 단백질의 유동성도 제한하게 됨
ⓑ 데스모좀(desmosome) : 세포 간에 강한 부착력을 부여하는데 일반적으로 피부나 심장근육과 같이 세포 간에 장력이 많이 존재하는 조직에서 찾아볼 수 있음
ⓒ 간극연접(gap junction) : 세포 간에 작은 분자들이 이동하는 통로가 되는데 이온의 이동은 세포 간의 신호선달노노 기능을 수행함
ⓓ 원형질연락사(plasmodesmata) : 식물세포 사이의 통로로서 원형질연락사를 통해 식물조직의 세포들은 물, 영양분, 화학적 신호를 공유하게 됨

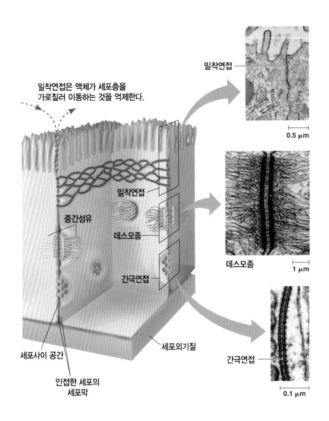

밀착연접은 액체가 세포층을
가로질러 이동하는 것을 억제한다.

밀착연접

0.5 μm

밀착연접

중간섬유

데스모좀

데스모좀

1 μm

간극연접

세포사이 공간

세포외기질

인접한 세포의
세포막

간극연접

0.1 μm

◈ 원핵세포, 식물, 동물 세포의 주요 차이점

	원핵세포	식물세포	동물세포
세포막	인지질 이중층 + 단백질	인지질 이중층 + 단백질	인지질 이중층 + 단백질 + 콜레스테롤
세포골격	없음	있음(소량)	있음(다량)
핵막	없음	있음	있음
염색체	단일, 환상 DNA	다수의 선형	다수의 선형
막성 세포소기관	없음	있음	있음
리보솜	70S	80S	80S
세포벽	펩티도글리칸	셀룰로오스	없음
편모	있음	없음	미세소관(9+2)
중심립	없음	없음	미세소관(9+0)
리소좀	없음	없음	있음
액포	없음	있음	없음

01 엽록체의 미세 구조를 연구하기에 가장 적당한 기구는 무엇인가?

① 광학현미경
② 망원경
③ 주사전자현미경
④ 투과전자현미경
⑤ 형광염료와 광학현미경

02 말과 개미의 세포는 매우 작으며 평균적으로 크기가 비슷하다. 단지 말의 세포수가 더 많은 것 뿐이다. 이렇게 세포의 크기가 작으면 어떤 이점이 있는가?

① 작은 세포는 큰 세포보다 잘 터지지 않는다.
② 작은 세포는 큰 세포보다 세포부피당 표면적이 더 넓다.
③ 작은 세포는 큰 세포보다 세포당 세포골격의 양이 많다.
④ 작은 세포는 큰 세포보다 필요로 하는 산소의 양이 많다.
⑤ 작은 세포로 생명체를 만드는 것이 에너지가 적게 소요된다.

03 세포가 진핵세포인지 원핵세포인지 구분하는 기준은 무엇인가?

① 단단한 세포벽의 존재 유무
② 세포 내부에 막으로 구획이 나누어져 있는지의 여부
③ 리보솜의 존재 유무
④ 세포 대사를 수행하는지의 여부
⑤ DNA의 존재 유무

04 세포의 지지나 이동에 직접적으로 관여하지 <u>않는</u> 것은 무엇인가?

① 미세섬유　　　　② 편모　　　　③ 미세소관
④ 리소좀　　　　　⑤ 세포벽

Chapter 02

세포막을 통한 물질 수송

① 세포막의 구조와 기능

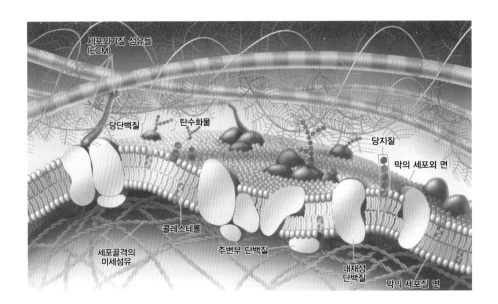

(1) 세포막의 주성분

ㄱ. 인지질(phospholipid)

① 인지질은 친수성(hydrophilic) 머리부분과 소수성(hydrophobic) 꼬리 부분을 포함한 양친매성 (amphiphilic) 물질로 물속에서 물리적으로 이중층을 형성하여 안정화 된다.

② 인지질층 사이에서 각각의 인지질과 단백질은 유동적으로 좌우로 움직일 수 있지만(lateral movement), 인지질이 양친매성(amphipathic)을 갖고 있어, 인지질 이중층 사이에서 물질의 상하 이동은 일어나기 어렵다(flip-flop).

- **물질의 투과성**: 물질이 인지질 이중층을 투과하려면 소수성인 지질층을 통과하여야 하므로 극성이 강하고, 물질이 **클수록** 인지질 이중층에 대한 투과성이 낮다.

• 막의 유동성

ㄱ. 막지질의 지방산 길이: 지방산의 길이가 길수록 인지질 간의 소수성 상호작용이 강화되기 때문에 막유동성이 감소함

ㄴ. 막지질의 지방산 포화도: 지방산의 포화도가 높을수록 인지질 간의 소수성 상호작용이 강화되기 때문에 막유동성이 감소함

ㄷ. 콜레스테롤의 함량: 콜레스테롤 함량이 높을수록 막유동성이 감소됨

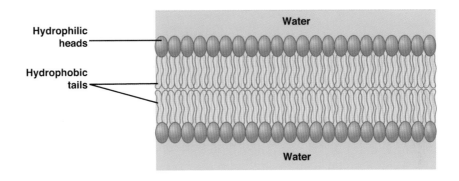

ㄴ. **막단백질(membrane protein)** : 세포막을 세포골격이나 세포외바탕질 섬유에 고정시키거나 주위 세포와의 세포연접 형성에 관여하며 일부는 효소로서 그리고 수용체, 수송체로서 기능함

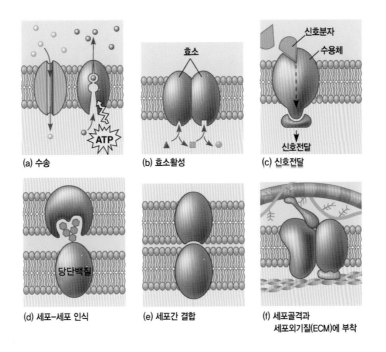

ㄷ. **콜레스테롤(cholesterol)** : 동물세포의 경우 세포막에 존재하여 체온에서나 저온에서도 세포막의 유동성이 유지되도록 함

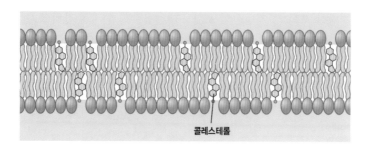

콜레스테롤

⑵ 세포막의 기능

ㄱ. 세포의 형태를 유지하는 데 관여함

ㄴ. 세포와 외부환경과의 경계로 물질의 출입을 조절하는데 기본적으로 세포막은 소수성 물질의 출입은 허용하지만 친수성 물질의 출입은 특이적으로 제한함

2 세포막을 통한 물질 수송

⑴ **수동수송(passive transport)** : 에너지를 사용하지 않는 물질 수송으로 고농도에서 저농도로 물질이 이동함

ㄱ. **확산(diffusion)** : 용질의 수동수송으로 용질의 고농도 부위에서 용질의 저농도 부위로 용질이 이동하는 것인데 소수성인 분자는 크기가 작을수록 세포막을 잘 통과하게 되며 친수성 분자의 경우는 세포막에 존재하는 수송 단백질을 통해 촉진확산하게 됨

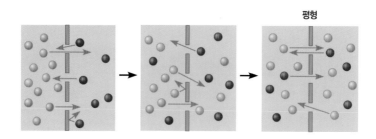

평형

ㄴ. **삼투(osmosis)** : 용질이 막을 통과하지 못하고 농도기울기가 형성될 때, 막을 투과하는 물 분자 (용매)가 반대 방향으로 확산되는 현상

• 삼투현상과 세포
  − 세포질보다 용질의 농도(삼투농도)가 높은 용액을 고장액(hypertonic solution), 낮은 경우 저장액 (hypotonic solution), 동일한 경우 등장액(isotonic solution)이라 함
  − 단단한 세포벽을 갖는 식물세포와 그렇지 않은 동물세포에서 삼투현상에 의한 세포의 상태가 다르게 나타난다.
    예 적혈구의 용혈(hemolysis), 식물의 원형질 분리(plasmolysis)

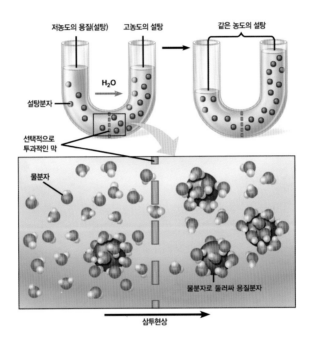

ⓐ 삼투압(P) = CRT
  (C: 용액의 몰 농도, R: 기체상수(0.082), T: 절대온도)

ⓑ 삼투압 적용 – 동물세포와 식물세포의 등장액, 저장액, 고장액에서의 변화 분석

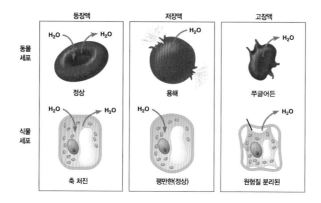

(2) **능동수송(active transport)** : 에너지를 사용하는 수송으로서 저농도에서 고농도로 물질이 이동함. 특정 수송 단백질이 이용되므로 선택적 투과성을 보임

예 Na^+-K^+ 공동수송

- 1차 능동수송: ATP를 사용하여 직접적인 물질의 이동

- 2차 능동수송: 1차 능동수송에 의해 형성된 이온의 농도차로 다른 물질이 이동

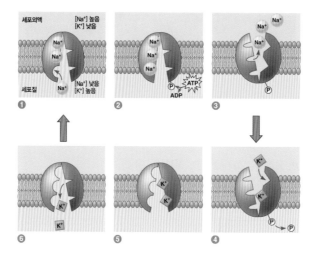

예 H⁺−설탕 공동수송

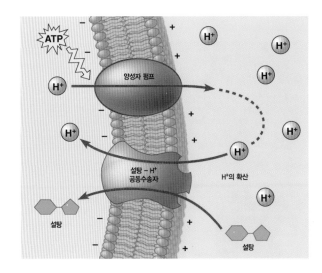

(3) **내포작용과 외포작용** : 단백질과 같이 크기가 큰 고분자의 경우 세포막의 함입이나 융합을 통해서 이동하게 됨

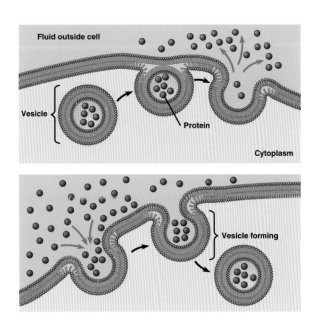

ㄱ. **내포 작용(endocytosis)** : 원형질막의 함입에 의해 소포 또는 식포를 형성하여 물질을 세포 내로 들여오는 물질 수송 방식 예 식세포 작용, 음세포 작용, 수용체 매개성 내포작용

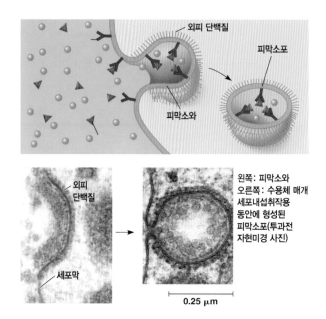

ⓐ **식세포작용(phagocytosis):** 세균이나 손상된 세포조각과 같이 거대한 물질을 세포막으로 둘러싼 후 리소좀과 융합되어 제거하는 현상

　　예 대식세포(macrophage)의 식세포작용

ⓑ **음세포작용(pinocytosis):** 액포에 물이나 용질 상태의 비교적 작은 물질이 유입된 경우

ⓒ **수용체 매개 엔도시토시스(receptor-mediated endocytosis):** 세포외 용질의 리간드와 세포의 수용체가 결합해야 내포작용이 일어나는 상당히 특이적인 물질수송 방식임

　　예 LDL 수용체 매개성 내포작용

• 저밀도 지질단백질(LDL; low density lipoprotein) 수용체: 동물의 혈관 세포에 많이 존재하여 콜레스테롤을 포함한 복합체인 LDL을 수용체 매개 엔도시토시스 시켜 콜레스테롤을 세포막에 추가시킴. 유전적인 수용체의 결함의 경우 고지혈증(hyperlipidemia)이 발생하여 사망에 까지 이른다.

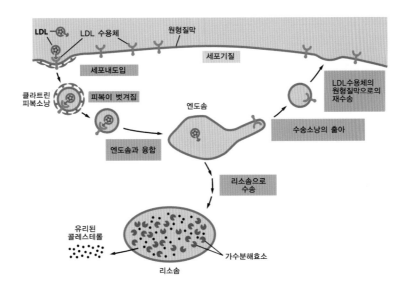

ㄴ. **외포 작용(exocytosis)** : 세포 안의 소낭과 세포막 간의 융합을 통해 물질을 내보내는 작용

　　예 이자 β세포의 인슐린 분비 작용

01 다음 중 세포막의 구조를 가장 잘 묘사하는 것은?

① 인지질 이중층 사이에 단백질이 있는 구조
② 인지질 이중층에 단백질이 박혀 있는 구조
③ 한 층의 인지질을 단백질 한 층이 둘러싸고 있는 구조
④ 두 층의 단백질 사이에 인지질이 있는 구조
⑤ 인지질 이중층에 콜레스테롤이 박혀 있는 구조

02 세포 내의 나트륨 이온 농도가 세포를 둘러싼 용액의 농도보다 10배 낮다면 세포는 어떻게 나트륨 이온을 세포 밖으로 방출하는가?

① 능동수송   ② 확산   ③ 수동수송
④ 삼투   ⑤ 내포 작용

03 다음 중 단순 확산에 의해서 세포막을 투과하기 가장 어려운 물질은 무엇인가?

① CO_2 ② H_2O ③ O_2
④ N_2 ⑤ H^+

04 고장액에 놓이면 식물세포는 _____.

① 흡수력이 감소한다.
② 팽창한다.
③ 터진다.
④ 변화없다.
⑤ 원형질 분리가 일어난다.

Chapter 03 물질대사와 효소

① 물질대사(metabolism)

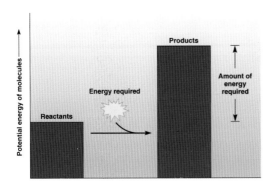 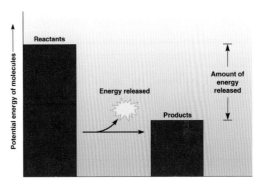

(1) 흡열반응과 발열반응

- 모든 반응은 짝반응(coupled reaction)으로 일어나고, 발열반응은 흡열반응이 일어나도록 에너지를 공급한다.

ㄱ. **발열반응(exergonic reaction)**
- 생성물이 반응물보다 더 작은 자유에너지를 가지고 있는 경우로 이 반응은 자발적인 경우가 많다(자유에너지의 변화량; $\varDelta G < 0$)

  예 호흡에 의한 포도당이 CO_2와 H_2O로 분해되는 반응에서 에너지의 방출

ㄴ. **흡열반응(endergonic reaction)**
- 생성물이 반응물보다 더 많은 자유에너지를 갖는 경우

  예 광합성에 의한 포도당의 합성과정에서 에너지의 흡수 ($\varDelta G > 0$)

(2) 에너지 짝지음(energy coupling) : 흡열반응을 일으키기 위해 발열반응에서 얻은 에너지를 사용하는 것으로 모든 세포가 갖고 있는 중요한 능력으로서 ATP 분자가 바로 에너지 짝물림의 핵심임

② 효소의 구성

(1) **단순단백질 효소** : 단백질로만 구성된 효소임

(2) **복합단백질 효소** : 단백질과 비단백질 부분이 연합된 효소임

ㄱ. **주효소(apoenzyme)** : 효소의 단백질 부위

ㄴ. **보조인자(cofactor)** : 효소의 비단백질 부위로서 효소활성에 결정적인 역할을 수행하는데 유기물로 구성된 보조인자와 무기물인 금속이온으로 구분됨 **예** NAD^+, FAD, Mg^{2+} 등

ⓐ 조효소(coenzyme) : 유기물로 구성된 보조인자를 가리킴

ⓑ 보결족(prosthetic group) : 주효소와 영구적으로 결합된 보조인자를 가리킴

③ 효소의 기능과 특성

(1) **효소의 기능** : 반응을 일으키기 위해 필요한 최소한의 에너지를 활성화 에너지(activation energy)라고 함. 효소는 생체촉매로서 반응의 활성화 에너지 크기를 감소시켜 반응속도를 증가시키는 것임. 효소에 의해 활성화 에너지의 크기가 감소한다고 하더라도 반응의 자유에너지 변화 정도는 일정하기 때문에 화학평형 상태에서의 반응물과 생성물의 농도 비율은 변하지 않는다는 점을 유념해야 함

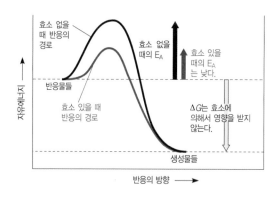

(2) 효소의 특성

ㄱ. **기질 특이성** : 단백질인 효소는 제각기 독특한 3차구조를 가지고 있으며 그 모양에 의해 효소가 어떤 화학반응을 촉진시킬 것인지가 결정되는데 효소의 기질 특이성은 효소의 활성부위가 한 종류의 기질에만 잘 들어맞기 때문임. 기질이 효소에 결합할 때 활성부위의 모양이 변해서 마치 악수할 때 손을 꽉 쥐듯 효소가 기질에 더 잘 맞게 되는데 이것을 유도적응(induced fit)이라고 함

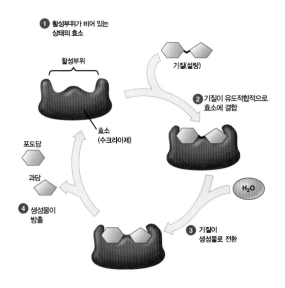

ㄴ. 효소의 활성에 대한 온도, 염농도, pH의 영향

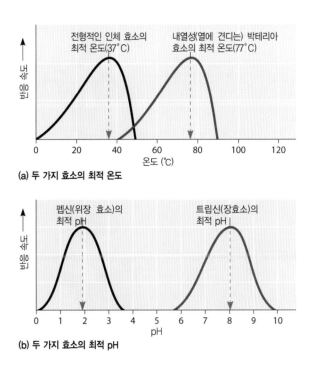

ⓐ 온도 : 최적온도 이상으로 온도가 증가하게 되면 효소의 성분인 단백질이 변성되므로 효소의 기능이 상실됨

ⓑ 염농도와 pH : 염 이온은 단백질의 구조를 유지하는 화학결합을 방해하므로 염 농도가 높아 지면 효소의 활성은 사라지게 되며 최적 pH 범위 밖에서는 효소작용이 억제됨

ㄷ. **반응 억제자에 의한 효소활성 억제** : 효소의 활성을 방해하는 물질을 억제자라고 하는데 억제 자가 효소와 공유결합하면 이에 의한 반응 억제는 대개 비가역적이며 효소와의 결합이 수소결 합처럼 약한 결합이면 이 반응 억제는 가역적임

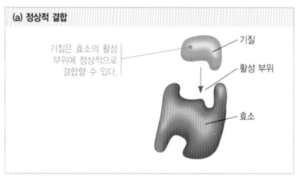

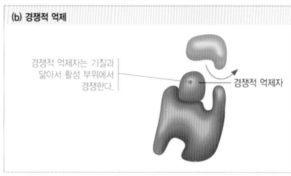

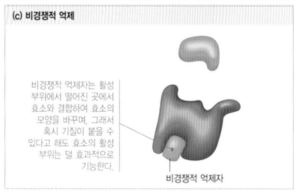

ⓐ 경쟁적 저해제(competitive inhibitor) : 기질과 유사한 구조를 지니고 있어서 효소의 활성부위를 두고 원래의 기질과 경쟁하여 원래의 기질이 효소의 활성부위에 들어오지 못하게 함으로써 효소의 작용을 저해시킴. 이러한 경우 기질 분자의 농도를 증가시키면 활성부위가 빌 때 기질 분자가 활성 부위 주위에 가까이 있게 되므로 억제자의 억제를 극복할 수 있음

ⓑ 비경쟁적 저해제(noncompetitive inhibitor) : 효소의 활성 부위와 결합하지 않는 대신 효소의 다른 부위에 결합하여 효소의 구조를 변형시킴으로써 활성부위가 더 이상 기질과 반응하지 못하게 함

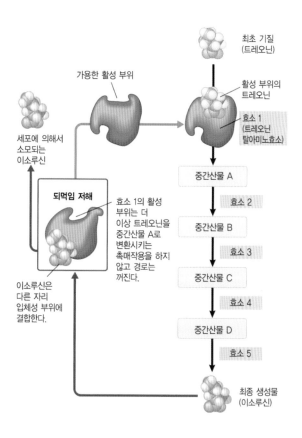

01 엿당에서 포도당으로의 가수분해는 발열반응이다. 다음 중 옳은 설명은 무엇인가?

① 본 반응을 통해 물이 생성된다.

② 포도당의 에너지는 말토오스의 에너지보다 작다.

③ 본 반응은 비자발적이다.

④ 본 반응은 에너지를 흡수한다.

02 ADP와 인산기로부터의 ATP 합성에 대한 설명 중 옳은 것은?

① 발열반응이다.

② 인산결합의 가수분해 과정이다.

③ ADP보다 ATP의 에너지가 작다.

④ 세포 내에서 일을 할 수 있는 형태로 에너지를 저장한다.

⑤ 에너지를 방출한다.

03 a-아밀라아제라는 효소는 전분이 더 작은 올리고당으로 분해되는 속도를 증가시킨다. 무엇에 의한 것인가?

① 반응의 평형상수를 감소시킴으로써

② 반응의 자유에너지 변화를 증가시킴으로써

③ 반응의 자유에너지 변화를 감소시킴으로써

④ 반응의 무질서도 변화를 감소시킴으로써

⑤ 반응의 활성화 에너지를 낮춤으로써

04 카탈라아제라는 효소는 활성화자리에 단단히 공유결합된 철 이온을 지닌다. 그 철 이온을 무엇이라고 하는가?

① 곁사슬   ② 효소   ③ 조효소

④ 보결족   ⑤ 기질

05 다음 대사경로에 대해 생각해 보시오. (단, 반응물과 생성물이 대문자로 표시되어 있다. 효소는 숫자로 표시되어 있다.)

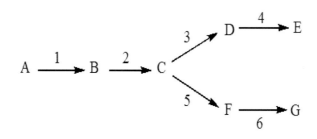

최종생성물 E가 효소 1의 음성 피드백 조절자라고 가정하자. 많은 양의 E가 존재할 경우에 세포에 어떤 일이 일어날 것이라고 생각되는가?

① 세포가 G를 만들어내지 못할 것이다.
② 세포가 A를 만들어내지 못할 것이다.
③ 세포가 너무 많은 G를 만들어낸다.
④ 세포가 너무 많은 E를 만들어낸다.
⑤ 세포가 너무 많은 D를 만들어낸다.

06 효소반응은 기질 농도가 증가할 때 포화될 수 있다. 그 이유는 무엇인가?

① 효소는 한정된 수소원자를 지니기 때문이다.
② 기질 농도가 더 이상 증가할 수 없기 때문이다.
③ 기질은 효소의 저해제이기 때문이다.
④ 활성화 에너지가 더 이상 낮아질 수 없기 때문이다.
⑤ 효소의 수가 제한되어 있기 때문이다.

Chapter 04 세포호흡

① 산화-환원 반응

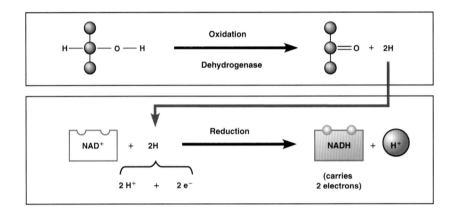

(1) $A + B \rightarrow A^+ + B^-$ 반응에서 A는 산화된 것이며, B는 환원된 것이다.

(2) 세포 내에는 NAD^+나 FAD와 같은 전자 운반체들이 있어서 전자의 전달을 매개해 줌

ㄱ. NAD^+(nicotinamide adenine dinucleotide) : 탈수소효소의 조효소로서 아래와 같은 반응을 통해 전자를 받고 건네주는 역할을 수행함

$$NAD^+ + 2e^- + 2H^+ \rightleftharpoons NADH + H^+$$

ㄴ. FAD(flavin adenine dinucleotide) : 탈수소효소의 조효소로서 아래와 같은 반응을 통해 전자를 받고 건네주는 역할을 수행함

$$FAD + 2e^- + 2H^+ \rightleftharpoons FADH_2$$

☑ ATP 생성 기작

(1) **기질 수준의 인산화(substrate-level phosphorylation)** : 효소가 기질분자로부터 직접 ADP로 인산기를 전달하여 ATP를 생성하는 과정임. 해당과정과 TCA 회로에서 이 과정을 통해 소량의 ATP를 생성함

(2) **화학삼투 인산화(chemiosmotic phosphorylation)** : 양성자 구동력을 통해 ATP를 생성하는 과정임

☑ 세포호흡의 주요 단계

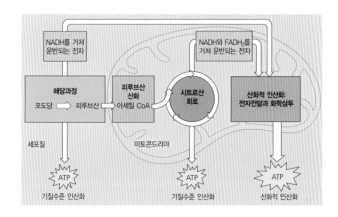

(1) **해당과정(glycolysis)** : 세포의 세포질, 즉 세포소기관 밖에서 일어나며 세포호흡의 첫 단계로서 포도당을 두 개의 피루브산으로 분해함. 산소가 충분할 경우 피루브산은 활성 아세트산으로 전환되어 TCA회로를 진행시키지만 산소가 없을 경우 발효를 통해 에탄올이나 젖산을 형성하게 됨

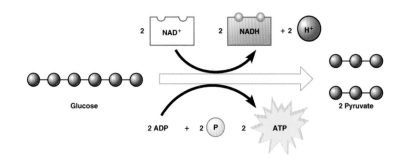

⑵ **피루브산의 산화** : 해당과정을 통해 형성된 피루브산은 세포질에서 미토콘드리아 기질로 수송된 뒤에 아세틸-CoA로 전환됨

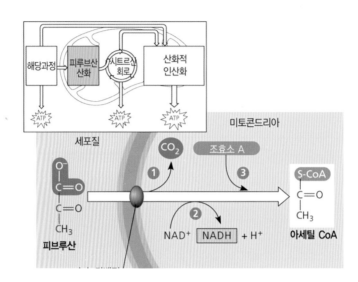

- 해당과정의 산물인 피루브산은 채널 단백질을 통해 미토콘드리아의 기질로 유입
- 피루브산 탈수소효소 복합체에 의해 카르복실산이 CO_2로 산화되어 유리되고 아세트알데히드가 형성된 후 전자는 NADH 형성
- 조효소인 CoA가 결합하여 아세틸-CoA를 형성

⑶ **TCA 회로** : 시트르산 회로라고도 함. 미토콘드리아 기질에서 진행되며 회로로 유입된 아세틸-CoA를 이산화탄소로 완전히 분해함

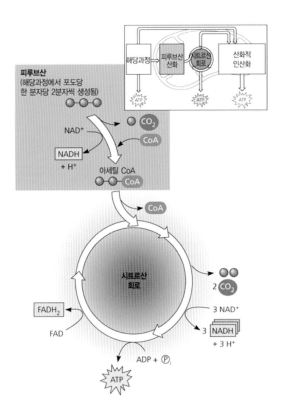

(4) **산화적 인산화(oxidative phosphorylation)** : 전자전달계와 화학삼투 인산화 과정으로 구성
되어 있음

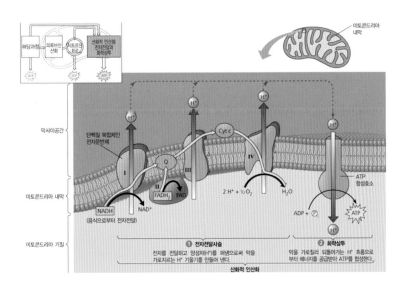

ㄱ. **산화적 인산화의 특징** : 미토콘드리아 내막에서 진행되며 NADH나 $FADH_2$로부터 나온 전자가 미토콘드리아 내막의 전자운반체를 통해 전달되면서 미토콘드리아 기질의 H^+가 막간공간으로 수송되어 막 사이 공간의 H^+가 ATP 합성효소를 통해 미토콘드리아 기질로 들어오면서 ATP가 합성됨

ㄴ. **ATP 합성의 억제**

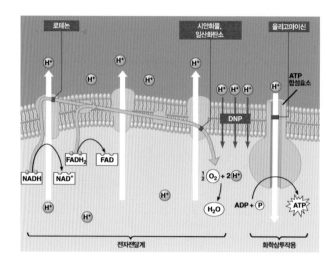

ⓐ **전자전달 저해제** : 로테논, 시안화물, 일산화탄소와 같은 물질들은 전자의 전달을 직접 저해 하는데 전자전달이 저해되면 양성자 구동력이 사라지게 되고 따라서 화학삼투 인산화가 멈추 게 됨

ⓑ **ATP 합성효소 저해제** : 올리고마이신과 같은 물질은 ATP 합성효소를 통한 H^+의 화학삼투를 저해하는데, 화학삼투가 저해되면 화학삼투 인산화를 통한 ATP 합성이 이루어지지 않고, 미 토콘드리아 기질과 막간공간 간의 H^+ 농도차이가 커지게 되어 전자전달을 이용한 H^+의 능동 적 수송도 이루어지지 않아 결국 전자전달도 멈추게 됨

ⓒ **짝풀림제** : DNP와 같은 물질은 H^+와 결합하여 미토콘드리아 내막을 관통할 수 있기 때문에 양성자 구동력은 사라지게 되어 화학삼투 인산화는 이루어지지 않지만 전자전달은 지속적으 로 이루어짐. 동면동물 등에서 나타나는 갈색지방 조직은 미토콘드리아로 가득 차 있는 세포 들로 구성되는데 이러한 갈색지방조직의 미토콘드리아는 짝풀림 단백질이라고 하는 H^+ 채널 단백질을 가지고 있음. 이 짝풀림 단백질은 ATP 생성 없이 H^+가 농도기울기를 따라 되돌아가 도록 하는데 이러한 단백질의 활성은 ATP 생성 없이 열을 발생하게 함

⑸ ATP 합성량과 에너지 효율

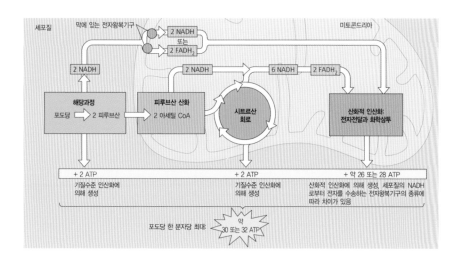

ㄱ. ATP 합성량

구 분	NADH	FADH$_2$	ATP
해당과정	2		2
피루브산 산화	2		
TCA 회로	6	2	2
총 합성량	10	2	4
총 ATP 합성량	25	3	4

ㄴ. 에너지 효율 : 1몰의 포도당을 완전 연소시키면 686kcal의 열량이 방출되는데 세포호흡을 통해 32ATP가 형성된다면 에너지 효율은 아래와 같음

$$에너지\ 효율 = \frac{32 \times 7.3Kcal}{686Kcal} \times 100 ≒ 34(\%)$$

4 발 효

산소가 충분치 않은 경우 유기물을 환원시키는 반응으로서 알코올 발효와 젖산 발효로 구분됨

· 발효(fermentation)

(1) 알콜 발효(alcohol fermentation) : 효모(yeast ; 조건성 무산소호흡)
 - 최종산물 : NAD$^+$, 이산화탄소, 에틸알코올
   피루브산이 탈카르복시화 효소의 작용으로 아세트알데히드 생성, CO_2 방출, NADH의 잉여전자
   가 아세트알데히드로 전달되고 이후에 알코올 형성, NAD$^+$ 생성

(2) 젖산 발효(lactate fermentation) : 근육세포와 일부 세균
 - 최종산물 : NAD$^+$, 젖산
   CO_2 방출 없음, NADH의 잉여전자가 피루브산으로 전달되고 이후에 젖산 형성, NAD$^+$ 생성

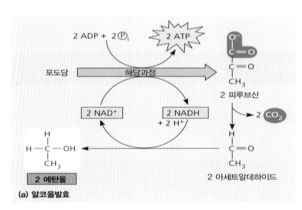

(a) 알코올발효

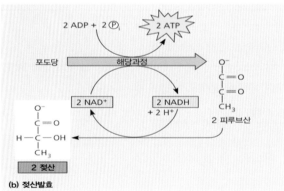

(b) 젖산발효

01 세포호흡에서 산소의 역할은 무엇인가?

① 해당과정에서 포도당이 산화되면서 산소가 환원된다.

② 전자전달계에 전자를 공급한다.

③ 시트르산 회로에서 제거되는 탄소와 결합하여 이산화탄소가 된다.

④ 열과 빛을 생산하는 데 필요하다.

⑤ 전자전달계의 최종 전자수용체이다.

02 독극물인 시안화물이 전자전달계를 억제하면, 해당과정과 시트르산 회로도 곧 멈춘다. 그 이유가 무엇이라고 생각하는가?

① ATP가 고갈되기 때문이다.

② 소모되지 못한 O_2가 해당과정과 시트르산 회로를 방해하기 때문이다.

③ NAD^+와 FAD가 고갈되기 때문이다.

④ 전자전달계에서 더 이상 전자가 나오지 않기 때문이다.

⑤ ADP가 고갈되기 때문이다.

03 생화학자가 다양한 물질들이 어떻게 세포호흡에 사용되는지 연구하려고 하였다. 그는 한 실험실에서 특정 산소 동위원소로 표지한 O_2가 포함된 공기를 쥐가 흡입하도록 하였다. 그 쥐에서 표지된 산소원자가 제일 먼저 나타나는 화합물은 다음 중 어떤 것인가?

① ATP   ② 이산화탄소   ③ 물

④ ADP, ATP   ⑤ NADH

04 해당과정에서 _____ 는 산화되고, _____ 는 환원된다.

① NAD^+, 포도당   ② 포도당, NAD^+ ③ 포도당, 산소

④ ADP, ATP   ⑤ ATP, ADP

05 다음 중 세포의 대부분의 ATP를 만드는 데 가장 직접적인 에너지원은 무엇인가?

① 산소의 환원

② 중간산물에서 ADP로의 인산기의 이동

③ ATP 합성효소를 통한 수소이온의 확산

④ 포도당이 두 분자의 피루브산으로 분해되는 것

⑤ TCA 회로를 통한 이산화탄소 생성

06 다음 중 대표적인 환원반응은 무엇인가?

① 피루브산 → 아세틸−CoA

② 피루브산 → 젖산

③ 포도당 → 피루브산

④ NADH → NAD^+

⑤ 포도당 → $6CO_2$

Chapter 05 광합성

1 광합성 장소

(1) **엽록체의 구조** : 광합성이 일어나는 세포소기관으로 외막과 내막의 2중막으로 싸여 있음

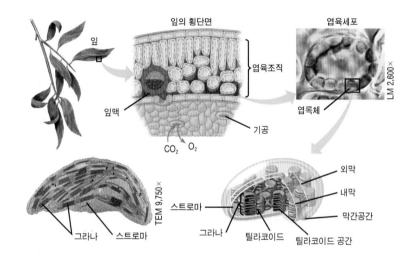

ㄱ. **그라나(grana)** : 광계가 존재하는 틸라코이드막이 층상구조를 형성하며 명반응이 진행됨

ㄴ. **스트로마(stroma)** : 엽록체의 기질 부분. 자가 복제에 필요한 DNA와 리보솜을 지니고 있으며 암반응이 진행됨

(2) **광합성 색소** : 빛을 흡수하여 광합성에 필요한 에너지를 제공함

ㄱ. **엽록소(chlorophyll)** : 엽록소 a, b, c, d 등으로 구분되고 특히 엽록소 a는 광합성 명반응에서의 반응중심으로 기능을 수행함

ㄴ. **카로티노이드(carotenoid)** : 황색 계통의 색소로 카로틴과 크산토필로 구분되며 보조 색소로 작용하는데 이러한 색소들은 엽록소 a, b가 흡수하지 못하는 빛의 파장을 흡수하도록 도와줌으로써 세포가 사용할 수 있는 빛의 파장 범위를 넓혀주는 역할을 수행함

② 광합성에 영향을 미치는 요인

(1) **빛의 파장** : 가시광선 영역의 서로 다른 파장의 빛은 서로 다른 광합성 효율을 지님. 아래의 엥겔만 실험을 통해 이 사실을 알게 됨. 빛을 분광시켜 해캄에게 쪼여주니, 호기성 세균이 청색광과 적색광을 쪼여준 해캄 주위로 몰림. 이것은 가시광선의 모든 빛이 동일한 효율로 광합성에 기여하는 것이 아니라는 증거가 되며 광합성에서의 효율적인 가시광선 영역은 청색광과 적색광이라는 사실을 알 수 있음

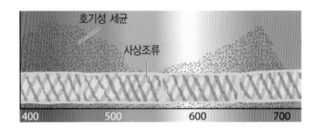

　ㄱ. **흡수 스펙트럼** : 빛의 파장에 따라 광합성 색소가 빛을 흡수하는 정도가 다른데, 이를 그래프로 나타낸 것임. 일반적으로 엽록소는 청자색광과 적색광을 잘 흡수하고 녹색광은 거의 흡수하지 않고 반사하거나 투과시킴

　ㄴ. **작용 스펙트럼** : 식물의 잎에 여러 가지 파장의 빛을 비추면 파장에 따라 광합성 속도가 달라지는 것을 알 수 있는데 이를 그래프로 나타낸 것임. 식물은 청자색광과 적색광에서 광합성 속도가 가장 높게 나타남

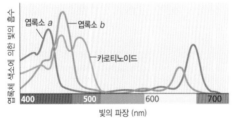

(a) **흡수스펙트럼.** 세 곡선은 세 종류의 엽록체 색소에 의해서 가장 잘 흡수가 된 빛의 파장을 보여주고 있다.

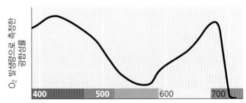

(b) **작용스펙트럼.** 이 곡선은 각 파장별 광합성량을 나타낸 것이다. 작성된 작용스펙트럼은 엽록소 *a*의 흡수스펙트럼과 유사하지만 정확하게 일치하지는 않는대(a 부분). 이런 현상의 부분적 원인은 엽록소 *b*나 카로티노이드와 같은 부속색소에 의한 빛 흡수 때문이다.

(2) 빛의 세기 : 광합성을 작동시키는 힘은 빛에너지로부터 오기 때문에 광합성 속도는 빛의 세기의 영향을 받음

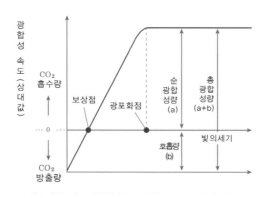

ㄱ. **광포화점** : 온도가 일정할 경우, 호흡량은 일정하고 빛의 세기의 증가에 따라 광합성량은 증가 하다가 더 이상 증가하지 않는데 이 때의 빛의 세기를 광포화점이라고 함

ㄴ. **광보상점** : 호흡량과 총광합성량이 동일한, 외관상의 CO_2 흐름이 없을 경우의 빛의 세기를 말함

(3) 온도 : 광합성에는 여러 가지 효소들이 작용하고 있기 때문에 온도의 영향을 받음. 최적온도를 지나 온도가 너무 높아지면 광합성 관련 효소에 변성이 일어나기 때문에 광합성 속도가 감소하게 됨

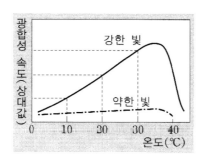

3 광합성 과정

(1) 광합성 과정의 특징 : 광합성 과정은 빛을 직접적으로 필요로 하는 명반응과 빛을 직접적으로 필요로 하지 않는 암반응으로 구성됨

(2) 명반응(light reaction) : 엽록체 내의 엽록소에서 빛에너지를 흡수하여 NADPH와 ATP와 같은 화학적 에너지를 만들어 저장하는 과정으로 O_2가 부산물로 방출됨. 명반응은 크게 물의 광분해 과정과 광인산화 과정으로 나눌 수 있음

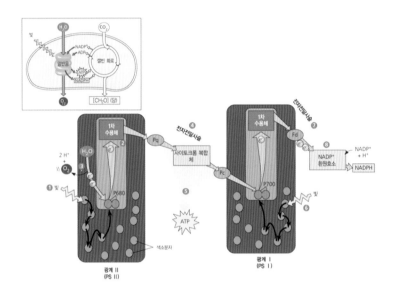

ㄱ. **광계(photosystem)** : 광계는 광합성을 하는 생명체가 빛에너지의 사용을 가능하게 하는 색소 분자 덩어리이며 광계 I과 광계 II로 구분됨. 광계 I의 경우는 700nm의 파장을 잘 흡수하는 P_{700} 이 반응 중심이며, 광계 II에서는 680nm의 파장을 잘 흡수하는 P_{680}이 반응 중심임. 물이 광계 II의 반응중심으로 전자를 공여하면서 산소가 발생하게 됨

ㄴ. **광인산화(photophosphorylation)** : 빛에너지를 사용하여 ADP와 P_i로부터 ATP를 합성하는 반응으로서, 물의 광분해에서 방출된 전자가 전자 전달계를 통해 다시 엽록소로 돌아가는 순환적 광인산화와 방출된 전자가 전자 전달계를 통과하면서 $NADP^+$로 전달되는 비순환적 광인산화로 구분됨

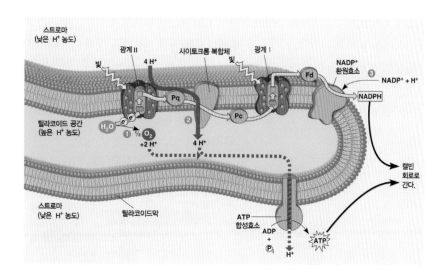

ⓐ 순환적 광인산화(cyclic photophosphorylation) : 광계 I만을 이용하여 ATP를 생성하는 광인산화 과정으로서 광계 I의 P700이 빛에너지를 받아 전자를 방출시키면, 방출된 전자는 페레독신(Fd)을 거쳐 전자 전달계에 도달하게 되는 방식임

ⓑ 비순환적 광인산화(noncyclic photophosphorylation) : 광계 II와 광계 I을 모두 이용하는 광인산화 과정으로서 ATP, NADPH, O₂가 비순환적 광인산화를 통하여 생성됨

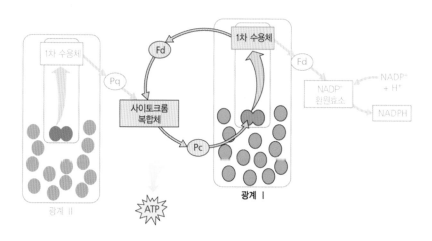

(3) **암반응(dark reaction)** : 엽록체의 스트로마에서 일어나는 반응으로 명반응의 산물을 이용하여 포도
당으로 환원시키는 일련의 과정임. 이 반응은 빛에너지를 직접 사용하는 것이 아니라 명반응에서 만들
어진 ATP와 NADPH를 사용하기 때문에 빛의 유무에 관계없이 일어날 수 있음

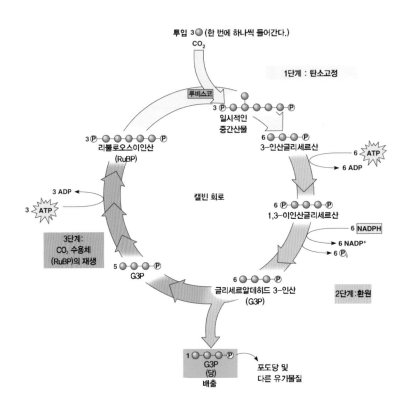

ㄱ. 1단계 : CO_2 고정 단계로서 루비스코라는 효소에 의해 본 반응이 촉매됨

$$6CO_2 + 6RuBP \rightarrow 12PGA$$

ㄴ. 2단계 : 환원 단계

$$12BPGA + 12NADPH \rightarrow 12G3P + 12NADP^+$$

ㄷ. 3단계 : 재생 단계

$$10G3P + 6ATP \rightarrow 6RuBP + 6ADP$$

⑷ C₃ 식물

- 엽육세포(mesophyll cell)에서 명반응과 암반응이 일어남
- 일반적인 식물들은 이산화탄소 고정 후 생성된 최초의 안정한 물질이 3탄소 물질인 3PG이지만, CO_2 농도가 부족할 때에는 rubisco에 의한 광호흡이 발생될 수 있다.

⑸ C₄ 식물 - 수수, 사탕수수, 옥수수(명반응과 암반응의 지역적 분리)

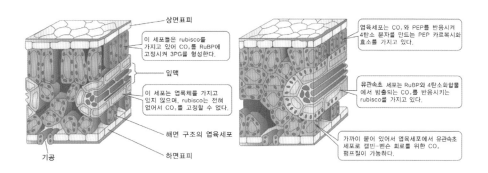

- C₃식물(왼쪽)과 C₄식물(오른쪽)의 잎의 해부학적 구조 비교: C₃ 식물과는 달리 C₄ 식물은 유관속초 세포가 광합성을 수행할 수 있으며 유관속초 세포 주위를 엽육세포가 밀도 있게 감싸고 있음. 특히 C₄ 식물의 유관속초 세포는 광계 II는 없고 광계I만 존재하기 때문에 순환적 광인산화만 진행하므로 O_2 발생은 하지 않음
- 엽육세포에서 생성된 말산은 유관속초세포(bundle sheath cell)로 이동하여 피루브산과 CO_2로 분해되어 CO_2 분압이 높은 조건하에서 rubisco가 암반응을 수행한다. (암반응 - 유관속초세포에서 수행)

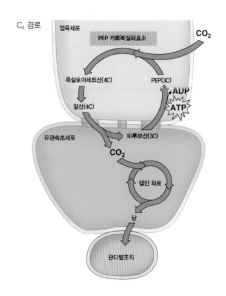

① 첫 과정은 엽육세포에만 존재하는 PEP 카르복실화효소(PEP carboxylase)에 의해 이루어짐. 이 효소는 CO_2를 PEP에 첨가하여 4탄소 산물인 옥살로아세트산을 만드는 것임. PEP 카르복실화 효소는 루비스코보다 CO_2에 대한 친화도가 대단히 높고, O_2에 대한 친화도는 없음
② 형성된 옥살로아세트산은 말산으로 전환되어 원형질연락사를 통해 유관속초 세포로 이동함
③ 유관속초 세포에서 말산은 CO_2와 피루브산으로 분해되는데 CO_2는 유관속초 세포의 엽록체 내로 진입한 뒤 루비스코에 의해 고정되어 캘빈회로로 유입되며, 피루브산은 원형질연락사를 통해 엽육세포로 이동한 뒤 ATP를 소모하면서 PEP로 전환됨

⑹ CAM 식물 - 선인장, 파인애플(명반응과 암반응의 시간적 분리)

수분 부족 스트레스를 견디기 위한 전략으로 건조한 환경에 적응된 선인장과 파인애플 등의 CAM 식물에서 잘 발달되어 있는 경로임. C_3나 C_4식물과는 달리 CAM 식물은 수분손실을 최소화하기 위해 밤에 기공을 열어 CO_2를 흡수, 고정하고 낮에는 기공을 닫고 캘빈회로를 진행함

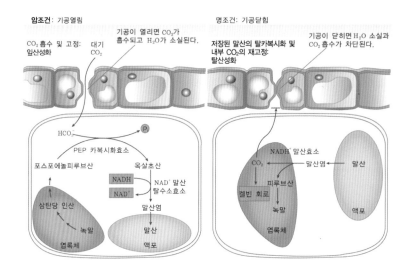

01 다음 중 명반응을 통해 생성되어 캘빈회로에서 소모되는 화합물은 무엇인가?

① CO_2, H_2O ② $NADP^+$, ADP   ③ CO_2, ATP

④ ATP, NADPH   ⑤ ATP, NADPH, O_2

02 광합성에서 _____ 이 산화되고, _____ 이 환원된다.

① 포도당, 산소

② 이산화탄소, 물

③ 물, 이산화탄소

④ 포도당, 이산화탄소

⑤ 물, 산소

03 대부분의 식물이 사막처럼 매우 덥고 건조한 환경에서 광합성을 하기 어려운 이유는 무엇인가?

① 빛의 세기가 너무 강해서 암반응이 일어나지 않기 때문이다.

② 기공을 닫기 때문에 식물에 CO_2가 들어가거나 O_2가 방출되지 못하기 때문이다.

③ 광호흡을 통해서 ATP를 만들기 때문이다.

④ 사막 환경에서는 CO_2 농도가 더욱 높기 때문이다.

⑤ 잎에 축적된 CO_2가 탄소고정을 억제하기 때문이다.

04 빛 입자가 엽록소 분자에 부딪히면서 엽록소는 전자를 잃는다. 궁극적으로 그 전자를 채워주는 것은 다음 중 무엇인가?

① 물 분해   ② ATP의 분해   ③ 포도당 산화

④ NADH의 산화   ⑤ 탄소고정

05 광합성에서 NADPH의 역할은 무엇인가?

① 엽록소가 빛을 포획하도록 도와준다.
② 광계의 일차 전자수용체로 작용한다.
③ 전자전달계에 전자를 공여하는 물질이다.
④ 광계II에서 물이 분해되는 것을 방해한다.
⑤ 전자를 캘빈회로에 전달한다.

06 캘빈회로반응이 빛을 직접적으로 필요로 하지 않는데도 밤에는 대부분 이 반응이 일어나지 않는다. 그 이유는 무엇인가?

① 밤에는 너무 추워서 반응이 일어나지 않기 때문이다.
② 밤에는 이산화탄소 농도가 낮아지기 때문이다.
③ 캘빈회로는 명반응 산물을 필요로 하기 때문이다.
④ 식물은 대부분 밤에 기공을 닫기 때문이다.
⑤ 대부분의 식물은 밤에 캘빈회로가 작동하는데 필요한 4탄소화합물을 만들지 않기 때문이다.

PART 02

유전학
(genetics)

세포주기

① 염색체와 세포주기

(1) 염색체

ㄱ. **진핵생물 염색체의 구성** : 환형의 원핵생물의 염색체와는 달리 선형의 진핵생물의 염색체는 DNA와 단백질이 결합한 상태로서 평소에는 염색사 상태로 풀어져 있으며 분열 시 응축함. 세포분열 중기의 염색체를 관찰하면 두 개의 염색분체 관찰이 가능하며 잘록하게 들어간 염색체 부분을 동원체라고 함

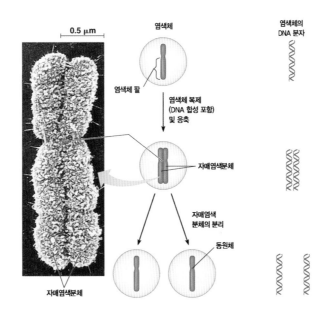

ㄴ. **진핵생물 염색체에 대한 개념 정리**

ⓐ 상동 염색체 : 크기와 모양이 같아 짝을 이루는 염색체로서 인간의 경우 전체 염색체 수가 46개이므로 상동염색체가 23쌍이 있는 셈임

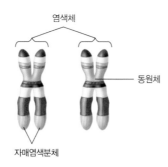

ⓑ 상염색체 : 성의 구별 없이 공통적으로 존재하여 일반적인 물질대사에 관여하는 유전자를 지
   닌 염색체

ⓒ 성염색체 : 성을 결정하는 유전자를 지닌 염색체로서 인간의 경우 XX 염색체 쌍을 지니면 여
   성, XY 염색체 쌍을 지니면 남성이 됨

(2) **세포주기(cell cycle)** : 세포주기는 넓은 의미에서 두 단계, 즉 세포분열이 일어나기 전에 세포
   질에 있는 모든 물질이 거의 두 배로 증가하고 염색체 DNA가 복제되는 성장기와 실제로 세포분
   열이 일어나는 시기로 구분됨

- 세포는 필요한 경우에만 세포분열을 수행하기 위하여 세포주기를 엄밀히 조절하고 있다.
- 세포주기의 조절이 잘못되면 암으로 발전할 수 있다.
- 세포주기의 조절은 G_1, G_2, M기에서 조절: CDK(cyclin-dependent kinase)는 불활성화 상태로
  일정량으로 존재하고 cyclin 단백질의 양이 증가하여 CDK에 결합하면 다른 단백질에 인산화를
  시킬 수 있는 키나아제 활성이 증가한다.

◆ 세포주기에 따른 cyclin B와 MPF의 활성

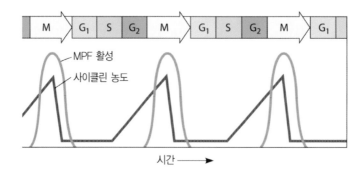

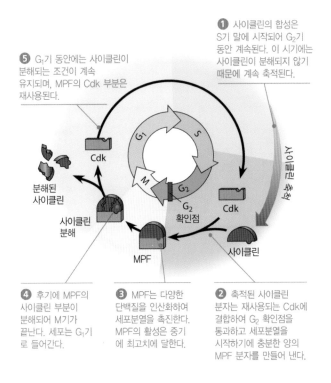

❶ 사이클린의 합성은 S기 말에 시작되어 G₂기 동안 계속된다. 이 시기에는 사이클린이 분해되지 않기 때문에 계속 축적된다.

❺ G₁기 동안에는 사이클린이 분해되는 조건이 계속 유지되며, MPF의 Cdk 부분은 재사용된다.

사이클린 축적

Cdk

분해된 사이클린

사이클린 분해

G₂ 확인점

Cdk

MPF

사이클린

❹ 후기에 MPF의 사이클린 부분이 분해되어 M기가 끝난다. 세포는 G₁기로 들어간다.

❸ MPF는 다양한 단백질을 인산화하여 세포분열을 촉진한다. MPF의 활성은 중기에 최고치에 달한다.

❷ 축적된 사이클린 분자는 재사용되는 Cdk에 결합하여 G₂ 확인점을 통과하고 세포분열을 시작하기에 충분한 양의 MPF 분자를 만들어 낸다.

ㄱ. **주요조절 단계**

① G₁기: 세포주기의 조절단계에서 가장 중요한 부분으로 세포가 충분히 성장하고, 분열의 필요성이 요구될 때를 판단한다.

② G₂기: S기를 통해 유전물질의 복제가 완료되고, 방추사 형성에 필요한 단위체인 튜뷸린(tubulin)이 충분히 합성될 수 있도록 한다.

③ M기: 핵분열이 완전하게 이루어졌는지를 판단하여 세포질 분열이 일어날지를 결정하는 단계

ㄴ. **세포주기 조절**

Cyclin	Cyclin-CDK	세포주기 조절
Cyclin D	Cyclin D-CDK4,6	G₁기(세포분열 결정)
Cyclin E	Cyclin E-CDK2	G₁-S기
Cyclin A	Cyclin A-CDK2	S기-S기
Cyclin B	Cyclin B-CDK1	G₂-M기(MPF 활성)

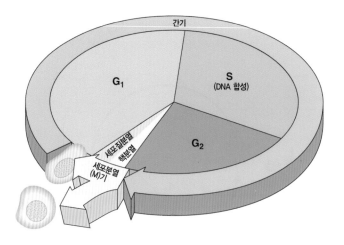

ㄷ. **간기(interphase)** : 세포의 대사활동이 매우 활발하고 여러 가지 다양한 일을 하는 시기이며 세포주
　기 대부분의 기간이 간기에 속함. 간기는 세포가 성장하는 G_1기, 염색체가 복제되는 S기, 세포분열
　을 위한 준비를 완료하면서 점점 더 성장하는 G_2기로 구분됨

ㄹ. **분열기** : 핵 분열기와 세포질 분열기로 구분됨

2 체세포 분열과 감수분열

(1) **체세포 분열(mitosis)** : 서로 다른 염색체에 있는 많은 양의 유전물질을 복제하여 두 개의 딸세
포로 균등하게 배분하는 역할을 수행함

ㄱ. **핵분열** : 염색체가 둘로 나누어져 각각의 딸세포로 분배됨

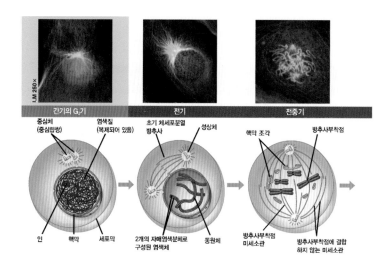

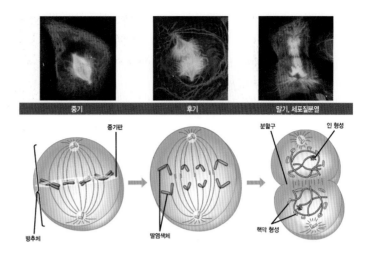

ⓐ 전기 : 핵막과 핵인이 사라지고, 염색체 응축이 일어나며 방추사가 형성되어 염색체에 결합하여 염색체의 이동이 일어남

ⓑ 중기 : 방추사에 결합한 염색체가 적도판에 배열됨

ⓒ 후기 : 염색체의 각 염색분체들이 나누어져 양 극으로 이동함

ⓓ 말기 : 핵막과 핵인이 재생되고, 염색체가 염색사 상태로 풀리며 방추사가 해체됨

ㄴ. **세포질 분열** : 핵분열의 후기나 말기 즈음 시작되며 동물세포와 식물세포에서 다른 방식으로 진행됨

ⓐ 동물세포 : 세포질 만입을 통해 세포질이 분리됨

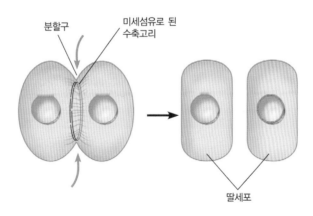

ⓑ 식물세포 : 세포판 형성을 통해 세포질이 분리됨

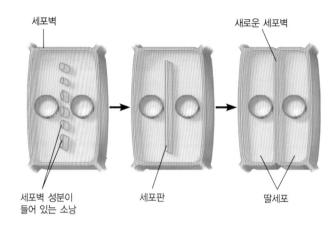

세포벽

새로운 세포벽

세포벽 성분이
들어 있는 소낭

세포판

딸세포

(2) **감수분열** : 제 1 감수분열과 제 2 감수분열로 구분. 제 1 감수분열과 제 2 감수분열 사이에는 간기가 없음

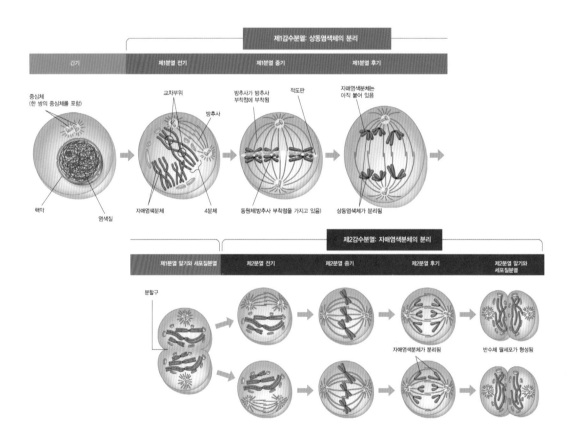

ㄱ. **제 1 감수분열** : 상동염색체가 각각 서로 다른 세포로 분배되는 분열로, 이형분열이라고도 함. 염색체 수와 DNA량이 모두 반감됨

　ⓐ 전기 : 2개의 염색분체가 동원체에 결합된 상태로 상동염색체 간의 접합을 통해 2가 염색체가 형성되는데 접합된 부근의 염색체 조각 간에 교환인 교차가 일어남

　ⓑ 중기 : 2가 염색체가 적도판에 배열됨

　ⓒ 후기 : 상동염색체가 서로 다른 양극으로 이동함

　ⓓ 말기 : 세포질 분열이 일어나 2개의 딸세포가 형성됨

ㄴ. **제 2 감수분열** : 체세포분열과 동일한 과정을 겪게되며, 분배된 하나의 상동염색체의 두 염색분체 간의 분열이므로 동형분열이라고도 함. 염색체 수는 그대로 유지되나 DNA량이 반감됨

⑶ 세포분열에 영향을 미치는 요인 몇 가지

ㄱ. **부착의존성(anchorage dependence)** : 대부분의 동물세포는 배양접시의 내부나 조직의 세포외바탕질과 같은 단단한 표면에 접촉해야만 증식하는 성질을 지님

ㄴ. **밀도의존성 억제(density−dependent inhibition)** : 세포가 일정 밀도까지는 분열을 계속하지만 밀도가 임계값을 넘어서게 되면 세포분열을 멈추는 성질로서 밀도의존성 억제의 특성은 다른 세포와의 접촉이라는 물리적 현상보다는 성장인자라고 하는 특정 단백질이 적절히 공급되지 못하기 때문에 일어나는 것으로 알려져 있음

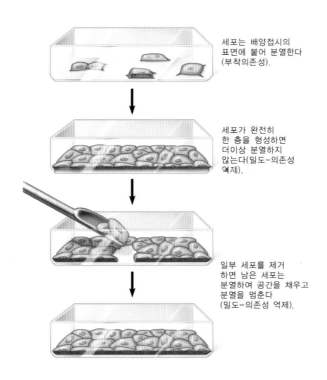

세포는 배양접시의 표면에 붙어 분열한다 (부착의존성).

세포가 완전히 한 층을 형성하면 더이상 분열하지 않는다(밀도−의존성 억제).

일부 세포를 제거하면 남은 세포는 분열하여 공간을 채우고 분열을 멈춘다 (밀도−의존성 억제).

입시 Tip: 세포예정사와 괴사와의 차이점

구 분	세포괴사	세포예정사
원인	물리학적	유전학적 프로그래밍
발생 범주	조직죽음	특정 세포 죽음
Caspase, DFF 관여	없음	있음
DNA 분해	무작위적 분해	뉴클레오솜 크기로 분해
세포 모양의 변화	팽창 후 터짐	apoptotic body 형성
염증의 유무	있음	없음
섭식 작용	식세포에 의해 섭식	주위세포에 의해 섭식
ATP 요구성 유무	없음	있음

01 메뚜기의 창자세포에 24개의 염색체가 들어 있다면 메뚜기 정자 내에 있는 염색체 수는 몇 개인가?

    ① 3개   ② 6개   ③ 12개

    ④ 24개   ⑤ 48개

02 체세포분열의 어느 시기에 핵 변화에 있어 전기와 정반대 현상이 일어나는가?

    ① 말기   ② 중기   ③ S기

    ④ 간기   ⑤ 후기

03 세포의 DNA량이 증가하는 때는 다음 중 언제인가?

    ① 체세포분열 전기와 후기 사이

    ② 세포주기의 G1기와 G2기 사이

    ③ 세포주기의 M기 동안

    ④ 제1감수분열 전기와 제2감수분열 전기 사이

    ⑤ 체세포분열 후기와 말기 사이

04 다음 중 사람의 체세포분열 기능이 <u>아닌</u> 것은?

    ① 상처의 치료

    ② 생장

    ③ 이배체 세포로부터의 배우자 형성

    ④ 손실 또는 손상된 세포의 교체

    ⑤ 체세포의 증식

05 간기에는 개별 염색체를 관찰하기가 어렵다. 그 이유는 무엇인가?

① DNA가 아직 복제되지 않아서

② 염색체가 길고 얇은 실가닥 모양이어서

③ 핵 밖으로 빠져나가 세포의 다른 부분으로 분산되어서

④ 분열이 시작될 때까지 상동염색체가 짝을 짓지 않아서

⑤ 아직 방추사가 염색체를 적도판으로 이동시키지 않아서

06 초파리의 체세포는 8개의 염색체를 갖는다. 이 경우 배우자 형성 시 가능한 서로 다른 염색체 조합의 수는?

① 4종류　　　　　② 8종류　　　　　③ 16종류

④ 32종류　　　　⑤ 64종류

유전양식

▣ 유전자와 대립형질

(1) **유전자** : 형질을 결정하는 유전정보

ㄱ. **대립유전자** : 상동염색체의 동일한 유전자 자리에 있는 유전자

ㄴ. **순종** : 동일한 대립유선자 2개를 지니는 동형접합자임

ㄷ. **잡종** : 서로 다른 대립유전자 2개를 지니는 이형접합자임

(2) **대립형질** : 표현형적으로 서로 뚜렷하게 다른 형질　**예** 쌍커풀의 유무, 혀말기 능력의 유무

② 멘델 유전

(1) 멘델의 유전법칙

ㄱ. **단성잡종교배를 통한 우열의 법칙과 분리의 법칙 이해** : 우열의 법칙이란 특정한 형질을 결정하는 대립 유전자가 다를 경우 한 인자만 발현되고 다른 인자의 발현은 억제되는 현상을 가리키며 분리의 법칙이란 생식세포를 형성하게 되는 경우 한 쌍의 대립인자가 서로 다른 생식세포로 분리되는 현상을 가리킴

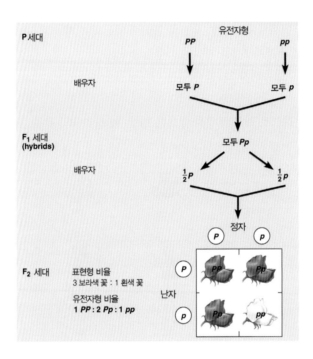

ㄴ. **양성잡종교배를 통한 독립의 법칙 이해** : 독립의 법칙이란 서로 다른 형질의 유전자 분리는 독립적으로 일어나는 현상으로서 한 쌍의 대립인자의 분리는 다른 쌍의 대립인자 분리에 영향을 미치지 않는 것을 알 수 있음

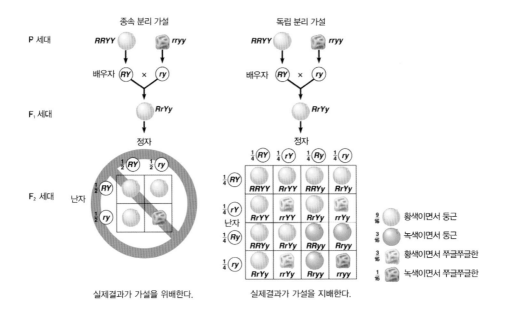

종속 분리 가설 · · · 독립 분리 가설

실제결과가 가설을 위배한다. · · · 실제결과가 가설을 지배한다.

(2) **검정교배를 통한 유전자형 분석** : 우성 표현형을 나타내지만 유전자형은 알려지지 않은 개체를 열성동형접합자와 교배시키는 것으로서 후세대에 나타나는 표현형을 조사하여 어버이 세대 개체의 유전자형을 조사함

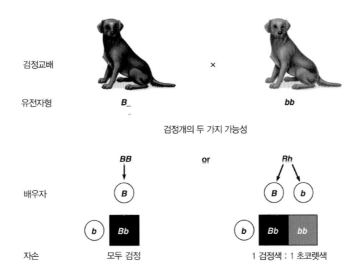

③ 멘델유전의 확장

(1) **중간유전** : 이형접합자의 표현형이 우성동형접합자와 열성동형접합자의 중간정도가 되는 유전으로 우성과 열성의 관계가 멘델의 우열의 법칙에 들어맞지 않으며 유전자형의 비율과 표현형의 비율이 일치한다는 것이 특징임

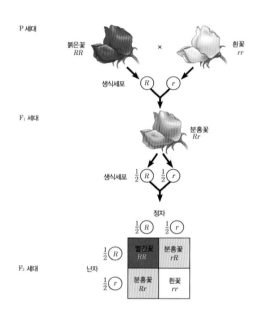

(2) **복대립 유전** : 하나의 형질에 관련된 대립 유전자의 종류가 3종류 이상인 것을 말함

예 ABO 혈액형

(a) ABO식 혈액형의 세 가지 대립유전자와 탄수화물. 각 대립유전자는 적혈구에 있는 특정 탄수화물을 합성하는 효소를 암호화한다(탄수화물은 대립유전자에 위 첨자로 표시되었고, 삼각형 또는 원으로 나타냈다).

대립유전자	I^A	I^B	i
탄수화물	A △	B ○	없음

(b) 혈액형 유전자형과 표현형. 여섯 가지의 유전자형이 가능하며, 그 결과 네 가지 서로 다른 표현형이 형성된다.

유전자형	$I^A I^A$ or $I^A i$	$I^B I^B$ or $I^B i$	$I^A I^B$	ii
적혈구				
표현형(혈액형)	A	B	AB	O

- **적아세포증(erythroblastosis fetalis)**
  - 혈액관련 유전으로 적혈구 막단백질인 Rh항원의 유무에 따라 Rh^+/Rh^-로 구분
  - Rh^-의 여자가 Rh^+의 남자와 결혼하여 Rh^+아기를 임신하면 아기의 Rh항원이 생성되나 적혈구는 태반(placenta)을 통과하지 못하여 안전. 하지만, 출산시 출혈로 아기의 Rh항원이 어머니의 면역계를 자극하면 어머니의 혈액에 항Rh 항체가 생성된다.
  - Rh^+ 두 번째 아기를 임신한 경우 어머니의 항Rh 항체(IgG)가 태반을 통해 아기의 적혈구를 제거해 유산됨
  - 최근에는 첫 번째 출산 직후 외부에서 항Rh 항체를 산모에 투여하여 노출된 Rh항원을 제거함으로써 산모의 면역계 활성을 방지

(3) 다인자 유전 : 2종류 이상의 유전자가 하나의 형질에 관여하는 것을 말함 예 키, 피부색 등

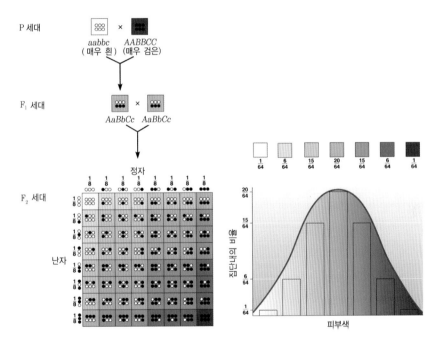

(4) 다면발현 : 단일 유전자가 하나 이상의 여러 형질에 영향을 미치는 것

예 겸상적혈구증 등의 상당히 다양한 유전적 질환

④ 독립과 연관

(1) 독립 : 해당 유전자가 서로 다른 염색체에 있는 경우 두 유전자를 독립되어 있다고 함. 유전자들이 서로 독립되어 있는 경우, AaBb 유전자형의 세포에서 형성되는 생식세포의 유전자형의 비는 AB : Ab : aB : ab = 1 : 1 : 1 : 1 이 됨

(2) 연관 : 해당 유전자가 동일한 염색체에 모두 있을 때 두 유전자는 연관되어 있다고 하며 연관되어 있는 유전자들을 연관군이라고 함

ㄱ. **상인연관** : 우성 유전자는 우성 유전자와 열성 유전자는 열성 유전자와 연관되어 있는 형태

ㄴ. **상반연관** : 우성 유전자는 열성 유전자와 열성 유전자는 우성 유전자와 연관되어 있는 형태

(3) 교차 : 제 1 감수분열 전기에 2가 염색체가 형성되었을 때 상동 염색체의 비자매염색분체 간의 접합 부위에서 상동 재조합이 일어나는 것을 말하는데 교차가 일어난 생식세포의 수가 교차가 일어나지 않은 생식세포보다 작은 점에 유의해야 함

ㄱ. **상인연관의 경우, AaBb 유전자형의 세포에서 형성되는 생식세포의 유전자형의 비는**
AB : Ab : aB : ab = n : 1 : 1 : n 이 됨 (단, n>1)

ㄴ. **상반연관의 경우, AaBb 유전자형의 세포에서 형성되는 생식세포의 유전자형의 비는**
AB : Ab : aB : ab = 1 : n : n : 1이 됨 (단, n>1)

(4) 교차율과 염색체 지도

ㄱ. **교차율** : 연관되어 있는 두 유전자 사이에 교차가 일어나는 비율로서 연관된 두 유전자 사이의 거리가 가까울수록 교차율은 낮아지게 됨. 교차율은 보통 0~50% 사이 값이며 0%인 경우는 완전연관, 50%인 경우는 독립되어 있다고 판단함

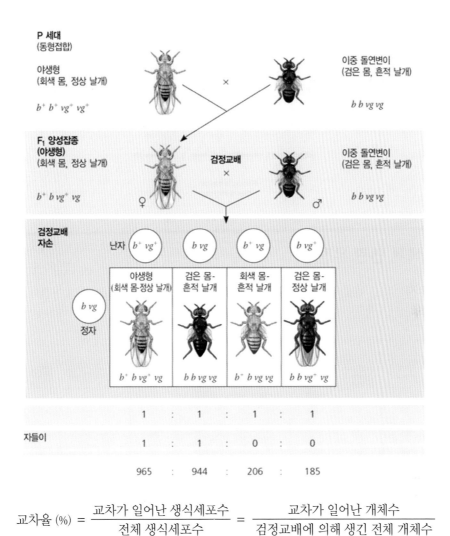

P 세대
(동형접합)

야생형
(회색 몸, 정상 날개)

$b^+ b^+ vg^+ vg^+$

이중 돌연변이
(검은 몸, 흔적 날개)

$b\ b\ vg\ vg$

F₁ 양성잡종
(야생형)
(회색 몸, 정상 날개)

$b^+ b\ vg^+ vg$ ♀

검정교배

이중 돌연변이
(검은 몸, 흔적 날개)

$b\ b\ vg\ vg$ ♂

검정교배
자손

난자 $b^+ vg^+$ $b\ vg$ $b^+ vg$ $b\ vg^+$

정자 $b\ vg$

야생형 (회색 몸·정상 날개)	검은 몸- 흔적 날개	회색 몸- 흔적 날개	검은 몸- 정상 날개
$b^+ b\ vg^+ vg$	$b\ b\ vg\ vg$	$b^+ b\ vg\ vg$	$b\ b\ vg^+ vg$
1 :	1 :	1 :	1
1 :	1 :	0 :	0
965 :	944 :	206 :	185

자들이

$$\text{교차율 (\%)} = \frac{\text{교차가 일어난 생식세포수}}{\text{전체 생식세포수}} = \frac{\text{교차가 일어난 개체수}}{\text{검정교배에 의해 생긴 전체 개체수}}$$

ㄴ. **염색체 지도 작성** : 교차율을 통해 유전자 간의 상대적인 거리를 구할 수 있음을 이용해 염색체 내의 유전자의 상대적인 위치를 정하는 것으로서 인접한 세 유전자 간의 교차율 정보를 이용해 유전자의 순서와 상대적인 거리를 구하는 것을 3점 검정법이라 함

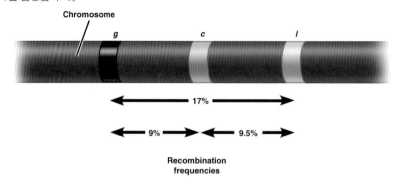

「3점 검정법의 예」

5 성 염색체 연관 유전

(1) **반성 유전** : 특정 형질에 대한 유전자가 X염색체에 존재하는 유전으로 특정 형질이 남성과 여성에 있어서 다른 빈도로 나타남 예 색맹, 혈우병

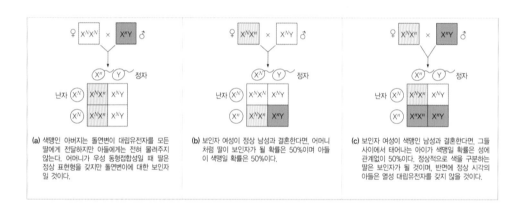

(a) 색맹인 아버지는 돌연변이 대립유전자를 모든 딸에게 전달하지만 아들에게는 전혀 물려주지 않는다. 어머니가 우성 동형접합성일 때 딸은 정상 표현형을 갖지만 돌연변이에 대한 보인자일 것이다.

(b) 보인자 여성이 정상 남성과 결혼한다면, 어머니처럼 딸이 보인자가 될 확률은 50%이며 아들이 색맹일 확률은 50%이다.

(c) 보인자 여성이 색맹인 남성과 결혼한다면, 그들 사이에서 태어나는 아이가 색맹일 확률은 성에 관계없이 50%이다. 정상적으로 색을 구분하는 딸은 보인자가 될 것이며, 반면에 정상 시각의 아들은 열성 대립유전자를 갖지 않을 것이다.

(2) **한성 유전** : 특정 형질에 대한 유전자가 Y염색체에 존재하므로 남성에게서만 나타나는 유전 현상 예 귓속털 유전

⑥ 염색체 돌연변이

(1) **핵형** : 쌍을 이룬 각 염색체를 확대하여 얻은 상을 큰 것부터 순서대로 정렬한 것으로 염색체의 수적변화나 구조변화를 알아내는 데 이용됨

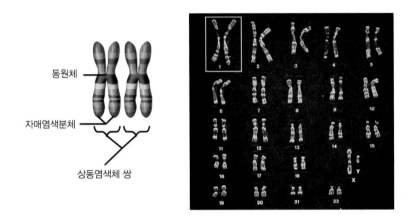

(2) 염색체 돌연변이의 구분

ㄱ. 염색체 구조 이상

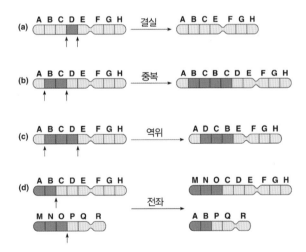

ⓐ 결실 : 염색체의 일부가 손실됨

예 묘성 증후군 : 5번 염색체 일부가 결실되어 발생하며 정신지체를 나타내고, 특이한 얼굴모양에 머리가 작으며, 울 때 고양이 울음소리를 내는데 대개는 유아 때나 유년기 초기에 사망함

ⓑ 중복 : 염색체의 일부가 반복됨

ⓒ 역위 : 염색체의 일부가 끊어져 앞뒤가 바뀌어 재배치됨

ⓓ 전좌 : 염색체의 일부가 다른 염색체로 재배치됨. 그 중 비상동염색체 간의 염색체 조각 교환을 상호전좌라고 함.

예 만성골수백혈병 : 골수에 있는 체세포에서의 22번 염색체 일부와 9번 염색체의 일부가 상호전좌가 일어나서 발병하게 됨

ㄴ. **염색체의 수적 이상** : 염색체의 비분리 현상이나 감수분열에서의 문제로 인해 염색체의 수가 정상보다 많거나 적게 존재하는 현상으로 아래는 일부 염색체의 비분리 현상으로 인해 염색체 수가 정상보다 1~2개 많거나 적은 이수성을 보여주고 있음

예 다운 증후군(21번 염색체 삼염색체성), 클라인 펠터 증후군(XXY), 터너 증후군(XO), X삼염색체성 증후군(XXX)

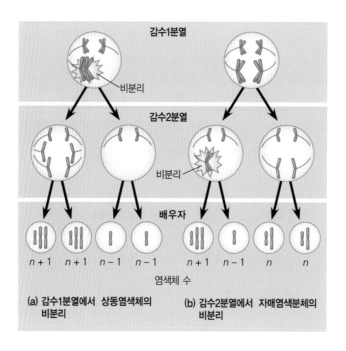

POINT 기본문제

01 에드워드는 겸상적혈구 특성을 보이며 이형접합자(Ss)이다. S와 s로 표시된 대립인자란 무엇인가?

① X와 Y 염색체 위에 있는 유전자

② 연관유전자

③ 상동염색체의 같은 유전자 좌에 있는 유전자

④ 에드워드 정자세포에 존재하는 유전자

⑤ 같은 염색체 상에 있으나 멀리 떨어져 있는 유전자

02 대립인자가 우성인가 열성인가를 결정하는 것은 무엇인가?

① 다른 대립인자에 비해 그 대립인자가 얼마나 흔한지의 여부

② 어머니에게서 유전되었는지 아버지에게서 유전되었는지의 여부

③ 어떤 염색체 위에 있는지에 따라

④ 두 개 모두 존재할 때 어떤 것이 표현형을 결정하느냐에 따라

⑤ 다른 유전자와 연관되었는지에 따라

03 평범한 빨간 눈을 가진 두 마리의 초파리를 교배하였고, 그 사이에서 나온 자손은 다음과 같았다. 77마리의 빨간 눈을 가진 수컷, 71마리의 주황색 눈을 가진 수컷, 152마리의 빨간 눈을 가진 암컷, 이 경우 주황색 눈을 가진 대립인자는 _____.

① 상염색체 상에 있으며 우성인자이다.

② 상염색체 상에 있으며 열성인자이다

③ 성연관 유전자이며 우성이다.

④ 성연관 유전자이며 열성이다.

⑤ 성연관 유전자이며 공동우성이다.

04 멘델은 어떤 실험에서 한 번에 두 가지 특성의 유전양상, 즉 꽃의 색깔과 콩깍지의 모양을 연구하였다. 그가 이런 실험을 한 목적은?

① 두 가지 특성에 관여하는 유전자가 한꺼번에 유전되는지 아니면 각각 유전되는지 알아내기 위해

② 얼마나 많은 유전자가 이 두 특성을 결정하는데 관여하는지 알아내기 위해서

③ 유전자가 염색체에 있는지 알아내기 위해서

④ 염색체 상에 있는 두 유전자 사이의 거리를 알아내기 위해서

⑤ 콩에 얼마나 많은 유전자가 존재하는지를 알아내기 위해서

05 염색체가 끊어진 후 다시 원래의 염색체에 거꾸로 연결될 경우 이러한 염색체 이상을 무엇이라고 하는가?

① 결실   ② 역위   ③ 중복
④ 비분리   ⑤ 상호전좌

PART 03

분자생물학
(molecular biology)

Chapter 08 유전자의 분자생물학

1 DNA가 유전물질임을 밝혀낸 실험들

(1) 그리피스의 실험 : 세균을 형질전환시키는 물질의 존재를 확인한 실험

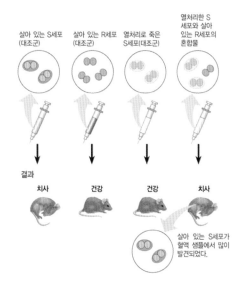

결론 그리피스는 살아 있는 R형 세균이, 죽은 S형 세균의 알려지지 않은 어떤 유전물질에 의해 병원성의 S형 세균으로 형질전환되었다고 결론지었다.

ㄱ. **실험과정**

　1. 살아있는 R형 균을 쥐에게 주입 → 쥐가 죽지 않음

　2. 살아있는 S형 균을 쥐에게 주입 → 쥐가 죽음

　3. 가열하여 살균한 S형 균을 쥐에게 주입 → 쥐가 죽지 않음

　4. 가열하여 살균한 S형 균을 R형 균과 함께 쥐에게 주입 → 쥐가 죽음. 죽은 쥐의 혈액에서 살아 있는 S형 균을 발견함

ㄴ. **결론** : 죽은 S형 균의 어떤 물질이 R형 균을 S형 균으로 형질전환시킨 것인데 그 당시에는 그것을 형질전환원리(transforming principle)이라고 하였음

(2) **에이버리의 실험** : 그리피스가 알아내지 못했던 형질전환 인자를 찾아낸 실험

ㄱ. **실험과정**

1. S형 균 추출물에 탄수화물 분해효소, 단백질 분해효소, 지방분해효소 처리 후 R형 균과 섞어서 쥐에게 주입했더니 쥐가 죽음
2. S형 균 추출물에 DNA 분해효소 처리 후 R형 균과 섞어서 쥐에게 주입했더니 쥐가 죽지 않음

ㄴ. **결론** : 형질전환 인자는 죽은 S형 균의 DNA임

(3) **박테리오파지의 증식 실험** : 박테리오파지는 세균에 감염하는 바이러스로 DNA와 단백질 껍질로 구성되는데 본 실험은 세균에 감염하여 파지의 증식을 가능케 한 유전물질이 DNA라는 사실을 지지하는 증거가 되었음

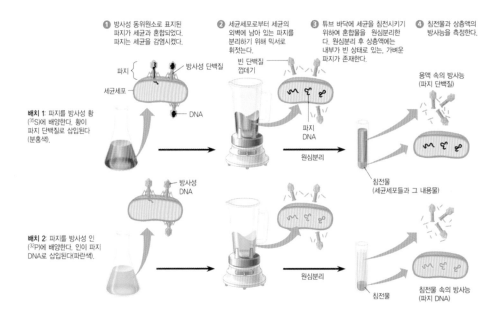

ㄱ. **실험과정**

1. 방사성 동위원소 ^{35}S로 단백질 껍질이 표지된 박테리오파지와 방사성 동위원소 ^{32}P로 핵산이 표지된 박테리오파지를 구분하여 서로 다른 시험관의 대장균에 감염시킴
2. 감염시킨 후 원심분리를 통해 대장균 층과 박테리오파지 층을 구분함. ^{35}S에 기인한 방사능은 대장균 층에서 검출되지 않고 ^{32}P에 기인한 방사능은 대장균 층에서 검출됨

ㄴ. **결론** : 대장균 내로 감염하여 자신의 증식을 가능하게 한 유전물질은 DNA임

② DNA의 구조와 복제

(1) DNA의 구성물질과 입체구조

ㄱ. **뉴클레오티드** : DNA의 구성단위로, 인산 : 당 : 염기 비율이 1 : 1 : 1임

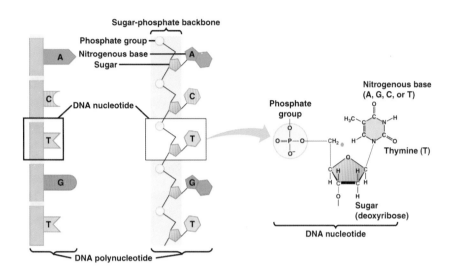

ⓐ 당 : 5탄당인 디옥시리보오스로 구성

ⓑ 염기 : 퓨린 계열의 염기인 아데닌(A), 구아닌(G)과 피리미딘 계열의 염기인 시토신(C), 티민 (T)으로 구성

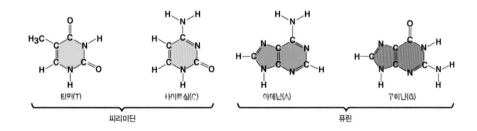

ⓒ 인산 : 음전하를 띠며 뉴클레오티드 간 결합에 관여함

ㄴ. DNA의 입체구조 : 이중나선 구조

　ⓐ DNA 사슬의 폭은 2.0nm이며, DNA 사슬이 한 바퀴 도는데 3.4nm인데 3.4nm는 10개 염기
　　쌍의 길이에 해당함

　ⓑ 염기간의 상보적 수소결합 : 아데닌은 티민과 수소결합을 2개 형성하고, 구아닌과 시토신은
　　수소결합을 3개 형성하여 DNA의 이중나선 구조가 안정화되도록 함 → DNA 사슬에서 아데
　　닌의 수는 티민의 수가 같고 구아닌의 수는 시토신의 수와 같다는 샤가프 법칙이 도출됨

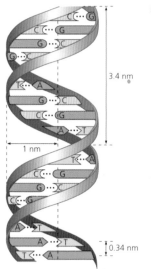

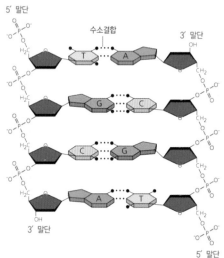

(a) **DNA 구조.** 이 모식도에서 "리본"은 두 DNA 가닥의 당·인산 골격을 나타낸다. 나선구조는 "오른쪽 방향"으로 감겨 올라간다. 질소 함유 염기들은 수소결합에 의해 이중나선 안쪽에 쌍을 이루고 있고 이 수소결합으로 두 DNA 가닥이 서로 결합하고 있다.

(b) **부분적인 화학구조.** 이 부분의 화학구조를 명확히 보여주기 위해 두 DNA 가닥을 꼬여 있지 않은 상태로 나타냈다. 이 두 가닥 DNA는 역평행, 즉 역방향성을 갖는다. 두 가닥 사이는 약한 수소결합으로 서로 잡고 있지만 각 가닥의 단위들 사이는 강한 공유결합으로 연결된다. 두 가닥은 역평행 즉 그들은 서로 반대 방향으로 위치하고 있음을 명심하라.

(c) **공간채움 모형.** 컴퓨터 공간채움 모형으로 형상화했을 때, 염기쌍은 촘촘한 층을 이룬다. 층을 이룬 염기쌍 간의 반데르발스 인력이 분자들의 결합을 유지하는 데 중요한 역할을 한다(2장).

⑵ DNA의 복제방식

　ㄱ. DNA 복제의 3가지 모형

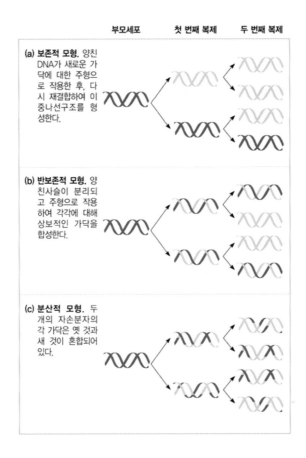

ⓐ 보존적 모델(conservative model) : 2개의 부모가닥이 그대로 남아 있으면서, 2개의 새로운 상
　　보적 가닥이 만들어진다.

ⓑ 반보존적 모델(semiconservative model) : 2개의 부모가닥이 서로 분리되고, 각 부모가닥이 새
　　로 합성될 딸가닥에 대한 주형으로 작용한다.

ⓒ 분산적 모델(dispersive model) : DNA가 절편화 되어 복제된다.

ㄴ. Meselson-Stahl의 실험

ⓐ 실험과정

1. ^{15}N을 포함하는 DNA를 지닌 대장균을 ^{14}N이 포함된 배지에서 배양함

2. 배양한 1세대, 2세대 대장균의 DNA를 원심분리하여 확인하였더니 1세대의 DNA는 모두 ^{15}N-^{14}N 이중나선을 형성했고, 2세대의 DNA는 절반이 ^{15}N-^{14}N, 나머지 절반은 ^{14}N-^{14}N의 이중나선을 형성함

ⓑ 결론 : DNA의 복제 방식은 주형가닥과 새로 합성된 가닥이 짝을 형성하는 반보존적 복제 방식임

(3) **DNA의 복제 기작** : 헬리카아제에 의해 원래 DNA 가닥의 수소결합이 풀어지면서 5′ → 3′ 방향으로 DNA 복제가 일어남. DNA 복제과정에서 새로 합성되는 DNA 사슬의 염기는 주형 DNA 사슬의 염기와 상보적으로 결합되어야 함

ㄱ. **개시** : DNA 복제는 복제원점이라고 불리는 이중나선상의 특정 위치에 복제를 개시하는 단백질이 붙어 DNA 가닥을 분리하면서 시작되는데 진핵생물 염색체 DNA의 경우 DNA 분자는 여러 개의 복제원점을 갖고 있으므로 여러 곳에서 동시에 복제가 일어날 수 있으며 이로 인해 복제에 소요되는 시간이 단축됨

ㄴ. **신장** : DNA 중합효소는 5′ → 3′ 방향으로만 뉴클레오티드를 중합할 수 있음.

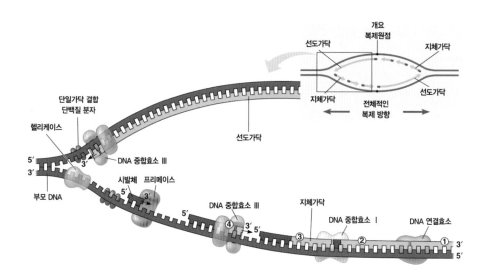

단백질	기능
SSB 단백질	단일가닥 DNA에 결합하여 단일가닥 상태를 안정화시킴
DnaB 단백질(helicase)	DNA 이중가닥을 풀어냄
DnaG 단백질(primase)	RNA primer를 합성함
DNA 중합효소 Ⅰ	primer를 제거하고 dNTP로 교체함
DNA 중합효소 Ⅲ	DNA가닥을 신장시킴
DNA 리가아제	끊어진 DNA가닥을 연결시킴
기라아제(gyrase) – Ⅱ형 위상이성질화효소	DNA 풀림에 의한 비틀림의 긴장을 완화시킴

⑷ 원핵생물의 DNA 중합효소(DNA polymerase)

구 분	DNA 중합효소 Ⅰ	DNA 중합효소 Ⅱ	DNA 중합효소 Ⅲ
유전자	polA	polB	polC
$5' \to 3'$ polymerase 활성	○	○	○
$3' \to 5'$ exonuclease 활성	○	○	○
$5' \to 3'$ exonuclease 활성	○	×	×

③ 유전자와 형질발현

(1) 중심 원리(central dogma) : 유전 정보가 DNA에서 RNA로, 다시 단백질로 일방적 흐름에 따라 전달된다는 원리로서 DNA에서 RNA가 발현되는 단계를 전사라 하고 RNA에서 단백질이 발현되는 단계를 번역이라고 함

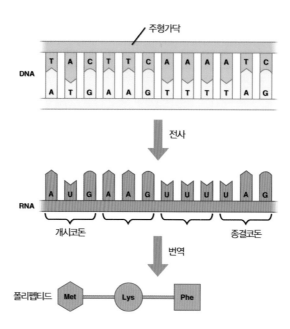

④ 유전자의 발현과정 – 전사와 번역

(1) 전사(transcription) : DNA로부터 RNA가 만들어지는 과정

ㄱ. RNA의 종류

ⓐ 전령자 RNA(messenger RNA ; mRNA) : DNA의 유전정보를 리보솜에 전달하는 RNA

ⓑ 리보솜 RNA(ribosomal RNA ; rRNA) : 리보솜을 구성하는 RNA

ⓒ 운반 RNA(transfer RNA ; tRNA) : 아미노산을 리보솜으로 운반하는 RNA

ㄴ. **전사 과정** : 진핵세포의 경우 핵 내에서 일어나지만 핵이 없는 원핵세포의 경우 전사는 세포질에서 진행됨

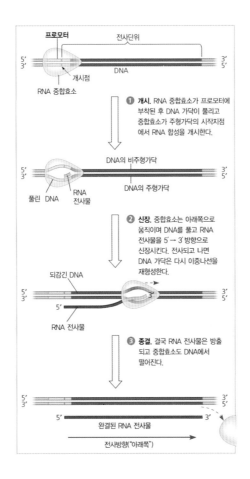

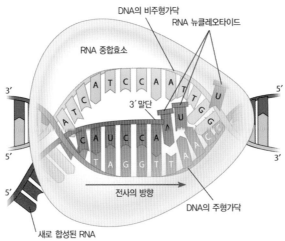

ⓐ 개시 : RNA 중합효소가 프로모터에 결합하여 RNA 합성을 시작함

ⓑ 신장 : RNA가 중합되는 단계로 RNA가 합성되면서 DNA 주형으로부터 분리되고 벌어졌던 DNA 부위는 원상태로 돌아와 DNA는 다시 두 가닥의 이중나선 구조를 이루게 됨

ⓒ 종결 : RNA 중합효소가 DNA 주형 내의 특별한 염기 부분인 종결신호에 도달하면 DNA와 RNA로부터 떨어져 나옴

ㄷ. **진핵세포의 mRNA 가공 과정** : 원핵생물의 경우 전사와 번역이 모두 세포질에서 일어지만 진핵생물의 경우에는 DNA가 핵 내에 있고 만들어진 RNA도 핵 내에 있으므로 단백질 합성에 필요한 mRNA 및 다른 RNA 분자들이 핵공을 통과해서 번역에 필요한 세포내 기관이 존재하는 세포질로 나와야 하는데 진핵생물의 mRNA는 핵을 떠나기 전에 변형됨

ⓐ 5′-모자씌우기와 3′-폴리아데닐화 : RNA 분자의 한쪽 끝에는 한 분자의 G 뉴클레오티드로 되어 있는 작은 모자라고 불리는 구조를 붙이고 다른 한 쪽 끝에는 A 뉴클레오티드가 연속적으로 연결되어 있는 긴 꼬리를 붙임

ⓑ RNA 스플라이싱 : 유전자 내부에 단백질을 암호화하지 않는 부위인 인트론은 제거되고 단백질을 암호화하는 부위인 엑손끼리 연결되어 단백질을 암호화하는 부위가 연속적으로 된 mRNA가 형성됨

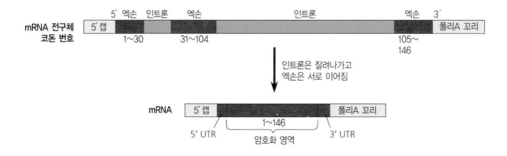

(2) **번역(translation)** : RNA로부터 폴리펩티드가 만들어지는 과정

ㄱ. **코돈(codon)** : DNA의 트리플렛 코드에 의해 전사된 RNA의 3개 염기 단위로서 mRNA에는 번역이 시작되는 부위와 번역이 끝나는 부위가 있음

UUU UUC	페닐알라닌 (Phe)	UCU UCC UCA UCG	세린 (Ser)	UAU UAC	티로신 (Tyr)	UGU UGC	시스테인 (Cys)	
UUA UUG	류신 (Leu)			UAA UAG	정지코돈	UGA	정지코돈	
						UGG	트립토판 (Trp)	
CUU CUC CUA CUG	류신 (Leu)	CCU CCC CCA CCG	프롤린 (Pro)	CAU CAC	히스티딘 (His)	CGU CGC CGA CGG	아르기닌 (Arg)	
				CAA CAG	글루타민 (Gln)			
AUU AUC AUA	이소류신 (Ile)	ACU ACC ACA ACG	트레오닌 (Thr)	AAU AAC	아스파라긴 (Asn)	AGU AGC	세린 (Ser)	
AUG	메티오닌 (Met)			AAA AAG	리신 (Lys)	AGA AGG	아르기닌 (Arg)	
GUU GUC GUA GUG	발린 (Val)	GCU GCC GCA GCG	알라닌 (Ala)	GAU GAC	아스파르트산 (Asp)	GGU GGC GGA GGG	글리신 (Gly)	
				GAA GAG	글루탐산 (Glu)			

ⓐ 개시코돈(start codon) : 번역이 시작되는 코돈으로서 염기서열은 5′-AUG-3′임

ⓑ 종결코돈(stop codon) : 번역이 끝나는 코돈으로서 염기서열은 5′-UAA-3′, 5′-UAG-3′, 5′-UGA-3′임

ㄴ. 번역에 필요한 물질

ⓐ tRNA : 특정 효소에 의해 아미노산과 결합한 뒤 아미노산을 리보솜으로 운반해주는 역할을 수행하며 mRNA의 코돈과 상보적인 수소결합이 가능한 안티코돈이 있어 자신과 연결되어 있는 아미노산을 적절한 코돈과 연결해 주는 역할을 담당함

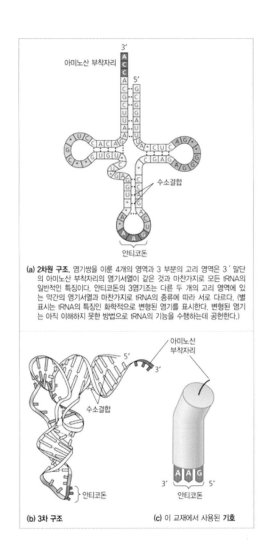

(a) 2차원 구조. 염기쌍을 이룬 4개의 영역과 3 부분의 고리 영역은 3′ 말단의 아미노산 부착자리의 염기서열이 같은 것과 마찬가지로 모든 tRNA의 일반적인 특징이다. 안티코돈의 3염기조는 다른 두 개의 고리 영역에 있는 약간의 염기서열과 마찬가지로 tRNA의 종류에 따라 서로 다르다. (별표시는 tRNA의 특징인 화학적으로 변형된 염기를 표시한다. 변형된 염기는 아직 이해하지 못한 방법으로 tRNA의 기능을 수행하는데 공헌한다.)

(b) 3차 구조

(c) 이 교재에서 사용된 기호

ⓑ 리보솜(ribosome) : 커다란 소단위체와 작은 소단위체로 구성되며 각각의 소단위체는 단백질과 상당한 양의 rRNA로 구성되어 있음. 각각의 리보솜은 mRNA 결합부위와 두 개의 tRNA 결합부위를 갖고 있음

	원핵생물	진핵생물
리보솜의 구성	70S(50S + 30S)	80S(60S+40S)
대단위	50S(5S, 23rRNA+단백질)	60S(5S, 5.8S, 28S rRNA+단백질)
소단위	30S(16S rRNA+단백질)	40S(18S rRNA+단백질)

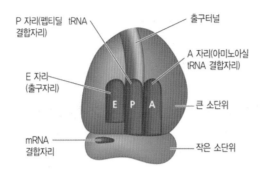

P 자리(펩티딜 tRNA 결합자리)

출구터널

E 자리 (출구자리)

A 자리(아미노아실 tRNA 결합자리)

E P A

큰 소단위

mRNA 결합자리

작은 소단위

(b) 결합자리를 보여주는 도식적인 모델. 리보솜은 mRNA 결합자리와 세 개의 tRNA 결합자리를 갖고 있는데 A, P, E 자리로 알려져 있다. 이 도식적인 리보솜은 뒤에 여러 모식도에서 나올 것이다.

ㄷ. 번역 과정

ⓐ 개시 : 아래의 그림처럼 두 단계에 의해 일어남

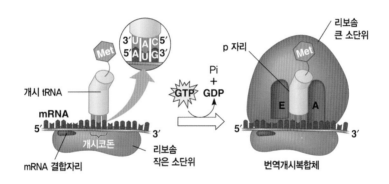

리보솜 큰 소단위

p 자리

개시 tRNA

mRNA

5′　　　　　　　3′

개시코돈

리보솜 작은 소단위

mRNA 결합자리

Pi + GDP

GTP

Met

E A

5′　　　　　　　3′

번역개시복합체

① mRNA가 리보솜의 작은 소단위체에 붙은 뒤 특정 개시 tRNA가 mRNA 상에 있는 특정한 코돈인 개시코돈에 결합함. 개시 tRNA는 메티오닌 아미노산을 운반하는 tRNA로서 메티오닌 tRNA의 안티코돈인 3′-UAC-5′가 mRNA 상의 시작코돈인 5′-AUG-3′와 결합힘

② 리보솜의 큰 소단위체가 작은 소단위체와 결합하여 기능을 수행 할 수 있는 리보솜을 구성함. 이 때 개시 tRNA가 리보솜에 있는 두 개의 tRNA 결합부위 중 하나에 자리 잡는데 이 부위를 P 자리라고 부름. P 자리는 자라나는 폴리펩티드가 위치하는 부위임. 또 다른 결합부위인 A 자리는 비어 있는데 다음 아미노산을 운반하는 새로운 tRNA가 들어올 자리임

ⓑ 신장 : 아미노산의 첨가 단계로서 아래와 같이 3단계를 통해 일어남

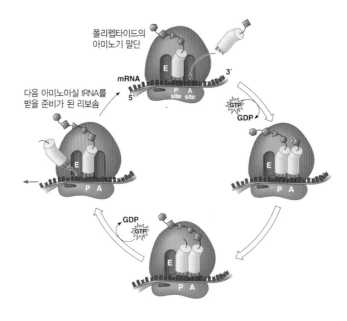

① 코돈 인식 : 새로 첨가될 아미노산을 운반하는 tRNA의 안티코돈과 리보솜의 A 자리에 있는 mRNA의 코돈과 결합함

② 펩티드결합 형성 : P 자리의 tRNA에 결합하고 있던 폴리펩티드가 tRNA에서 분리되어 A 자리의 tRNA에 의해 운반된 아미노산과 펩티드결합을 함. 이러한 펩티드결합에서는 리보솜이 촉매 역할을 하며 이 결과 펩티드사슬에 아미노산이 하나 더 첨가됨

③ 전이 : E 자리에 있는 tRNA는 리보솜에서 떨어져 나오고 신장 중인 폴리펩티드에 연결되어 있는 tRNA가 A 자리에서 P 자리로 이동함. 코돈과 안티코돈은 여전히 결합한 상태로 있으며 mRNA와 tRNA가 하나의 단위로 움직임

ⓒ 종결 : 리보솜이 종결코돈인 UAA, UAG, UGA에 이르게 되면 종결코돈과 상보적인 수소결합을 하게 되는 tRNA가 없으며 대신 방출인자가 A자리를 차지하게 되면서 자연스럽게 번역 과정은 종결됨. 완성된 폴리펩티드는 마지막 tRNA로부터 분리되고 이어 리보솜을 떠나며 번역이 끝난 리보솜은 두 개의 소단위체로 분리됨

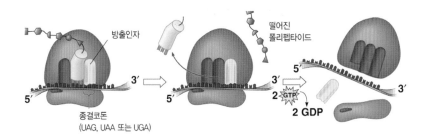

◆ 폴리리보솜(polyribosome)

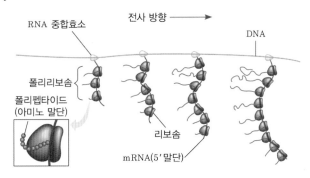

- 하나의 mRNA로부터 다량의 단백질을 합성하기 위하여 다수의 리보솜이 결합하여 있는 상태
- 핵막이 없는 원핵생물에서는 전사와 번역이 동시에 일어나므로 DNA–mRNA–단백질의 복합
  체가 세포질에서 발견된다.

⑤ DNA 돌연변이 : DNA 염기서열 상의 변화를 통한 돌연변이

(1) 자발성의 유무에 의한 돌연변이 구분

ㄱ. **자연 돌연변이** : 특별한 돌연변이원 없이 돌연변이가 유발되는 것

ㄴ. **유도 돌연변이** : X선이나 자외선, 또는 염기와 유사한 물질과 같은 돌연변이원(mutagen)에 의해 유도된 돌연변이가 유발되는 것

(2) 염기서열 변화 양상에 의한 돌연변이 구분

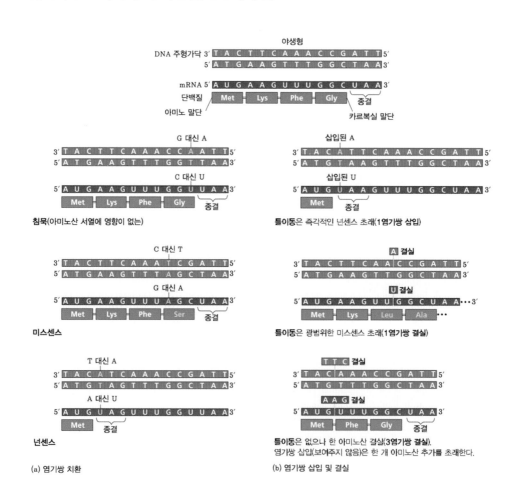

ㄱ. **염기치환** : 점 돌연변이라고도 하며 DNA 염기서열 상의 하나의 뉴클레오티드 염기가 또 다른 염기로 바뀌는 것을 말함

ㄴ. **염기삽입, 염기결실** : 뉴클레오티드의 삽입이나 결실에 따라 번역틀의 변환이 발생하는 이른바 틀변환 돌연변이가 발생하게 됨

⑶ 폴리펩티드 아미노산 서열 변화 양상에 의한 돌연변이 구분

ㄱ. **과오(Missense) 돌연변이**: 정상형(wild type)의 아미노산이 다른 아미노산으로 바뀌는 돌연변이

ㄴ. **종결(Nonsense) 돌연변이**: 돌연변이의 효과로 종결코돈(UAG, UGA, UAA)이 형성되어 단백질 합성이 중지 되는 돌연변이

ㄷ. **침묵(Silent) 돌연변이**: 돌연변이가 발생하였지만 tRNA의 wobble현상 등으로 정상적인 아미노산을 여전히 발현하는 경우

ㄹ. **격자이동(Frame shift) 돌연변이**: 염기의 결실이나 첨가 등으로 코돈의 트리플렛 코돈의 순서가 바뀌면 뒤따르는 모든 코돈이 변경되므로 전혀 다른 단백질이 형성된다.

01 어떤 유전학자가 유전자에 의해 만들어지는 단백질에 전혀 영향이 없는 돌연변이체를 발견했다. 이 돌연변이는 어떤 돌연변이인가?

① 뉴클레오티드 한 개가 삭제된 돌연변이　　② 개시 코돈이 변화된 돌연변이
③ 뉴클레오티드 한 개가 삽입된 돌연변이　　④ 전체 유전자가 삭제된 돌연변이
⑤ 뉴클레오티드 한 개가 치환된 돌연변이

02 크기가 가장 큰 것부터 가장 작은 것 순서로 차례가 맞는 것은 다음 중 어느 것인가?

① 유전자 – 염색체 – 뉴클레오티드 – 코돈　　② 염색체 – 유전자 – 코돈 – 뉴클레오티드
③ 뉴클레오티드 – 염색체 – 유전자 – 코돈　　④ 염색체 – 뉴클레오티드 – 유전자 – 코돈
⑤ 유전자 – 염색체 – 코돈 – 뉴클레오티드

03 DNA상의 코돈은 GTA이다. DNA에 상보적인 코돈을 갖는 mRNA가 전사되었다. 단백질 합성과정에서 tRNA가 mRNA와 쌍을 이루었다. tRNA에 있는 안티코돈의 뉴클레오티드 서열은 어떤 것인가?

① CAT　　② CUT　　③ GUA　　④ CAU　　⑤ GTA

04 다음 중 DNA의 반보존적 복제에 대한 올바른 설명은?

① 기존의 DNA 두가닥 모두 새로운 가닥의 주형으로 작용한다.
② 기존의 DNA가닥 중 한 가닥만 새로운 가닥의 주형으로 작용한다.
③ 원래의 두 가닥이 분리되었다가, 새로운 이중나선을 형성하고 다시 원래의 두 가닥이 서로 결합된다.
④ 원래의 두 가닥이 풀어짐(unwinding)없이 새로운 가닥의 주형으로 작용한다.
⑤ 정답 없음

05 이중나선의 DNA가 30%의 티민을 포함한다면, 구아닌은 몇% 포함하겠는가?

① 20%　　② 30%　　③ 40%　　④ 50%　　⑤ 60%

Chapter 09 유전자 발현 조절

① 원핵생물에서의 유전자 발현 조절 - 오페론(operon)의 이해

(1) **오페론의 기본 개념** : 원핵생물에만 존재하는 유전자 발현 조절 시스템으로서 오페론은 기본적으로 프로모터, 작동 부위, 구조 유전자로 구성된 유전자 집단을 말함

ㄱ. **프로모터(promoter)** : RNA 중합효소가 처음 결합하는 부위

ㄴ. **작동 부위(operator)** : 조절 유전자가 암호화한 억제자 단백질이 결합하는 부위로서 프로모터와 구조 유전자 사이에 있음. 억제자가 작동 부위에 결합하게 되면 RNA 중합효소가 프로모터에 쉽게 결합할 수 없게 되어 전사가 일어나지 못함

ㄷ. **구조 유전자(structural gene)** : 암호화 부위라고도 하는데 단백질 합성에 대한 유전 암호를 가진 부위로 mRNA로 전사되는 부위임. 구조 유전자에는 보통 서로 연관성 있는 여러 개의 유전자가 몰려 있어서 여러 개의 단백질을 암호화하고 있음

(2) 젖당 오페론(lac operon)

ㄱ. **구조** : 구조 유전자 부위에 연관성 있는 3개의 효소를 암호화하는 유전자가 있음. 이 3가지 효소는 모두 대장균인 이당류인 젖당을 분해하여 사용하기 위해 쓰이는 효소들로서 β-galactosidase, permease, transacetylase로 이루어져 있음. β-galactosidase는 이당류인 젖당을 포도당과 갈락토오스로 분해하는 효소이고 permease는 젖당을 세포 내로 들여오는 역할을 하는 효소이며 transacetylase는 아세틸기전이효소이다.

ㄴ. 유전자 발현 조절 양상

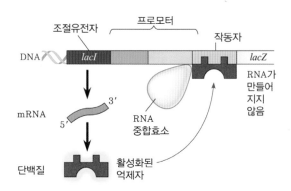

ⓐ 젖당이 없을 때 : 조절 유전자가 암호화한 억제자가 작동 부위에 결합하여 RNA 중합효소가 프로모터에 결합하는 것을 방해하기 때문에 젖당 오페론의 구조 유전자가 발현되지 않음

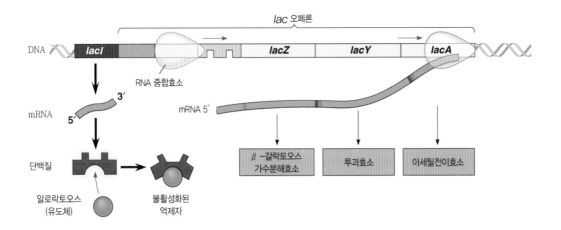

ⓑ 젖당이 있을 때 : 젖당이 있으면 젖당과 억제자가 결합하게 되고, 그 결과 억제자의 형태가 변형되어 작동 부위에 결합하지 못하게 됨. 따라서 작동 부위가 비게 되고 프로모터에 RNA 중합효소가 결합하여 전사가 일어남

(3) 트립토판 오페론(trp operon)의 유전자 발현 조절 : 억제성 오페론이며 음성적 유전자 조절 방식이 이루어짐

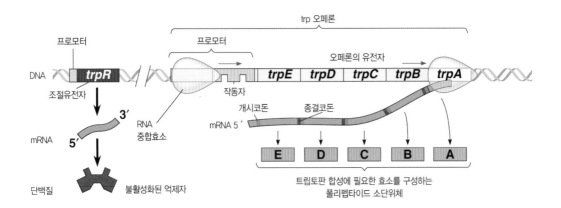

ⓐ 트립토판이 없는 경우 : 트립토판과 결합하지 않은 억제자는 불활성 상태로서 오페론은 활성
화되어 트립토판 합성 효소들이 합성됨

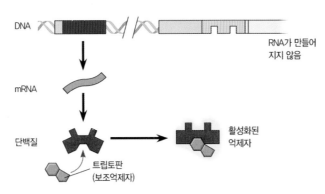

DNA

RNA가 만들어
지지 않음

mRNA

단백질

활성화된
억제자

트립토판
(보조억제자)

(b) 트립토판이 존재하면, 억제자는 활성화되고, 오페론은 불활성화된다.

ⓑ 트립토판이 있는 경우 : 트립토판이 축적됨에 따라 트립토판이 결합한 억제자는 활성화되고
작동부위에 결합하게 되므로 트립토판 합성 효소들의 합성이 억제됨. 이 때 트립토판은 공동
억제자(corepressor)로 작용한 것임

② 진핵생물의 유전자 발현 조절

(1) 염색체 구조를 통한 조절 : 진핵생물은 염색체의 응축을 통해 유전자 발현 조절을 도움

ㄱ. **염색체 응축의 단계** : DNA-히스톤 복합체가 뉴클레오솜이라는 구조를 형성하는데 이것은 8
개의 히스톤 분자로 이루어진 단백질 덩어리의 중심부 주위를 DNA가 감고 있는 구조임. 이러
한 뉴클레오솜은 코일처럼 단단한 나선형 섬유구조를 형성하게 되며 이 섬유코일은 다시 약
300nm의 직경을 갖는 더 굵은 슈퍼코일을 형성함. 이후 고리구조 형성과 접힘 구조 형성에 의
해 중기의 염색체 모습이 됨

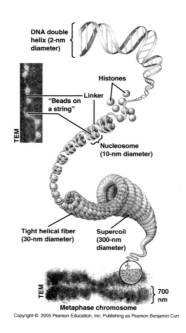

ㄴ. **염색체 응축의 기능** : 염색체가 응축되면 전사단백질이 DNA에 접근하는 것을 방해하므로 유
전자 발현이 억제되는 경향이 있음. 분열기의 염색체나 간기 염색체의 이곳 저곳에서 나타나는
아주 조밀하게 나타나는 두꺼운 염색질 부분은 유전자 발현이 거의 이루어지지 않음

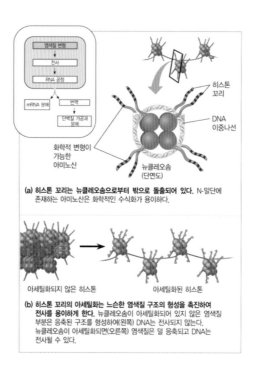

(a) 히스톤 꼬리는 뉴클레오솜으로부터 밖으로 돌출되어 있다. N-말단에
존재하는 아미노산은 화학적인 수식화가 용이하다.

(b) 히스톤 꼬리의 아세틸화는 느슨한 염색질 구조의 형성을 촉진하여
전사를 용이하게 한다. 뉴클레오솜이 아세틸화되어 있지 않은 염색질
부분은 응축된 구조를 형성하여(왼쪽) DNA는 전사되지 않는다.
뉴클레오솜이 아세틸화되면(오른쪽) 염색질은 덜 응축되고 DNA는
전사될 수 있다.

(2) **전사 조절** : 진핵생물 유전자 발현 조절에서 가장 중요한 단계임

ㄱ. **원핵생물 유전자 발현 조절과의 차이** : 여러 유전자가 한꺼번에 존재하는 세균의 오페론과는 달리 각각의 진핵생물 유전자는 각각의 프로모터와 여타 조절 염기서열을 갖고 있음. 또한 진핵 생물에서는 활성자 단백질이 억제자보다 더욱 중요한 역할을 하는 것으로 보임. 대부분의 유전 자는 발현이 '꺼진' 상태를 원래로 유지하며 필요할 때만 '켜져' 세포의 특정한 구조와 기능을 수 행함

ㄴ. **전사 인자** : 진핵생물의 경우 특정 유전자가 발현되기 위해서는 RNA 중합효소의 활성에 영향 을 주는 인자들이 필요한데 이를 전사 인자라고 함. RNA 중합효소의 활성을 촉진시키는 물질 을 활성인자라고 하며 이 물질은 인핸서라고 하는 DNA의 조절부위에 결합해 전사를 촉진함. 반 면 RNA 중합효소의 활성을 억제시키는 물질을 억제자라고 하며 이 물질은 사일렌서라고 하는 DNA의 조절부위에 결합해 전사를 방해함

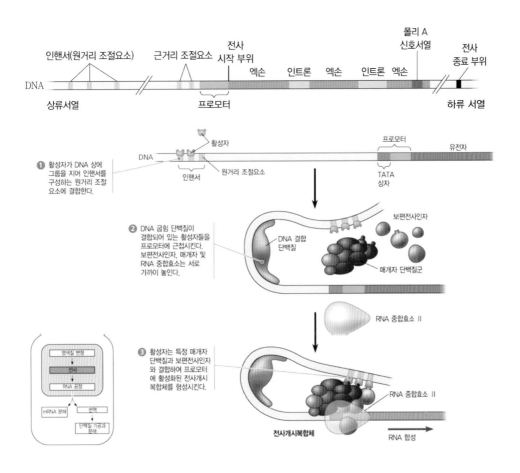

01 유전자 발현은 원핵세포보다 다세포생물인 진핵세포에서 훨씬 더 복잡하다. 그 이유는 무엇인가?

① 진핵세포가 훨씬 더 작기 때문이다.
② 다세포 생물인 진핵세포의 경우 서로 다른 기능을 하기 위해 각각의 세포가 분화되기 때문이다.
③ 원핵생물은 안정된 환경에서만 자라기 때문이다.
④ 진핵세포의 유전자 수가 적어서 한 개의 유전자가 여러 가지 기능을 해야 하기 때문이다.
⑤ 진핵세포의 유전자는 단백질의 암호를 가지고 있기 때문이다.

02 뼈세포, 근육세포, 피부세포가 서로 달라 보이는 이유는 무엇인가?

① 각각의 세포가 서로 다른 종류의 유전자를 가지고 있기 때문이다.
② 서로 다른 개체가 존재하기 때문이다.
③ 서로 다른 유전자가 서로 다른 종류의 세포에서 활성화되기 때문이다.
④ 서로 다른 유전자를 가지고 있기 때문이다.
⑤ 각각의 세포에는 서로 다른 종류의 돌연변이가 존재하기 때문이다.

03 유전자 발현에 사용되는 방법 중 진핵생물과 원핵생물이 공통적으로 사용하는 방법은 다음 중 어느 것인가?

① 염색체를 구성하는 정교한 DNA 포장방법
② DNA에 결합하는 활성자 단백질과 억제자 단백질의 작용
③ 전사 후 mRNA에 첨가되는 모자구조와 꼬리구조
④ lac 오페론과 trp 오페론
⑤ RNA로부터 비암호 유전자 부위의 제거

04 진핵생물의 유전자를 세균의 DNA에 삽입하였다. 세균이 유전자를 전사하여 mRNA를 만들었고 단백질로 해독하였다. 그런데 만들어진 단백질은 원래의 단백질보다 훨씬 더 많은 아미노산을 가지고 있어서 원래의 단백질과 달리 쓸모가 없었다. 그 이유는 무엇인가?

① mRNA가 진핵생물에서처럼 스플라이싱이 되지 않아서

② 진핵생물과 원핵생물이 사용하는 유전자 암호 코드가 달라서

③ 전사와 해독을 방해하는 억제자 단백질 때문에

④ 세균에서 만들어진 mRNA의 수명이 너무 짧아서

⑤ 리보솜이 mRNA에 결합할 수 없기 때문에

Chapter

10

유전공학

⬛ 재조합 DNA 형성을 통한 유전자 클로닝

(1) 재조합 DNA 형성

ㄱ. 재조합 DNA 형성에 필요한 효소

ⓐ 제한효소 : DNA의 특정서열을 인식하여 절단하는 효소

ⓑ 리가아제 : DNA 절편들을 연결시키는 효소

ㄴ. 재조합 DNA 형성 과정

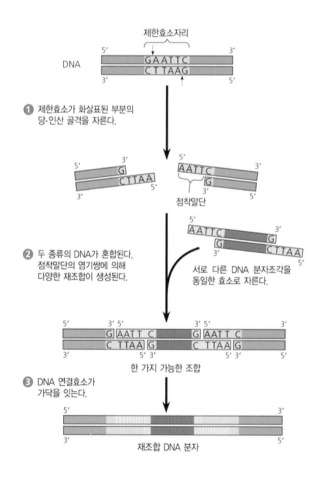

① 제한효소가 특정 부위를 자르면 두 조각의 제한효소 단편이 형성됨
② 단일가닥으로 된 점착성 말단을 갖는 이중가닥 DNA 조각이 생성되는데, 점착성 말단은 서로 다른 곳에서 유래한 두 DNA 절편을 연결하는데 유용하게 사용됨
③ 표적 DNA의 양 끝은 동일한 제한효소로 자름
④ 리가아제를 이용하여 표적 DNA와 ① 과정을 통해 형성된 제한효소 단편을 연결함
⑤ 최종 산물로 재조합 DNA가 형성됨

(2) 유전자 클로닝

ㄱ. **벡터** : 세균의 플라스미드나 파지의 DNA와 같이 표적 DNA와 재조합되어 해당 유전자를 수용 세포로 운반할 수 있는 물질

ㄴ. 유전자 클로닝 과정

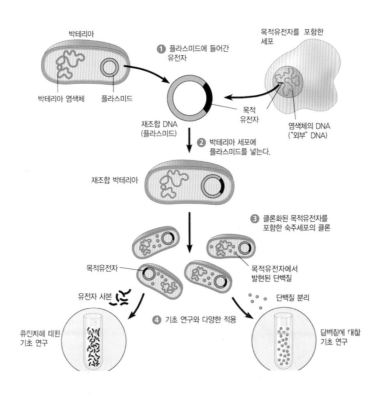

① 벡터로 사용할 세균 플라스미드와 표적 유전자를 갖고 있는 사람의 DNA를 분리함
② 플라스미드와 사람 DNA를 동일한 제한효소를 처리함
③ 사람 DNA와 절단된 플라스미드 DNA를 혼합함
④ 리가아제를 이용하여 두 DNA 분자들을 연결함

⑤ 재조합 플라스미드를 세균과 혼합하고 적당한 조건을 맞춰주면 세균은 플라스미드 DNA를 형질전환에 의해 받아들임

⑥ 재조합 플라스미드로 형질전환된 세균이 증식하여 클론을 형성하게 됨

(3) 핵산 탐지자를 통한 특정 유전자로 재조합된 클론 탐지

ㄱ. **핵산 탐지자** : 특정 유전자와 상보적인 염기서열을 갖고 있는, 방사성 동위원소나 형광염료로 표지된 핵산 절편

ㄴ. **핵산 탐지의 과정** : 검사하고자 하는 DNA 시료에 열이나 알칼리성 용액을 처리하여 두 가닥의 DNA 가닥이 단일 가닥으로 되도록 만든 후 탐지자를 가하여 상보적인 염기서열을 지니고 있는 표적 서열에 결합하도록 함

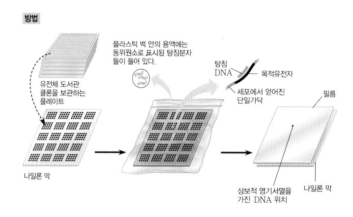

(4) DNA 도서관

ㄱ. **유전체 도서관** : 유전체로부터 유래한 DNA 조각이 들어 있는 클론 전체

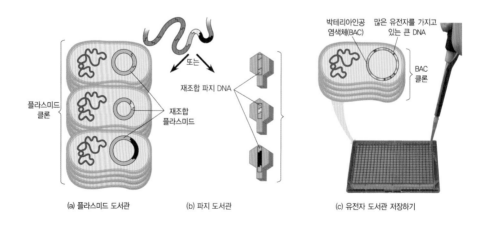

(a) 플라스미드 도서관　　(b) 파지 도서관　　(c) 유전자 도서관 저장하기

ㄴ. cDNA 도서관 : mRNA를 역전사하여 얻은 DNA를 cDNA라 하며 cDNA 조각이 들어 있는 클론 전체를 cDNA 도서관이라 함. cDNA의 합성 과정은 다음과 같음

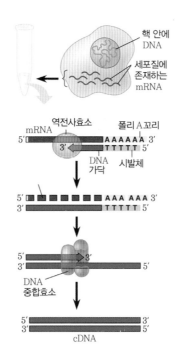

① 선택된 세포는 세포의 유전자를 발현함
② mRNA로 완성하기 위해 만들어진 전사물을 가공함
③ 세포에서 mRNA를 추출하여 레트로바이러스로부터 분리한 역전사효소를 이용하여 mRNA를 역전사함
④ RNase를 첨가하여 mRNA를 분해함
⑤ DNA 중합효소를 이용하여 두 번째 DNA 가닥을 합성함

② 그 밖의 유전 공학 기술

(1) 전기영동(electrophoresis) : 젤리 같은 물질로 얇게 만든 판형물인 젤을 체처럼 사용하여 단백질이나 핵산과 같은 거대분자를 크기나 전기적 전하에 의해 물리적으로 분리하는 방법으로서 아래에 전기영동 원리와 방식에 대해 소개함

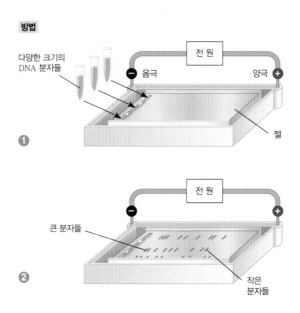

① 납작한 직사각형 모양의 젤 한 끝에 DNA가 들어가는 홈을 만들고 그 홈에 각 시료를 넣음

② DNA 시료를 넣어준 부분의 젤 끝 쪽에 음극을 연결하고 반대편 끝에 양극을 연결한 후 전류를 걸어주면, DNA는 인산기를 갖고 있어서 전기적으로 음성을 띠므로 양극으로 이동함

③ DNA가 이동함에 따라 젤을 구성하고 있는 다당체의 복잡한 망구조로 인해 길이가 긴 DNA 조각이 작은 조각보다 천천히 이동하므로 DNA가 길이에 따라 분리됨

(2) 제한효소절편분석법(restriction fragment analysis) : 제한효소로 DNA 분자를 절단한 후 잘려진 DNA 절편들을 젤 전기영동으로 분리하는 방법인데 젤 상에 형성된 밴드의 수는 사용된 제한효소와 DNA 분자에 따라 달라짐. 이러한 방법은 예를 들어 서로 다른 대립유전자를 비교하기에 유용함. 아래의 그림은 β – 글로빈의 정상 대립유전자와 겸상적혈구 대립유전자의 차이 분석을 위한 제한효소절편분석법을 모식적으로 나타낸 것임

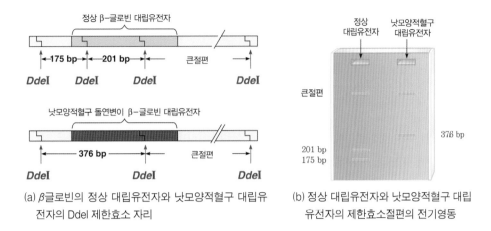

(a) β글로빈의 정상 대립유전자와 낫모양적혈구 대립유
전자의 DdeI 제한효소 자리

(b) 정상 대립유전자와 낫모양적혈구 대립
유선자의 제한효소절편의 전기영동

(3) 중합효소 연쇄 반응(polymerase chain reaction ; PCR) : 원하는 부위의 DNA를 시험관
내에서 여러 번 반복하여 복제하는 기술로서 소량의 핵산시료의 양을 증폭시키는 데 이용됨. 변
성, 프라이머 혼성화, DNA 중합 순으로 DNA 복제 사이클을 반복함

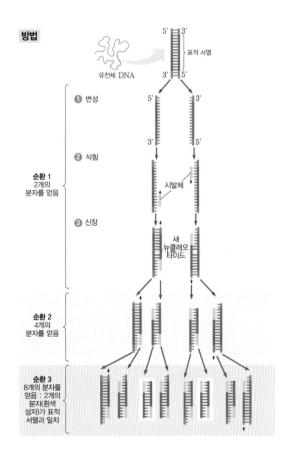

. . . . .
POINT 기본문제

01 전형적인 제한효소로 DNA분자를 자르면 잘린 부분이 서로 달라 DNA조각은 한 가닥으로 된 말단을 갖는다. 이런 양 말단은 재조합 DNA를 만드는데 유용한데 그 이유는 무엇인가?

① 효소에 의해 만들어진 DNA조각을 세포가 인지할 수 있게 해 준다.

② DNA복제를 시작하는 원점 역할을 한다.

③ 상보적인 말단을 이용해 다른 조각과 결합할 것이다.

④ 연구자가 DNA조각을 탐지자로 사용할 수 있게 해준다.

⑤ 단일가닥인 DNA조각만이 단백질을 암호화할 수 있기 때문이다.

02 살인사건 재판에 사용된 DNA 지문법은 슈퍼마켓에서 사용되는 상품코드 모양과 비슷하다. DNA 지문법에서 볼 수 있는 막대 모양은 무엇을 나타내는가?

① 특정한 유전자의 염기순서

② 잘라진 DNA에 존재하는 다양한 크기의 DNA 조각

③ 특정한 형질의 우성 혹은 열성 대립유전자의 존재

④ 특별한 염색체 상에 있는 유전자의 순서

⑤ 유전체 도서관에 있는 특정한 유전자의 정확한 위치

03 어떤 고생물학자가 400년 동안 보관된 멸종 생물인 도도의 피부로부터 유기물질을 조금 얻어내었다. 이 샘플로부터 얻은 DNA와 살아있는 새의 DNA를 비교하고자 한다. 실험에 사용할 DNA의 양을 증가시키기 위해 가장 유용한 방법은 무엇인가?

① 제한효소를 이용한 DNA 절단

② PCR

③ 리가아제를 이용한 DNA 연결

④ 전기영동법

⑤ 인트론의 제거

인체생리학
(human physiology)

Chapter 11 영양과 소화

■ 영양소

(1) 영양소의 의미 : 외부에서 받아들인 물질 중에서 몸을 구성하거나 에너지원 및 생리 기능을 조절하는 데 쓰이는 물질

(2) 영양소의 종류

ㄱ. **주영양소** : 몸의 구성 성분이면서 에너지원으로 가장 많이 섭취하는 영양소

예 탄수화물, 지질, 단백질

영양소	검출 반응	검출 시약	시약의 색 (반응 전)	시약의 색 (반응 후)	기 타
포도당	베네딕트 반응	베네딕트 용액	청색	황적색	가열
녹말	요오드 반응	요오드-요오드화칼륨 용액	갈색	청남색	–
지방	수단 III 반응	수단 III 용액	적색	선홍색	–
단백질	뷰렛 반응	5% NaOH +1% $CuSO_4$	청색	보라색	–
	크산토프레인 반응	진한 질산	무색	황색	가열

ㄴ. **부영양소** : 에너지원으로 쓰이지는 않지만 소량으로 존재하여 몸을 구성하거나 생리 기능을 조절하는 데 중요한 역할을 하는 영양소 예 비타민, 무기염류, 물

ⓐ 비타민 : 체내에서 합성되지 않으므로 반드시 음식물로 섭취해야 하며 소량으로 체내의 생리 기능을 조절하나 부족하면 결핍증이 유발됨

종류	비타민	기능	결핍증	주요 식품
수용성	B1(티아민)	탄수화물 대사에 관여	각기병	돼지고기, 콩류, 곡류
	B2(리보플라빈)	지방 및 단백질 대사에 관여	생장 저해	유제품, 간, 달걀, 야채
	B12(시아노코발라민)	혈구 생성 핵산 합성에 관여	빈혈	간, 굴
	C(아스코르브산)	결합조직 합성, 항산화제	괴혈병	과일, 야채
지용성	A(레티날)	로돕신의 성분	야맹증	과일, 야채, 간, 유제품
	D(칼시페롤)	칼슘과 인의 대사 조절	구루병	유제품, 간, 달걀
	E(토코페롤)	항산화제, 생식 기능 조절	생식력 감퇴, 불임	식물성 기름, 땅콩
	K(필로퀴논)	혈액 응고 단백질 합성	혈액 응고 지연	야채, 간

ⓑ 무기염류 : 에너지원으로 쓰이지 않으나 몸을 구성하며 체액의 삼투압 조절, pH 조절, 효소의 활성화 조절 등을 담당함

무기염류	기능	결핍증
Na	삼투압 조절, pH 조절, 흥분 전달에 관여	신경통
K	삼투압 조절, pH 조절, 흥분 전달에 관여	근수축 장애
Ca	뼈와 이의 성분, 혈액 응고와 근육 수축에 관여	골다공증, 골연화증, 근육 경련
Fe	헤모글로빈, 시토크롬의 성분	빈혈, 두통
Mg	뼈와 혈장의 성분, 신경 흥분 억제, 일부 효소의 성분	신경 질환
I	티록신의 성분	갑상선 부종
P	단백질, 핵산, 뼈, 이, ATP의 구성 성분	구루병
Cl	혈장(NaCl), 위액(HCl)의 성분	위산 분비 결핍
S	단백질의 구성원소	피로, 근위축

ⓒ 물 : 체중의 약 66%를 차지하며 체내 화학 반응과 물질 운반의 매개체 역할 수행함. 비열이 높
아 체온을 일정하게 유지하는데도 관여함

2 영양소의 소화

(1) 소화계의 구성

ㄱ. **소화관을 통한 음식물의 이동 경로** : 입 → 인두 → 식도 → 소장 → 대장 → 항문

ㄴ. **부속분비기관** : 관을 통해 소화액이나 소화에 도움을 주는 물질을 분비함

  예 침샘, 간, 이자, 담낭 등

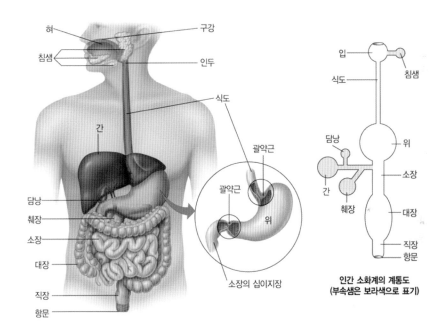

인간 소화계의 계통도
(부속샘은 보라색으로 표기)

(2) 입에서의 소화

ㄱ. **기계적 소화** : 이에 의한 저작 운동, 혀에 의한 혼합 운동

ㄴ. **화학적 소화** : 침에 들어있는 아밀라아제에 의해 녹말 분해가 이루어짐

(3) 위에서의 소화 : 단백질 분해가 주로 이루어짐

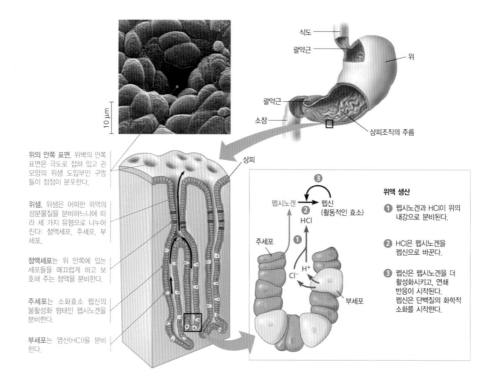

ㄱ. **주세포(chief cell)** : 펩시노겐을 분비함. 분비된 펩시노겐은 HCl의 작용에 의해 펩신으로 활성되어 단백질을 분해시키고 자신의 활성화에 관여함

ㄴ. **부세포(parietal cell)** : 염산을 분비함. 염산은 펩시노겐 활성화에 관여하며 살균작용도 수행함

ㄷ. **점액세포(mucous cell)** : 점액을 분비하여 위 안쪽에 있는 세포들을 매끄럽게 하고 자가소화를 방지해줌

(4) 소화의 호르몬 조절 : 위와 십이지장에서 분비되는 몇몇 호르몬은 필요할 때에만 소화액 분비가 이루어지도록 표적세포를 자극함

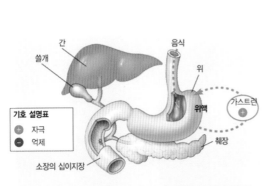

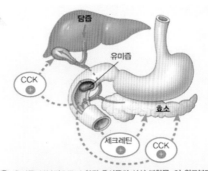

기호 설명표
- ➕ 자극
- ➖ 억제

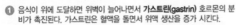

❶ 음식이 위에 도달하면 위벽이 늘어나면서 **가스트린(gastrin)** 호르몬의 분비가 촉진된다. 가스트린은 혈액을 돌면서 위액 생산을 증가 시킨다.

❷ 유미즙—부분적으로 소화된 음식물의 산성 복합물—이 위로부터 십이지장으로 들어간다. 십이지장은 유미즙에 있는 아미노산이나 지방산에 소화 호르몬인 콜레키스토키닌과 세크레틴을 분비함으로써 반응한다. **콜레키스토키닌(colecystokinin, CCK)**은 이자와 담즙에서 소화 효소 분비를 촉진한다. **세크레틴(secretin)**은 이자를 자극하여 유미즙을 중화시킬 중탄산염을 내보내게 한다.

ㄱ. 가스트린은 혈류를 따라 순환하면서 위액 생성, 분비를 촉진함

ㄴ. 지방이 풍부한 산성 유미즙이 십이지장으로 들어오면 높은 농도의 세크레틴과 콜레시스토키닌(CCK)이 위의 연동운동과 위액 분비를 저해하고 따라서 소화가 느려짐

ㄷ. 세크레틴은 이자를 자극하여 산성 유미즙을 중화시킬 중탄산염 분비를 자극하며, 콜레시스토키닌은 이자에서의 소화효소 분비와 쓸개에서의 담즙 분비를 자극함

(5) 소장에서의 소화

소화액	소화효소	작 용
이자액 : 탄산수소나트륨에 의해 산성 유미즙이 중화	아밀라제	녹말 → 엿당
	트립신	폴리펩티드 → 펩티드
	리파아제	중성지방 → 글리세롤 + 지방산
장액	말타아제	엿당 → 포도당
	락타아제	젖당 → 포도당 + 갈락토오스
	수크라아제	설탕 → 포도당 + 과당
	펩티다아제	펩티드 → 아미노산

(6) 소장에서의 흡수와 이동 : 소장은 융모라고 하는 손가락 모양의 작은 돌기가 수없이 달린 커다란 둥근 주름이 소장의 내벽을 따라 자리잡고 있기 때문에 영양분을 흡수할 수 있는 표면적이 넓음

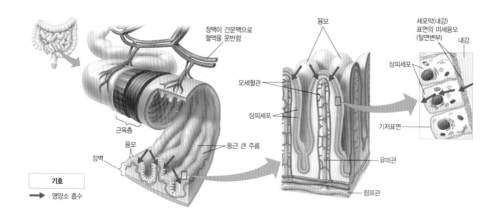

ㄱ. 소장에서의 흡수

ⓐ 수용성 영양소 : 소장의 상피세포를 통과하여 융털의 모세혈관으로 진입함

ⓑ 지용성 영양소 : 소장의 상피세포를 통과하여 융털의 암죽관으로 진입함

ㄴ. 영양소의 이동

ⓐ 수용성 영양소 : 융털의 모세혈관 → 간문맥 → 간 → 간정맥 → 하대정맥 → 심장 → 온몸

ⓑ 지용성 영양소 : 융털의 암죽관 → 가슴관 → 좌쇄골하정맥 → 상대정맥 → 심장 → 온몸

(7) 대장의 기능 : 물과 무기염류를 흡수하여 혈액으로 보내주고 남은 찌꺼기는 대변으로 배출시키는 기능 수행. 대장균과 같은 대장 안의 세균은 비오틴, 엽산, 비타민 B군, 그리고 비타민 K 등과 같은 중요한 비타민을 합성함. 이 비타민은 대장을 통해 혈액 내로 흡수됨.

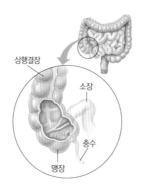

01 다음 중 각각의 기능이 잘못 연결된 것은 어느 것인가?

① 대부분의 비타민 B – 조효소

② 비타민 E – 항산화제

③ 비타민 K – 혈액 응고

④ 철분 – 갑상선 호르몬의 성분

⑤ 인 – 뼈 형성, 뉴클레오티드 합성

02 채식주의자들이 다양한 단백질원에 의지하거나 달걀 또는 유제품을 섭취하는 이유는 무엇인가?

① 칼로리를 충분히 섭취하기 위해

② 비타민을 충분히 섭취하기 위해

③ 모든 필수지방산을 섭취하기 위해

④ 좀 더 즐거운 식사를 위해

⑤ 동시에 모든 필수 아미노산을 섭취하기 위해

03 쓸개즙은 지질의 분해를 어떤 방식으로 돕는가?

① 지질을 가수분해함으로써

② 리파아제의 보조인자로 기능함으로써

③ 지질 방울을 서로 결합시킴으로써

④ 지질을 유화시킴으로써

⑤ 지질을 수용성으로 변환시킴으로써

04 펩시노겐이 펩신으로 전환되는 것은 무엇에 의한 것인가?

① 낮은 pH   ② 유미즙   ③ 엔테로펩티다아제

④ 트립시노겐   ⑤ 침샘의 아밀라아제

Chapter 12 순환계

① 혈액의 구성과 그 기능

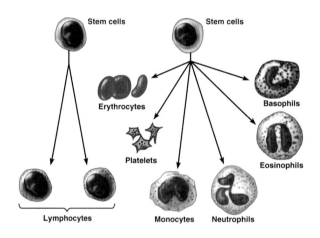

(1) **혈구** : 혈액의 세포 성분으로 혈액의 약 45%를 차지하며 골수의 줄기세포에서 형성됨

구 분	적혈구	백혈구	혈소판
형태	오목한 원반형	무정형	무정형
핵의 유무	핵 없음	핵 있음	핵 없음
수명	약 120일	약 10~20일	약 2~3일
수	약 500만개/mm^3	약 7000개/mm^3	약 20~30만개/mm^3
기능	산소 운반	살균 작용, 항체 형성	혈액 응고 관여

(2) **혈장** : 혈액의 용액 성분으로, 혈액의 약 55%를 차지함

ㄱ. **구성** : 물이 90%이며 알부민, 글로불린, 피브리노겐 등의 단백질과 포도당, 아미노산, 지방, 무기염류 등의 영양소, 각종 호르몬 등을 포함함

ㄴ. **기능** : 여러 가지 물질의 운반, 혈액의 삼투압이나 pH 변화에 대한 완충작용, 혈액응고, 면역작용, 일정한 체온 유지에 관여함

② 혈액의 응고

(1) 혈액 응고 과정

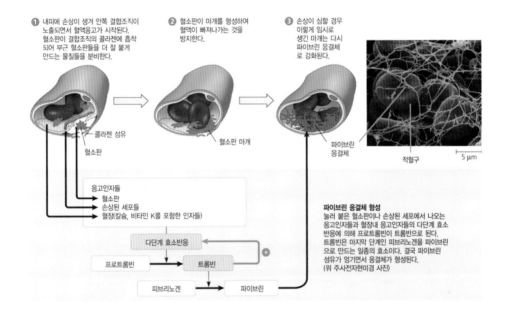

❶ 내피에 손상이 생겨 안쪽 결합조직이 노출되면서 혈액응고가 시작된다. 혈소판이 결합조직의 콜라겐에 흡착되어 부근 혈소판들을 더 잘 붙게 만드는 물질들을 분비한다.

❷ 혈소판이 마개를 형성하여 혈액이 빠져가는 것을 방지한다.

❸ 손상이 심할 경우 이렇게 임시로 생긴 마개는 다시 파이브린 응결체로 강화된다.

콜라겐 섬유
혈소판
혈소판 마개
파이브린 응결체
적혈구
5 μm

응고인자들
혈소판
손상된 세포들
혈장(칼슘, 비타민 K를 포함한 인자들)

다단계 효소반응
프로트롬빈 → 트롬빈 ⊕
피브리노겐 → 파이브린

파이브린 응결체 형성
눌러 붙은 혈소판이나 손상된 세포에서 나오는 응고인자들과 혈장내 응고인자들의 다단계 효소반응에 의해 프로트롬빈이 트롬빈으로 된다. 트롬빈은 마지막 단계인 피브리노겐을 파이브린으로 만드는 일종의 효소이다. 결국 파이브린 섬유가 엉기면서 응결체가 형성된다.
(위 주사전자현미경 사진)

① 혈액을 둘러싸고 있는 상피세포가 손상을 받으면 혈관벽의 결합조직이 혈액에 노출됨. 혈소판이 노출된 결합조직에 빠르게 달라붙어 주위의 다른 혈소판을 끈적이게 하는 물질을 분비함
② 혈소판 무리들이 출혈로 인한 혈액손실을 신속히 막는 마개를 형성함. 혈소판에서 분비된 트롬보키나아제는 혈액 속의 Ca^{2+}과 함께 혈액의 프로트롬빈을 트롬빈으로 활성화시키는데 트롬빈은 피브리노겐에 작용하여 피브린 형성에 관여함
③ 피브린은 혈구와 엉켜서 혈병을 형성함

(2) 혈액 응고 방지법

ㄱ. **유리막대로 젓기** : 피브린을 제거할 수 있음
ㄴ. **저온 보관** : 트롬빈, 트롬보키나아제 작용을 억제함
ㄷ. 시트르산나트륨, 옥살산나트륨 첨가를 통해 Ca^{2+}을 제거함
ㄹ. 히루딘, 헤파린을 첨가하여 트롬빈 형성 및 작용을 억제함

3 혈액의 순환

(1) 혈액 순환 경로

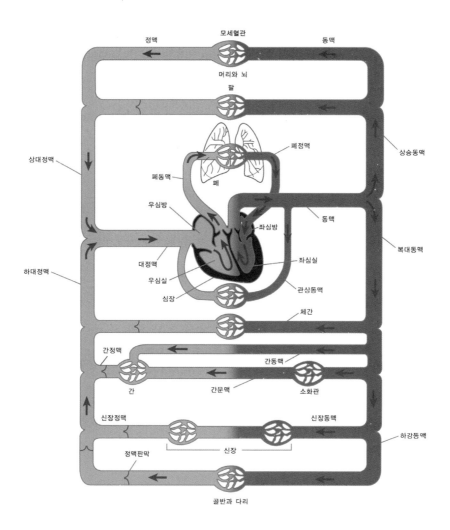

ㄱ. **체순환** : 좌심실 → 대동맥 → 온몸의 모세혈관 → 대정맥 → 우심방

ㄴ. **폐순환** : 우심실 → 폐동맥 → 폐포의 모세혈관 → 폐정맥 → 좌심방

(2) **심장의 구조** : 2심방 2심실

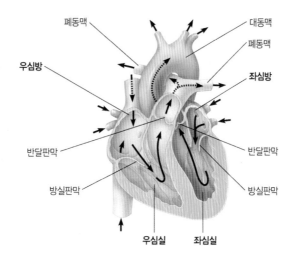

ㄱ. **심방** : 혈액이 유입되는 심장 부위로 정맥과 연결됨

ㄴ. **심실** : 혈액이 유출되는 심장 부위로 동맥과 연결되며 심방보다 크고 벽이 두꺼움

ㄷ. **판막** : 심방과 심실 사이, 심실과 동맥 사이에 존재하여 혈액의 역류를 방지함

(3) **심장의 박동**

ㄱ. **심장 박동의 자동성** : 심장은 다른 기관과는 달리 스스로 박동에 필요한 흥분을 일으키는 박동
   원인 동발결절을 지님

ㄴ. **심장의 전기적 신호 전달 순서** : 동방결절 → 방실결절 → 히스색 → 푸르키네 섬유

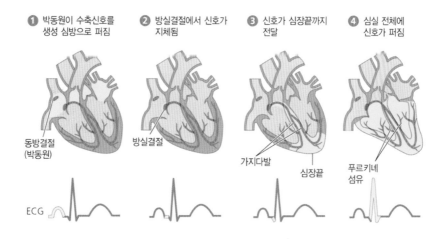

ㄷ. **심장 박동의 조절** : 혈액 내 CO_2 농도에 따라 연수에 의해 조절됨

　ⓐ 혈중 CO_2 농도 증가 : 연수 → 교감신경 흥분 → 노르에피네프린 분비 → 심장박동 촉진

　ⓑ 혈중 CO_2 농도 감소 : 연수 → 부교감신경 흥분 → 아세틸콜린 분비 → 심장박동 억제

⑷ 혈관의 종류와 기능

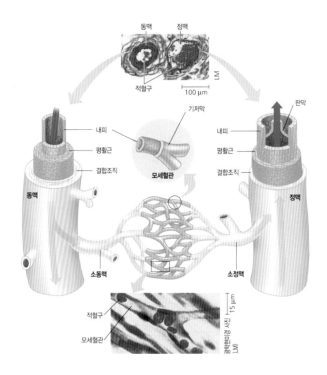

ㄱ. **동맥** : 심장으로부터 나오는 혈액이 흐르는 혈관으로 심실과 연결되어 있음. 동맥은 심실의 수축에 의해 밀려 나오는 혈액의 높은 압력을 견딜 수 있도록 두꺼운 근육층으로 이루어져 있으며 혈관벽은 두껍고 탄성이 있음

ㄴ. **정맥** : 조직을 순환한 혈액이 심장으로 들어가는 혈관으로 심방과 연결되어 있음. 동맥보다 직경은 크지만 혈관벽의 두께는 얇고 탄성도 작음. 혈압이 낮기 때문에 혈액의 역류를 방지하는 판막이 존재하며 주위 근육의 수축을 통해 정맥을 통한 혈액의 흐름이 원활해짐

ㄷ. **모세혈관** : 동맥과 정맥 사이를 이어주는 혈관으로 온몸에 퍼져 있으며 적혈구가 겨우 지나갈 수 있을 정도로 가늘지만 총단면적이 넓어 혈액이 천천히 흐름. 총단면적은 동맥과 정맥보다 넓고 혈류속도는 가장 느려 주위 조직과의 물질교환에 가장 최적합적임

⑸ 혈압, 혈관의 총단면적, 혈류속도

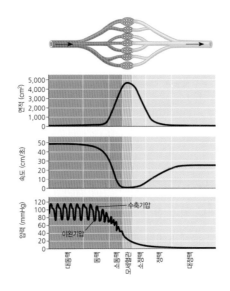

ㄱ. **혈압** : 동맥 > 모세혈관 > 정맥

ㄴ. **혈관의 총단면적** : 모세혈관 > 정맥 > 동맥

ㄷ. **혈류속도** : 동맥 > 정맥 > 모세혈관

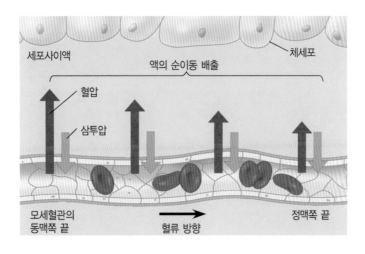

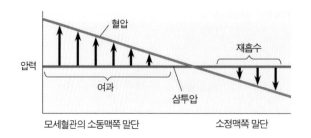

☑ 순환계 질환

(1) **고혈압** : 비정상적으로 혈압이 높은 상태. 정상혈압이 120/80mmHg인데 반해 고혈압은 최고 혈압이 140mmHg 이상이거나 최저 혈압이 90mmHg 이상으로 지속되는 것을 말함

(2) **동맥 경화** : 동맥 혈관벽에 콜레스테롤 등이 많이 쌓여 동맥이 굳어지고 탄성을 잃어 동맥이 막히거나 그 통로가 좁아지는 증상을 말함

(3) **뇌졸중** : 고혈압과 동맥 경화에 의해 뇌에 혈액을 공급하는 뇌동맥에 문제가 생겨 갑자기 의식을 잃는 질병. 뇌동맥이 과도한 혈압을 받아서 터지거나 막히면 뇌에 산소와 영양소의 공급이 제대로 이루어지지 못하므로 뇌세포가 손상되어 나타남

12 POINT 기본문제

01 혈압은 _____ 에서 가장 높으며 혈액은 _____ 에서 가장 느리게 흐른다.

① 정맥, 모세혈관

② 동맥, 모세혈관

③ 정맥, 동맥

④ 모세혈관, 동맥

⑤ 동맥, 정맥

02 폴의 혈압은 150/90이다. 150은 _____ 을 의미하고, 90은 _____ 을 의미한다.

① 좌심실의 압력, 우심실의 압력

② 동맥의 압력, 심박수

③ 심실수축기 동안의 동맥의 압력, 심장이완기 동안의 동맥의 압력

④ 체순환 압력, 폐순환 압력

⑤ 동맥의 압력, 정맥의 압력

03 혈액은 동맥에서보다 소동맥에서 더 느리게 흐르는데 그 이유는 _____.

① 소동맥이 동맥보다 혈관 지름이 작기 때문이다.

② 소동맥이 동맥보다 혈관 지름이 크기 때문이다.

③ 모세혈관망으로 가는 혈액의 흐름을 제한하는 조임근을 가지고 있기 때문이다.

④ 전체적으로 동맥보다 총단면적이 더 작기 때문이다.

⑤ 전체적으로 동맥보다 총단면적이 더 크기 때문이다.

Chapter 13 면 역

① 림프계의 구성과 기능

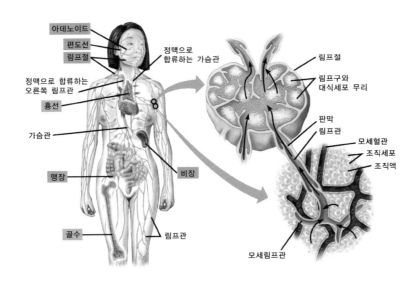

(1) **림프계의 구성** : 골수, 흉선, 각종 림프절, 편도선, 맹장의 충수, 비장 등의 림프기관, 각종 림프
구, 림프, 림프관으로 구성됨

(2) **림프계의 기능** : 조직액을 순환계로 돌려보내며, 감염에 대항하여 싸움

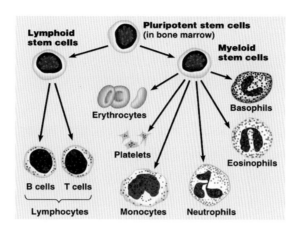

혈액	혈장 (plasma)	혈청	항체(면역글로불린) 포함			
		섬유소	알부민, 피브리노겐 등			
	혈구	적혈구	분화 후 핵 소멸(3-4 개월 기능)			
		혈소판	세포조각, 피브린과 함께 지혈			
		백혈구	호산구	기생충 제거		
			호중구	세균 제거		
			호염구	알레르기 반응 시 과립(히스타민) 분비		
			단핵구	분화하여 대식세포 형성		
			림프구 (NK 세포 포함)	B 림프구	항체 표지 및 분비(형질세포)	
				T 림프구	보조 T 림프구	다른 면역세포 활성
					세포독성 T 림프구	비정상적인 자기세포 제거

② 감염에 대한 방어기작의 구분

(1) **선천성 면역** : 침입자를 구별하지 않기 때문에 비특이적 면역이라고 하며 병원체에 노출되기 전부터 존재해 효과를 발휘하기 때문에 내재면역이라고도 함

ㄱ. **선천성 면역기작의 구분**

ⓐ 물리화학적 장벽 : 특정한 물리적 구조나 화학물질이 외래 병원체에 대한 방어작용을 수행함
예 피부에서 분비하는 산성물질, 피부 그 자체, 점막, 리소자임, 위산 등

ⓑ 항균단백질에 의한 방어 : 인터페론과 보체단백질이 있음

1. 인터페론 : 바이러스에 감염된 세포나 백혈구가 합성하며 다른 세포에서의 바이러스의 증식을 억제함

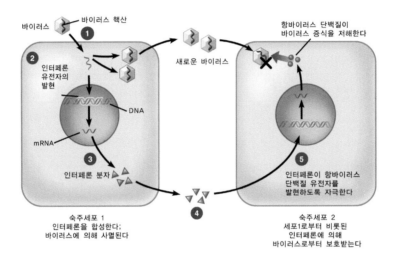

	분비세포	작용
IFN-α	백혈구, 바이러스 감염세포	바이러스 증식억제
IFN-β	바이러스 감염세포	바이러스 증식억제
IFN-γ	세포독성 T 세포, 자연킬러 세포	암세포 제거

2. 보체계 : 보체계는 혈장 내를 순환하는 약 30종의 단백질로서 백혈구를 유인하거나 침입자를 용해시킬 수 있음

ⓒ 세포에 의한 방어 : 침입을 당한 세포가 침입자를 식작용하거나 화학물질을 분비하여 세포예 정사를 유발함 **예** 호중성백혈구, 대식세포, 자연살해세포

ㄴ. **염증반응** : 조직손상으로 인해 홍조, 부종, 발열 현상이 나타나는 것으로 우리 몸의 비특이적 방어기작의 중요한 요소 중 하나임

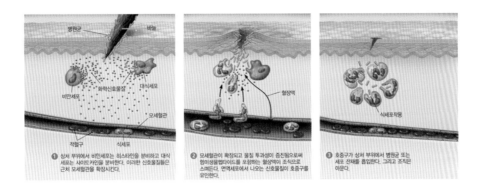

① 조직의 손상으로 인해 히스타민과 같은 화학적 신호가 방출됨
② 혈관이 팽창하고 투과성의 증가하면서 감염 부위로 식세포가 이동함
③ 대식세포, 호중구 등의 식세포가 세균과 세포조각을 청소함

(2) **후천성 면역** : 병원체에 노출될 때에만 활성화되는 획득 면역으로 특이성이 있고 기억능력이 있어 이전에 감염된 항원이 다시 감염되면 더욱 빠르고 확실하게 공격하게 됨. 특이적 면역 관련 세포인 림프구에는 B세포와 T세포가 존재하는데 B세포는 골수에서 형성된 뒤 골수에서 성숙과 정을 거치게 되지만 T세포는 골수에서 형성된 뒤 흉선으로 이동한 후 성숙과정을 거치게 됨

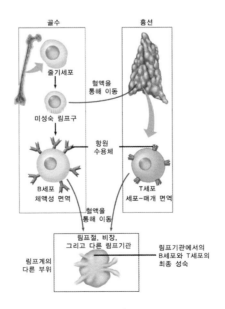

ㄱ. 후천성 면역의 구분

    ⓐ 체액성 면역 : 체액에 존재하는 바이러스, 세균 등에 대한 방어작용으로서 B세포에 의해 수행됨

    ⓑ 세포매개 면역 : 세균이나 바이러스에 감염된 세포를 공격하며 T세포에 의해 수행됨

ㄴ. 후천성 면역의 특징

    ⓐ 수용체의 다양성 : 단일 림프구에 발현된 수용체들은 모두 동일하지만 체내에는 각기 다른 수용체를 보유한 수백만 림프구가 존재함

    ⓑ 면역기억과 클론선택 : 병원체가 노출될 때에 병원체를 인식하는 수용체를 가진 림프구가 분열, 증식하게 되는데 이를 클론선택이라고 하며 이 때 림프구는 항원체에 대한 면역반응을 수행하는 효과기 세포와 병원체를 기억하는 기억세포로 분화됨. 기억세포는 해당 병원체가 다시 감염되었을 때 더욱 빠르게 분열, 증식하여 면역반응을 수행할 수 있게 함

③ 체액성 면역

(1) 항체의 구조와 기능

ㄱ. 항체의 구조 : 항체는 거대한 단백질로서 가장 단순한 항체는 4개의 폴리펩티드 사슬로 만들어지는데 2개는 짧은 사슬, 2개는 긴 사슬로 이루어져 있으며 이황화 결합에 의해 연결됨. 각각의 사슬의 아랫부분은 종에 상관없이 모든 항체에서 유사한 아미노산 서열로 이루어져 있으며 이 부분을 불변부위라고 함. 윗부분은 가변 부위로서 항체마다 다르며 항원과 결합하는 부위로서 항원에 따른 항체의 특이성을 나타내는 곳임

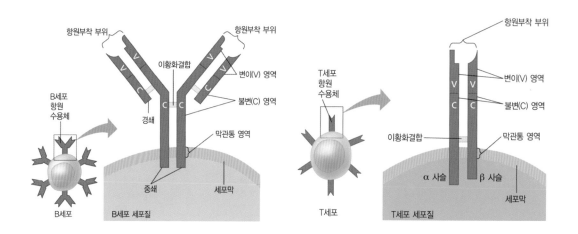

ㄴ. **항체의 기능** : 항체는 주로 항원과 결합하여 식세포에게 표시해 주는 역할을 수행하며 항원과 결합하여 항원의 독성을 약화시키거나 항원으로서의 역할을 방해함. 또한 여러 개의 항체가, 여러 항원에 결합하면서 항원의 응집을 유도하기도 하고 침전시키기도 함. 일부 항체는 보체 단백질을 활성화시켜 항원에 구멍이 생기게 하여 항원 세포를 파괴시키기도 함

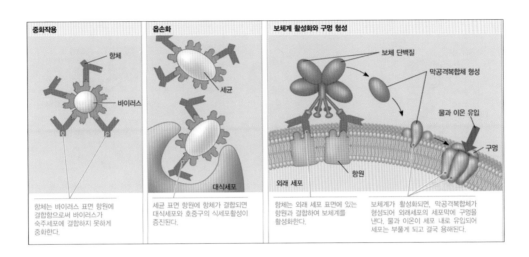

◆ **항체 다양성**

면역글로불린의 종류	분 포	기 능
IgG(단량체)	혈액 중에 가장 많은 Ig형. 조직액에도 존재함	항원의 옵소닌 작용, 중화 및 응집 반응을 촉진하며 보체를 활성화하는 능력에 있어서 IgM보다는 덜 효과적임. 태반을 통과하는 유일한 항체로서 태아에게 수동면역을 부여함
IgM(5량체)	1차 면역 반응시 첫 번째로 만들어지는 Ig형으로서 그 후 혈액 내 농도가 떨어짐	항원의 중화 및 응집 반응을 촉진. 보체 활성화에 가장 효과적임
IgD(단량체)	항원에 노출된 적이 없는 미경험 B세포 표면에 존재함	항원 자극에 의한 B세포의 증식 및 분화과정에서 항원 수용체로 작용
IgA(이량체)	눈물, 침, 점액 및 모유 등에 존재함	항원의 응집 및 중화를 통하여 점막의 국소 방어에 기여. 모유에 존재하기 때문에 유아에게 수동면역을 부여함
IgE(단량체)	혈액 내 낮은 농도로 존재함	비만세포와 호염구로부터 알레르기 반응을 유발하는 히스타민을 포함한 다양한 화학물질을 분비하게 함

④ 세포매개 면역

(1) 세포매개 면역의 특징 : T세포에 의하여 감염된 세포를 직접 공격하여 파괴하는 면역기작으로 서 T세포 자신의 항원수용체를 통해 MHC 단백질과 결합되어 있는 가공된 항원을 인식하여 작용함

ㄱ. 세포독성 T세포 : 바이러스 감염세포나 암세포를 사멸시킴

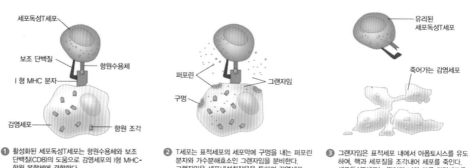

① 활성화된 세포독성T세포는 항원수용체와 보조 단백질(CD8)의 도움으로 감염세포의 I형 MHC-항원 복합체에 결합한다.

② T세포는 표적세포의 세포막에 구멍을 내는 퍼포린 분자와 가수분해효소인 그랜자임을 분비한다. 그랜자임은 세포내섭취작용을 통하여 감염세포 내로 들어간다.

③ 그랜자임은 표적세포 내에서 아폽토시스를 유도 하여, 핵과 세포질을 조각내어 세포를 죽인다. 세포독성T세포은 떨어져 나와 다른 감염세포를 공격할 수 있다.

① 세포독성 T세포가 감염된 세포와 결합함. 이 결합을 통해 세포독성 T세포는 활성화되며, 이에 따라 결합한 세포에 작용하는 몇 가지 새로운 단백질이 합성됨

② 퍼포린이라는 단백질이 방출되어 감염된 세포의 세포막에 결합하여 구멍을 내며, 기타 단백 질이 진입하게 되어 감염된 세포의 세포자살을 유발함

③ 감염된 세포는 죽어서 파괴됨

ㄴ. 보조 T세포 : 항원제시세포가 제시한 가공된 항원을 인식하여 세포독성 T세포나 B세포를 활성 화시키는 데 관여함

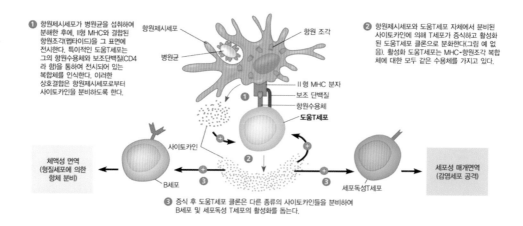

① 항원제시세포가 병원균을 섭취하여 분해한 후에, II형 MHC와 결합된 항원조각(펩타이드)을 그 표면에 전시한다. 특이적인 도움T세포는 그의 항원수용체와 보조단백질(CD4 라 함)을 통하여 전시되어 있는 복합체를 인식한다. 이러한 상호결합은 항원제시세포로부터 사이토카인을 분비하도록 한다.

② 항원제시세포와 도움T세포 자체에서 분비된 사이토카인에 의해 T세포가 증식하고 활성화 된 도움T세포 클론으로 분화한다(그림 예 없 음). 활성화 도움T세포는 MHC-항원조각 복합 체에 대한 모두 같은 수용체를 가지고 있다.

③ 증식 후 도움T세포 클론은 다른 종류의 사이토카인들을 분비하여 B세포 및 세포독성 T세포의 활성화를 돕는다.

① 대식세포 등의 항원제시세포는 세균이나 외부에서 유래된 다른 물질을 잡아먹어 잘게 부숨

② MHC라고 불리는 자기 단백질이 외부항원과 결합함

③ 이 결합체가 세포표면에 발현됨.

④ 보조 T세포는 항원제시세포 표면에 발현된 자기단백질과 외부 항원의 조합을 인식하고 결합함. T세포의 수용체의 자기-비자기 복합체의 결합은 보조 T세포를 활성화시키는데 항원제시세포가 분비한 인터루킨-1에 의해서 활성화가 강화됨. 활성화된 보조 T세포는 인터루킨-2를 분비하여 다음과 같은 기능을 수행함

⑤ 보조 T세포의 생장과 증식을 돕고 기억세포와 또 다른 활성화된 보조 T세포를 만듦

⑥ B세포를 활성화시켜 체액성 면역을 자극함

⑦ 세포독성 T세포의 활성을 자극함

◆ MHC의 기능

MHC 종류	항원 종류	항원제시세포	항원인식 세포	면역반응
MHC I	내부생성항원 (바이러스감염, 암)	모든 세포	세포독성 T 세포 (TCR + CD8)	감염된 세포 제거
MHC II	외부생성항원	식세포, B세포	보조 T 세포 (TCR + CD4)	세포 활성화

5 클론선택

(1) **클론선택의 의미** : 하나의 항원은 그 항원에 특정한 수용체를 가진 소수의 림프구하고만 반응하는데 이들 선택받은 세포들은 증식을 거듭하여 문제의 항원에 대해 특이적으로 반응할 수 있는 세포의 클론을 형성하게 되는데 이를 클론선택이라고 함

(2) 클론선택의 과정

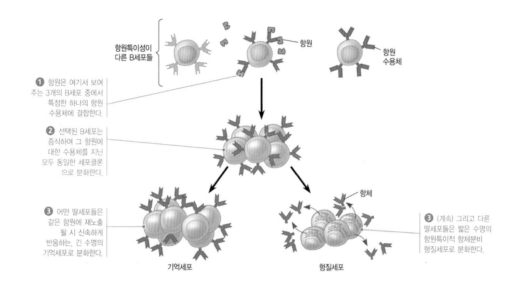

(3) 1차 면역 반응과 2차 면역 반응 : 항원에 처음 노출되었을 때의 면역반응을 1차 면역반응이라고 하는데 동일한 항원에 재차 노출되었을 때 더욱 강한 2차 면역반응이 일어나게 되는데 이것은 1차 면역 반응 시에 기억세포가 형성되었기 때문임

ㄱ. **1차 면역반응(primary immune response)**
① 항원이 처음으로 면역계에 노출된 경우 처녀 B 세포의 클론선택을 통해 형질세포(plasma cell)로 분화되어 항체를 분비하는 시간이 보통 2주 정도 소요됨
② 1차 면역이 완료되면 기억 B 세포와 기억 T 세포들이 생성됨

ㄴ. **2차 면역반응(secondary immune response)**
– 면역 기억세포들이 존재하는 경우에 다시 항원이 면역계에 노출되면 면역기억세포는 신속하게(2–3일) 면역활성을 보여 항원 제거, 기억세포의 활성에는 보조 T 세포의 역할이 필수적이지 않음

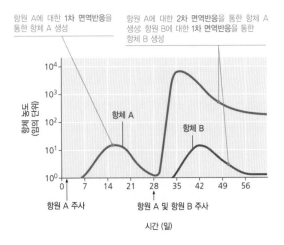

항원 A에 대한 **1차 면역반응**을 통한 항체 A 생성

항원 A에 대한 **2차 면역반응**을 통한 항체 A 생성; 항원 B에 대한 **1차 면역반응**을 통한 항체 B 생성

항원 A 주사

항원 A 및 항원 B 주사

시간 (일)

⑥ 혈액형과 수혈관계

(1) ABO식 혈액형

ㄱ. 항원과 항체 : 항원은 적혈구 세포막 표면에 존재하며 A, B 두 종류가 있음. 항체는 혈장 속에 존재하며 α, β 두 종류가 있음

혈액형	AB형	A형	B형	O형
항원	A, B	A	B	O
항체	×	β	α	α, β

ㄴ. 혈액형 판정

구 분	항 B형 혈청	항 A형 혈청
O형	응집 ×	응집 ×
A형	응집 ×	응집 ○
B형	응집 ○	응집 ×
AB형	응집 ○	응집 ○

ㄷ. **수혈 관계** : 수혈하는 사람의 항원과 수혈받는 사람의 항체 사이에서의 응집이 일어나지 않는 경우에만 수혈이 가능함

(2) Rh식 혈액형

ㄱ. **혈액형 판정** : Rh 응집원이 존재하기 때문에 항 Rh 항체와 응집반응이 일어나면 Rh^+형이며 Rh 응집원이 존재하지 않기 때문에 항 Rh 항체와 응집반응이 일어나지 않으면 Rh^-형임

ㄴ. **수혈관계** : Rh^+형 ↔ Rh^+형 ← Rh^-형 ↔ Rh^-형

ㄷ. **적아세포증** : Rh^-형인 산모가 Rh+형인 태아를 임신하게 되었을 경우, 두 번째 아이가 Rh^+인 경우에 태반을 통해 건너온 산모의 항체에 의해 태아의 적혈구가 파괴되는 현상으로서 Rh^+인 첫 번째 아이를 임신하게 되었을 경우 산모는 분만시에 노출된 Rh 항원에 대한 항체를 형성하게 되기 때문에 Rh^+인 두 번째 아이의 Rh항원을 공격하게 됨

▨ 면역계의 이상적 현상

(1) 면역결핍증 : 면역계의 하나 또는 그 이상의 요소가 결핍되어 정상적인 면역반응을 수행하지 못하는 질환

ㄱ. **선천성 면역결핍증** : 유전적인 면역결핍증

예 중증복합면역결핍증(SCID) : T세포와 B세포가 모두 없거나 비활성 상태의 질환

ㄴ. **후천성 면역결핍증** : 살면서 얻게 된 면역결핍증

예 AIDS : HIV 바이러스를 감염에 의해 발생하는 질환

(2) 자가면역질환 : 면역계가 잘못되어 자기 자신의 분자를 공격하게 되는 질환

ㄱ. **항체-매개성 자가면역질환** : 자신의 분자에 B세포가 반응하여 항체를 분비하는 질환

예 류머티스성 관절염

ㄴ. **T세포-매개성 자가면역질환** : 자신의 분자에 T세포가 반응하여 공격하는 질환

예 인슐린 의존성 당뇨병

(3) 알레르기 : 꽃가루, 곰팡이 포자 등의 비병원성 물질에 대해 면역반응이 과민하게 나타나는 것으로서 알레르기 반응은 콧구멍, 기관지 및 피부 등을 포함한 우리 몸의 여러 부분에서 일어날 수 있으며, 증상으로는 재채기, 콧물, 가려움 등이 있음

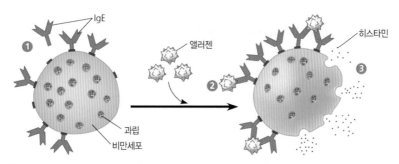

① 알레르젠에 의한 초기 노출 시 만들어진 IgE는 비만세포 수용체에 결합한다.

② 같은 알레르젠에 연속적으로 노출되었을 때, 비만세포에 부착된 상태에서 IgE는 그 알레르젠을 인식하고 붙잡는다.

③ 주변 가까이 있는 IgE 분자들이 서로 연결되면 비만세포의 탈과립화 현상이 유도되어 히스타민과 여러 화학물질이 유리되어 알레르기 증상이 나타난다.

① 알레르기 항원이 혈액으로 들어가면, 상보적인 수용체를 갖고 있는 B세포와 결합함
② B세포는 클론선택을 통해 증식하고 이 알레르기 항원에 대한 항체를 대량으로 분비함
③ 항체의 일부는 염증반응을 일으키는 히스타민과 다른 여러 가지 화학물질을 생산하는 비만세포의 표면에 있는 단백질 수용체에 결합함
④ 알레르기 항원은 비만세포에 결합하고 있는 항체에 결합함
⑤ 비만세포가 알레르기 증상을 유발하는 히스타민을 분비함

01 면역반응을 일으키는 외부 물질을 무엇이라 하는가?

① 병원체   ② 항체   ③ 림프구

④ 히스타민   ⑤ 항원

02 우리 몸의 내재방어계의 요소가 아닌 것은?

① 자연살해세포   ② 항체   ③ 인터페론

④ 보체계   ⑤ 대식세포

03 B세포와 세포독성 T세포가 침입자를 다루는 방법의 차이점을 가장 잘 설명한 것은 무엇인가?

① B세포는 능동면역, T세포는 수동면역

② B세포는 항체를 통해 공격, T세포는 자신이 직접 공격

③ B세포는 1차면역반응에 관여, T세포는 2차면역반응에 관여

④ B세포는 세포매개면역을 담당, T세포는 체액성면역을 담당

⑤ B세포는 침입자가 처음 들어왔을 때 공격, T세포는 다음에 공격

04 항체분자의 항원결합부위는 V부위에서 만들어진다. 이 부분을 왜 V부위라고 하는가?

① 불변부이기 때문에

② 항원에 결합하면 자신의 모양을 바꾸기 때문에

③ 모양은 중요하지 않기 때문에

④ 항체의 종류와 무관하게 동일하기 때문에

⑤ 항체에 따라 매우 다양하기 때문에

Chapter 14 호흡

■ 사람의 호흡기관

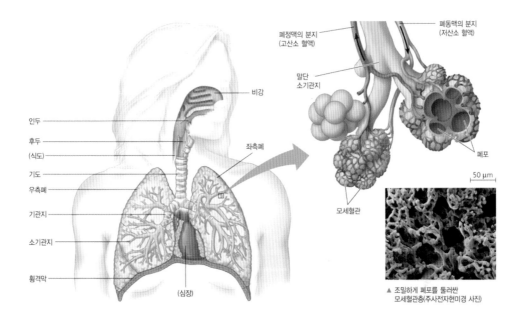

비강
인두
후두
(식도)
기도
우측폐
기관지
소기관지
횡격막
좌측폐
(심장)

폐정맥의 분지
(고산소 혈액)
폐동맥의 분지
(저산소 혈액)
말단
소기관지
폐포
모세혈관
50 μm

▲ 조밀하게 폐포를 둘러싼
모세혈관층(주사전자현미경 사진)

(1) **코** : 코 속의 털과 점액이 들이마신 공기 중의 먼지를 제거하고 차갑고 건조한 공기를 습윤하고 따뜻한 공기로 전환시킴.

(2) **기관 및 기관지** : 코와 폐를 연결하는 통로로, 안쪽에 섬모와 점액이 다량 분포하여 코에서처럼 먼지와 이물질을 거르는 작용을 수행함

(3) **폐** : 좌우 1쌍이 있고 한 층의 세포로 구성된 폐포라는 작은 방들로 이루어져 있어서 산소와 이산화탄소 등의 기체교환을 위한 표면적이 넓음

② 호흡 운동

(1) **호흡 운동의 원리** : 폐에는 근육조직이 없으므로 따라서 늑골, 횡격막의 상하운동을 통해서 기체 교환이 일어남

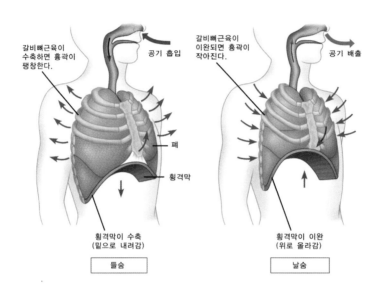

구 분	흉강의 압력	흉강의 부피	내늑간근	외늑간근	횡격막	폐포의 압력
흡기	감소	증가	이완	수축	수축	감소후 증가
호기	상승	감소	수축	이완	이완	증가후 감소

(2) **호흡 운동에 따른 흉강 내압과 폐포 내압의 변화** : 폐포 내압이 대기압보다 낮아지면 흡기가 이루어지고 폐포 내압이 대기압보다 높아지면 호기가 이루어짐. 흉강 내압은 항상 대기압보다 낮은 것이 특징임

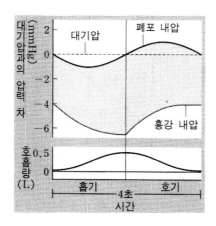

(3) 호흡 운동의 조절 : 무의식적인 조절과 의식적 조절이 모두 가능함

ㄱ. **혈중 O_2 농도와 CO_2 농도에 따른 호흡 속도의 변화** : 호흡 운동은 O_2 농도보다는 CO_2 농도의 영향을 더욱 많이 받음

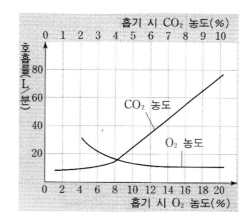

ㄴ. **호흡 중추** : 혈중 CO_2 농도와 O_2 농도 변화가 자극이 되어 연수에 의해 조절됨

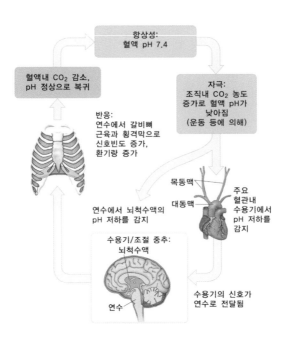

구 분	자극 신경	신경 분비 물질	결 과
혈중 CO_2 농도 증가	교감 신경	노르에피네프린	호흡운동 촉진
혈중 CO_2 농도 감소	부교감 신경	아세틸콜린	호흡운동 억제

③ 산소와 이산화탄소의 운반

(1) **산소의 운반** : 산소는 대부분 적혈구 내의 헤모글로빈에 결합하여 폐에서 조직으로 운반됨

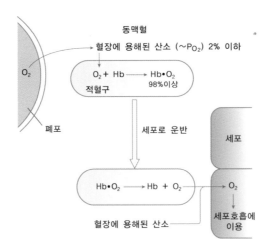

(2) 헤모글로빈의 산소 친화도와 산소 포화도 곡선

ㄱ. 헤모글로빈의 산소 친화도에 영향을 미치는 요인

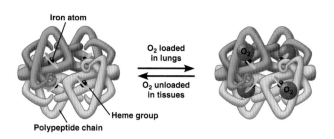

$$Hb + 4O_2 \underset{\textcircled{2}}{\overset{\textcircled{1}}{\rightleftarrows}} Hb(O_2)_4$$

① 과정 촉진 조건 : $P_{O2}\uparrow$, $P_{CO2}\downarrow$, 온도$\downarrow$, pH$\uparrow$

② 과정 촉진 조건 : $P_{O2}\downarrow$, $P_{CO2}\uparrow$, 온도$\uparrow$, pH$\downarrow$

ㄴ. 헤모글로빈의 산소 포화도 곡선 : ① 과정이 촉진되면 헤모글로빈의 산소 포화도 곡선이 왼쪽으로 이동하게 되고 ② 과정이 촉진되면 헤모글로빈의 산소 포화도 곡선이 오른쪽으로 이동하게 됨

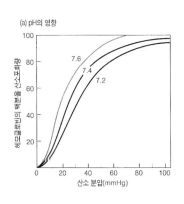

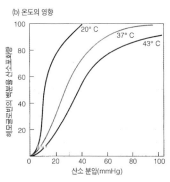

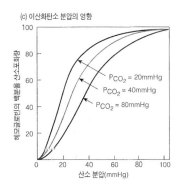

(3) 이산화탄소의 운반

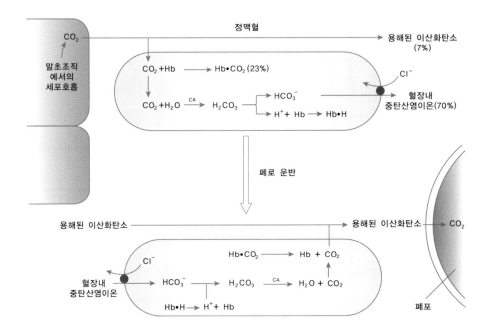

ㄱ. HCO_3^- : 약 70%는 적혈구 내의 탄산무수화효소의 작용으로 HCO_3^-으로 전환된 후 운반됨

ㄴ. $HbCO_2$(카바미노헤모글로빈) : 약 23%는 헤모글로빈과 결합하여 운반됨

ㄷ. CO_2 : 약 7%는 혈장에 용해된 상태로 운반됨

01 숨을 참을 때 다시 숨을 쉬고 싶도록 만드는 첫 번째 요인은?

① 이산화탄소 감소
② 산소 감소
③ 이산화탄소 증가
④ 혈액의 pH 증가
⑤ 산소 증가

02 숨을 들이 쉴 때 횡격막은 _____.

① 이완하여 위로 올라간다.
② 이완하여 아래로 내려간다.
③ 수축하여 위로 올라간다.
④ 수축하여 아래로 내려간다.
⑤ 호흡운동에 관여하지 않는다.

03 기관과 기관지에서 섬모는 어떤 기능을 수행하는가?

① 공기를 폐 안팎으로 털어낸다.
② 기체교환을 위한 표면적을 넓힌다.
③ 숨을 내쉴 때 진동하여 소리가 나게 한다.
④ 공기를 폐포를 향해 들여온다.
⑤ 점액과 함께 걸러진 입자를 호흡계 밖으로 내보낸다.

04 다음 중 호흡의 신경조절을 담당하는 곳은?

① 대뇌   ② 횡격막   ③ 연수
④ 후두엽   ⑤ 척수

Chapter 15 배설

1 질소 노폐물

(1) 영양소 대사에 따른 질소 노폐물의 생성

구 분	탄수화물	지 방	단백질	핵 산	비 고
구성 원소	C, H, O		C, H, O, N		단백질, 핵산의 경우 질소를 포함함
노폐물	CO_2, H_2O		CO_2, H_2O, NH_3		암모니아는 간에서 요소로 전환
배설 형태	$CO_2 \rightarrow$ 폐(호기) $H_2O \rightarrow$ 폐, 오줌, 땀		$CO_2 \rightarrow$ 폐(호기) $H_2O \rightarrow$ 폐, 오줌, 땀 요소 $\rightarrow$ 오줌, 땀		

(2) 질소 노폐물의 종류

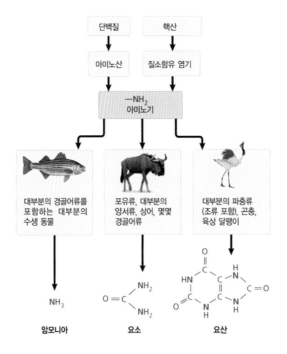

질소 노폐물	특징	해당 동물
암모니아	수용성, 독성이 강함	수중 무척추동물, 경골어류
요소	수용성, 독성이 중간	양서류, 포유류
요산	불용성, 독성이 약함	곤충류, 파충류, 조류

2 배설기관의 구조와 기능

(1) **신장의 구조** : 횡격막 아래 등쪽에 좌우 1쌍이 있으며 강낭콩 모양으로 생겼고 주먹 정도의 크기로서 피질, 수질, 신우로 구성됨

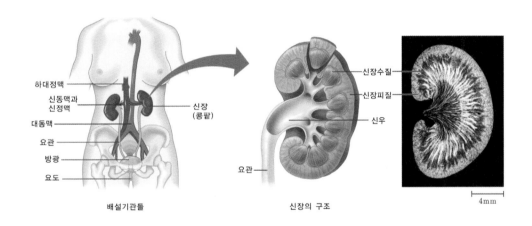

배설기관들   신장의 구조

ㄱ. **피질** : 신장의 겉부분으로 사구체, 보먼주머니, 세뇨관이 분포함

ㄴ. **수질** : 신장의 속부분으로 일부의 세뇨관이나 집합관이 분포함

ㄷ. **신우** : 집합관을 통해 나온 소변을 잠시 동안 저장함

⑵ 네프론의 구조

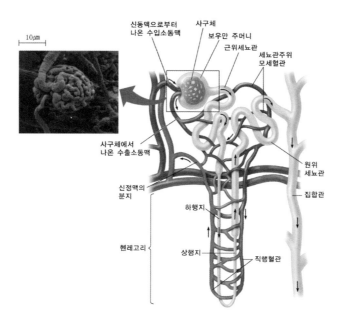

ㄱ. 네프론은 사구체, 보면주머니, 세뇨관으로 구성됨

ㄴ. 네프론에는 두 가지 다른 모세 혈관망이 있음. 하나는 사구체를 형성하는 모세혈관망, 또하나 는 세뇨관 주위를 둘러싸는 모세혈관망임

❸ 네프론을 통한 소변 형성 과정

(1) 여과와 재흡수 그리고 분비

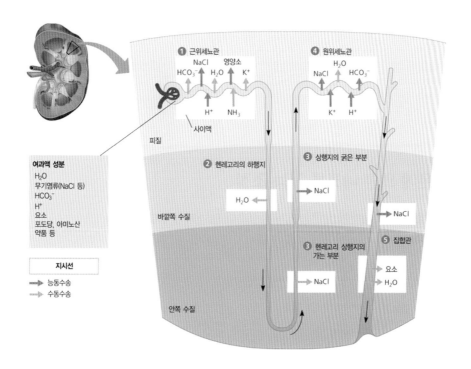

ㄱ. **여과** : 사구체와 보먼 주머니 간의 혈압 차에 의해 혈액 속의 혈구, 단백질, 지방 등의 분자의 크기가 큰 물질을 제외하고 분자의 크기가 작은 혈장 성분, 예를 들어 요소, 물, 포도당, 아미노산, 무기염류 등의 물질이 사구체에서 보먼 주머니로 투과되는 것으로 여과된 용액을 원뇨라고 말함

ㄴ. **재흡수** : 원뇨 속의 물질들이 세뇨관을 지나면서 혈액으로 다시 흡수되는 것을 말함
  ⓐ 재흡수 물질 : 물, 포도당, 아미노산, 무기염류, 요소
  ⓑ 집합관에서의 수분 재흡수는 항이뇨호르몬의 작용에 의해 촉진되며, 원위세뇨관에서의 Na^+의 재흡수는 무기질 코르티코이드인 알도스테론 작용에 의해 촉진됨

ㄷ. **분비** : 여과되지 않은 질소 노폐물과 무기염류들이 혈액으로부터 세뇨관 안으로 다시 내보내지는 것으로서 H^+나 K^+의 분비가 일어남

(2) 신장에서의 물질의 이동 방식 구분

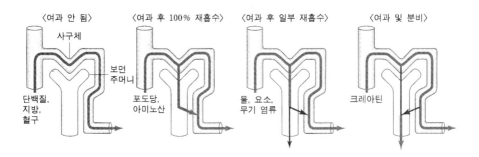

4 호르몬에 의한 네프론 기능 조절

(1) **항이뇨호르몬** : 체액의 삼투농도가 정상보다 높아지는 것을 시상하부에서 감지하여 항이뇨 호르몬의 분비량이 증가하나 삼투농도가 떨어지면 분비량이 감소함

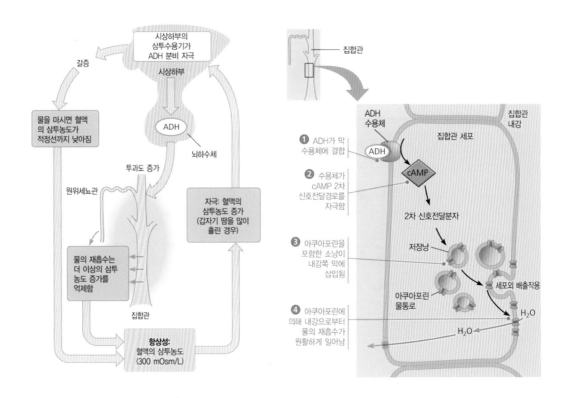

(2) **알도스테론** : 부신피질에서 분비되며 원위세뇨관에서의 Na^+의 재흡수와 K^+의 분비를 촉진하여 혈압 상승에 기여함

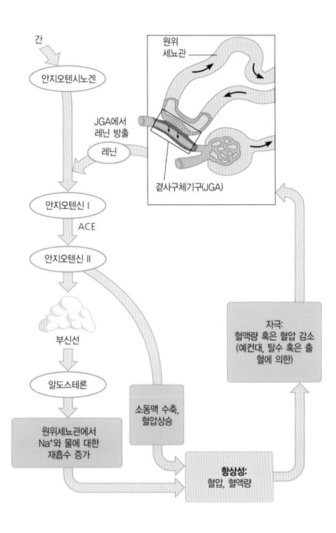

15 POINT 기본문제

01 콩팥의 네프론에서 사구체와 보먼 주머니는 _____.

① 혈액을 여과하고 여과액을 붙잡는다.

② 수분을 혈액으로 재흡수한다.

③ 해로운 독성물질을 분해한다.

④ 이온과 영양물질을 재흡수한다.

⑤ 오줌을 배설하기 위해 순화하고 농축시킨다.

02 여과액이 헨레고리를 통과하면서 염류가 제거되어 수질의 세포사이액에 농축된다. 이에 따른 고농도로 인해 네프론이 할 수 있는 일은 무엇인가?

① 가능한 한 많은 양의 염류를 배출한다.

② 신장에서 발견될 수 있는 독성물질을 중화시킨다.

③ 세포사이액의 pH를 조절한다.

④ 다량의 수분을 배출한다.

⑤ 수분을 효과적으로 재흡수한다.

03 조류와 곤충은 요산을 배출하는 반면, 포유류와 대부분의 양서류는 주로 요소를 배출한다. 노폐물로서 요산이 요소보다 유리한 이유는 무엇인가?

① 요산이 물에 더 잘 녹는다.

② 요산은 매우 단순한 물질이다.

③ 요산을 만들면 에너지가 절약된다.

④ 요산을 배출하는 데 물이 적게 사용된다.

⑤ 요산을 배출할 때 용질을 더 많이 제거할 수 있다.

04 네프론에서 일어나는 다음의 과정 중에서 가장 비특이적인 것은 무엇인가?

① 분비   ② 재흡수   ③ 여과

④ 무기염류의 능동 수송   ⑤ 무기염류의 촉진 확산

Chapter 16 뉴런과 신경계

① 뉴런의 구조와 종류

(1) 뉴런의 구조

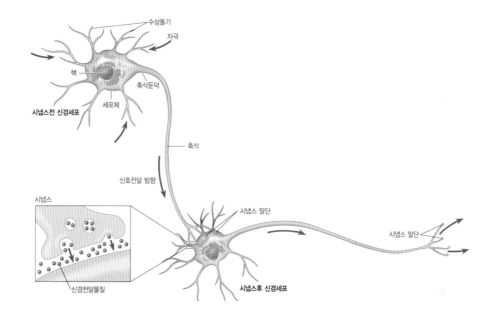

ㄱ. **신경세포체** : 세포질이 있고, 핵이 존재. 주로 뉴런의 생장과 물질대사에 관여함

ㄴ. **수상 돌기** : 신경 세포체에 돋아 있는 여러개의 짧은 돌기로서 자극을 수용함

ㄷ. **축삭** : 효과기 세포와 다른 신경세포에 신호를 전달하도록 기다란 돌기로 되어 있음

　ⓐ 수초 : 축색을 둘러싼 수초 형성 세포의 세포막이 뻗어 나와서 형성된 것으로서 절연체 역할을 수행함

　ⓑ 랑비에르 결절 : 유수 신경의 축색 돌기에 수초 없이 축색 돌기가 노출된 부분으로 활동전위가 형성됨

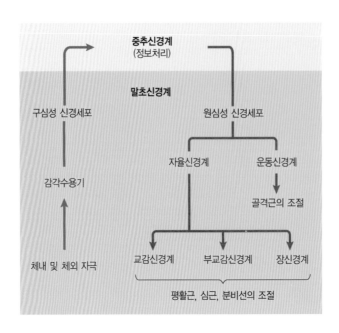

(2) 뉴런의 종류

ㄱ. **감각 뉴런** : 감각 수용기에서 중추 신경으로 흥분을 전달함

ㄴ. **연합 뉴런** : 뇌, 척수와 같은 중추 신경을 직접 구성하고 있으며 감각 뉴런과 운동 뉴런 사이에서 흥분을 중계하는 역할을 수행함

ㄷ. **운동 뉴런** : 중추 신경으로부터 받은 흥분을 근육이나 분비 조직과 같은 반응기로 전달함

(3) 신호의 전달

ㄱ. **활동전위의 형성** : 활동 전위의 형성은 '분극 → 탈분극 → 재분극'의 과정을 거침

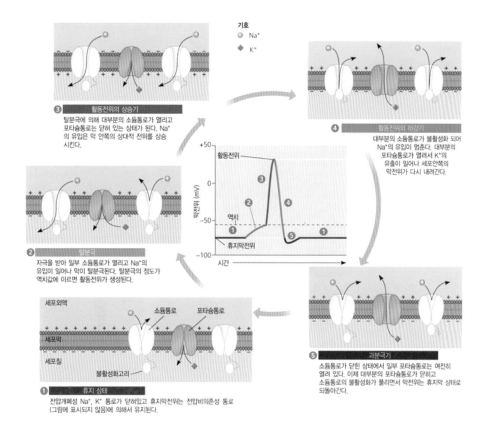

@ 분극 : 세포막 안팎의 이온의 불균등 분포로 인한 전위차 형성으로 인해 세포막 안쪽은 음전
위를 갖게 되는데 자극이 존재하지 않을 때의 세포막 안팎의 전위차를 휴지막 전위라고 말함

ⓑ 탈분극 : 역치 이상의 자극에서 뉴런의 막에 존재하는 전압 개폐성 Na^+ 통로를 통해 세포막 바깥
쪽의 Na^+이 세포막 안쪽으로 이동하게 되면서 세포막 안쪽이 오히려 + 전위를 띠게 되는 활동전
위가 형성됨

ⓒ 재분극 : 뉴런의 막에 존재하는 전압 개폐성 K^+ 통로를 통해 세포막 안쪽의 K^+ 이 세포막 바깥으
로 나가면서 원래의 휴지막 전위를 회복함

ㄴ. 신경전도 속도에 영향을 미치는 요인

ⓐ 수초의 유무 : 수초로 감겨 있는 유수 신경이 수초가 없는 무수 신경보다 훨씬 신경전도 속도
가 빠름. 특히 유수 신경의 경우 수추가 없는 랑비에르 결절에서만 탈분극이 일어나게 되는 도
약 전도가 발생함

ⓑ 축색돌기의 굵기 : 축색돌기 굵기가 굵을수록 신경전도 속도가 빠름

ㄷ. **시냅스를 통한 신호 전달** : 시냅스를 사이에 두고 신경전달물질을 통해 한 뉴런에서 다음 뉴런으로 신호가 전달됨

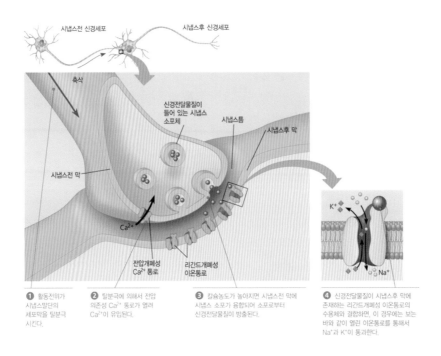

ⓐ 시냅스를 통한 신호전달의 기작 : 축삭 말단으로 활동전위가 도착하면 시냅스 소포의 신경전달물질이 시냅스로 분비되고 신경전달물질은 시냅스 후 뉴런의 이온 채널을 자극하여 열게 되어 시냅스 후 뉴런의 막전위가 변하게 됨

ⓑ 시냅스를 통한 신호전달의 방향성 : 신경전달물질을 포함하고 있는 시냅스 소포는 시냅스 전 뉴런의 신경말단에 있고 해당 신경전달물질에 대한 수용체는 시냅스 후 뉴런에만 있기 때문에 흥분의 전달은 시냅스 전 뉴런에서 시냅스 후 뉴런으로의 방향으로만 가능함

② 사람의 신경계

(1) **중추 신경계** : 뇌와 척수로 구성됨

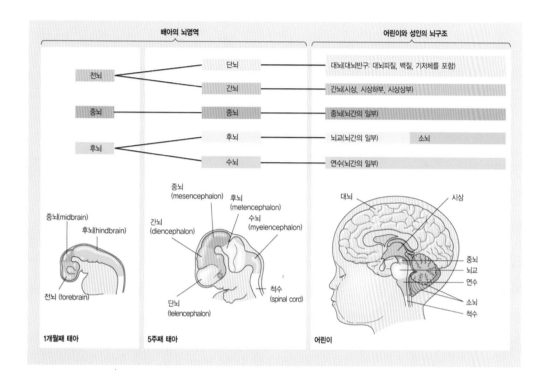

ㄱ. **뇌** : 두개골로 둘러싸여 보호되며 대뇌, 소뇌, 간뇌, 중뇌, 연수로 구성됨

 ⓐ 대뇌 : 뉴런의 신경세포체가 모여 있는 회백질인 피질과 뉴런의 축색돌기가 모여 있는 백질인
  수질로 구성되며 특히 피질은 감각 수용기로부터 오는 정보를 받아들이는 감각령, 감각령에
  들어온 정보를 종합, 분석, 판단하는 연합령, 효과기에 명령을 내리는 운동령으로 나뉘어져
  있음

 ⓑ 간뇌 : 시상과 시상하부로 구분되며 자율신경계의 최고 조절 중추인 시상하부가 여기에 포함
  되는데 시상하부는 혈당량, 삼투농도, 체온 등의 체내 항상성 유지에 중요한 역할을 수행함

 ⓒ 중뇌 : 안구운동, 동공반사의 중추임

 ⓓ 소뇌 : 대뇌와 함께 수의 운동 조절, 몸의 균형 유지에 관여함

 ⓔ 연수 : 신경 교차 지점이며 심장박동, 호흡 운동, 소화 운동에 관여하며 재채기, 침 분비, 눈물
  등의 반사 작용의 중추임

ㄴ. **척수** : 연수 밑에 위치해 있으며 뇌와 감각기관 사이의 연결 통로이지만 배변, 배뇨, 무릎반사, 피하기 반사의 중추이기도 함. 대뇌와는 반대로 피질이 백질이고 수질이 회백질임. 앞쪽으로는 운동 신경의 다발이 좌우로 하나씩 나와 전근을 이루고 뒤쪽으로는 감각 신경의 다발이 좌우로 하나씩 나와 후근을 이룸

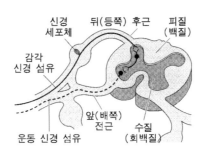

(2) **말초 신경계** : 중추신경계에 연결되어 있어 자극을 중추신경계로 전달하거나 중추신경계의 명령을 전달하는 신경의 모임으로서 체성신경계와 자율신경계로 구분됨

ㄱ. **체성 신경계** : 대뇌의 지배를 받는 신경으로서 뇌신경 12쌍과 척수신경 31쌍으로 구성되며 감각신경과 운동신경으로 구성됨. 의식적인 자극과 수의적 운동에 관여함

ㄴ. **자율 신경계** : 대뇌의 지배를 받지 않는 신경으로서 운동신경으로만 구성됨. 우리의 의지와 관계없이 자동적으로 조절되며 교감 신경과 부교감 신경으로 구성됨. 이들 두 신경이 내장기관과 혈관에 함께 분포하여 길항 작용으로 통해 몸의 내부 환경이 일정하게 유지되도록 도움

구 분	심장 박동	동공 크기	혈관 지름	혈 압	혈당량	침분비
교감 신경	촉진	증가	수축	상승	증가	감소
부교감 신경	억제	감소	이완	하강	감소	증가

ⓐ 교감 신경 : "싸움 또는 도망가기" 반응에 관여함. 절전 뉴런이 짧고 절후 뉴런이 길며 절후 뉴런에서는 노르에피네프린이 분비되어 작용함

ⓑ 부교감 신경 : "휴식 또는 소화" 반응에 관여함. 절전 뉴런이 길고 절후 뉴런이 짧으며 절후 뉴런에서는 아세틸콜린 분비되어 작용함

◆ 교감신경과 부교감신경의 작용

구 분	부교감신경계	교감신경계
신경절전 신경세포 위치	뇌간과 척수의 천추	척수의 흉추와 요추
신경절전 신경세포 분비 신경전달물질	아세틸콜린	아세틸콜린
신경절후 신경세포 분비 신경전달물질	아세틸콜린	노르에피네프린
표적 기관에 미치는 영향	동공의 축소	동공의 확장
	침 분비 촉진	침 분비 억제
	폐 기관지 수축	폐 기관지 이완
	심장박동 억제	심장박동 촉진
	위와 소화관의 활성 촉진	위와 소화관의 활성 억제
	이자의 활성 촉진	이자의 활성 억제
	담낭을 자극	간으로부터의 포도당 분비 촉진, 담낭의 억제
		부신수질 자극
	방광 축소	방광 이완
	생식기 발기 촉진	질의 수축, 사정 촉진

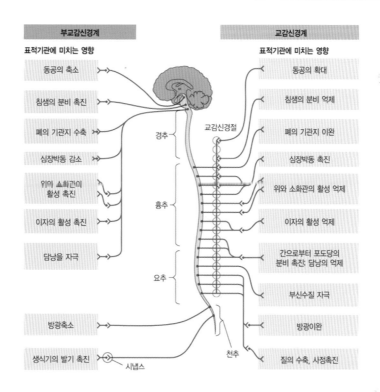

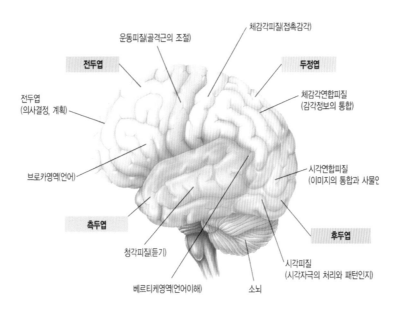

전두엽

운동피질(골격근의 조절)

체감각피질(접촉감각)

두정엽

전두엽
(의사결정, 계획)

체감각연합피질
(감각정보의 통합)

브로카영역(언어)

시각연합피질
(이미지의 통합과 사물인

측두엽

후두엽

청각피질(듣기)

시각피질
(시각자극의 처리와 패턴인지)

베르티케영역(언어이해)

소뇌

- 대뇌의 엽(lobe)

대뇌의 엽(lobe)	
전두엽(frontal lobe)	사고, 추론, 언어 및 수의적 운동의 중추
측두엽(temporal lobe)	청각과 후각에 관여
두정엽(parietal lobe)	몸의 자세나 위치, 감각력(촉각, 미각)
후두엽(occipital lobe)	시각령

01 다음 중 활동전위를 일으키는 데 있어서 가장 중요한 이온은 무엇인가?

① Na^+ ② K^+ ③ Cl^- ④ H^+ ⑤ OH^-

02 다음 신경 중 가장 빠른 활동전위를 지니는 경우는?

① 가장 얇은 축삭 반지름을 가진 신경
② 수초로 덮인 신경
③ 무척추동물의 신경
④ 더욱 큰 휴지막 전위를 지닌 신경
⑤ 가장 많은 이온채널을 지닌 신경

03 다음 중 부교감신경에 대한 설명으로 옳은 것은?

① 싸움 또는 도망가기 반응에 관여한다.
② 심장박동을 촉진하고 혈압을 높인다.
③ 소화를 증진하고 심장박동을 낮춘다.
④ 에피네프린 방출량과 포도당 생성량을 증가시킨다.
⑤ 기억을 통제한다.

Chapter 17

내분비계와 호르몬

■ 호르몬

(1) 호르몬의 특성

ㄱ. 내분비선에서 생성되어 혈액으로 분비됨

ㄴ. 미량으로 작용하며 해당 호르몬에 대한 수용체를 지닌 표적세포에만 작용함

ㄷ. 결핍증, 과다증이 존재함

ㄹ. 척추동물의 경우 동일한 종류의 호르몬은 대체로 동일한 기능을 수행하고 다른 동물의 호르몬을 주사하더라도 항원으로 작용하지 않음

(2) 호르몬의 구분 : 친수성 호르몬과 소수성 호르몬으로 구분됨. 친수성 호르몬은 세포막 수용체에 결합하여 반응을 유발하며 소수성 호르몬은 세포내 수용체와 결합하여 반응을 유발함

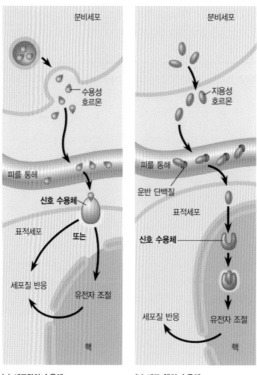

(a) 세포막의 수용체   (b) 세포 핵의 수용체

② 호르몬의 종류와 작용

(1) **뇌하수체** : 간뇌의 시상하부 밑에 있는 내분비선으로 전엽과 후엽의 두 부분으로 되어 있으며 시상하부의 조절을 받아 다른 내분비선의 기능을 조절함

ㄱ. **전엽** : 시상하부의 조절을 받아 다른 내분비선의 기능을 조절하는 자극 호르몬과 일부 비자극 호르몬이 분비됨

ⓐ 갑상선 자극 호르몬(TSH) : 갑상선을 자극하여 티록신의 분비를 촉진함

ⓑ 부신 피질 자극 호르몬(ACTH) : 부신 피질을 자극하여 당질 코르티코이드의 분비를 촉진함

ⓒ 여포 자극 호르몬(FSH) : 여성의 경우 난소의 여포를 성숙시키고 남성의 경우 정자의 생성을 촉진함

ⓓ 황체 형성 호르몬(LH) : 여성의 경우 배란을 촉진하고 남성의 경우 테스토스테론 분비를 촉진함

ⓔ 성장 호르몬 : 근육과 뼈의 발달을 촉진함

ⓕ 프로락틴 : 젖샘의 발달과 젖의 분비를 촉진함

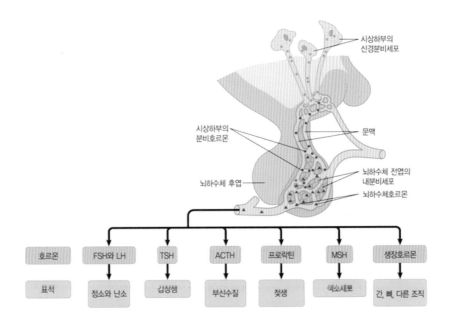

ㄴ. **후엽** : 시상하부의 신경분비 세포가 생성한 호르몬을 저장해 두었다가 필요시에 분비함

ⓐ 옥시토신 : 자궁근육을 수축시켜 분만을 촉진함

ⓑ 항이뇨 호르몬(ADH) : 신장에서의 물의 재흡수를 촉진함

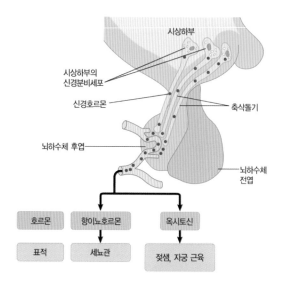

(2) 갑상선과 부갑상선

ㄱ. **갑상선** : 갑상선은 후두 아래쪽에 위치하고 있으며 기관을 감싸듯이 붙어 있음

ⓐ 티록신 : 요오드를 포함하는 호르몬으로서 세포 호흡 속도를 빠르게 하여 물질대사를 촉진함

ⓑ 칼시토닌 : 혈액의 Ca^{2+} 농도를 낮추는 역할을 수행함

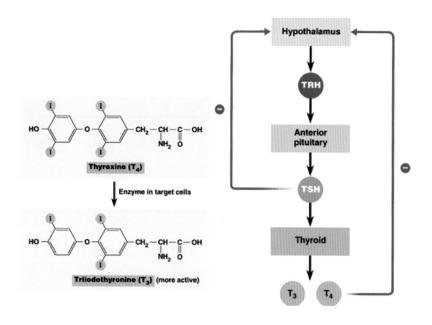

ㄴ. **부갑상선** : 갑상선의 뒤쪽에 작게 붙어 있는 기관으로 총 4개가 존재함. 혈액의 Ca^{2+} 농도를 높이는 파라토르몬을 분비함

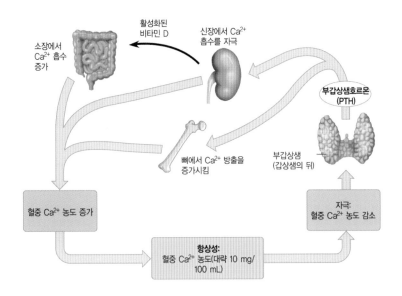

(3) **부신** : 좌우 신장의 위쪽 끝부분에 작게 붙어 있는 기관으로 피질과 수질로 구분됨

ㄱ. **부신피질** : 뇌하수체 전엽에서 분비되는 부신 피질 자극 호르몬의 조절을 받아 일부 호르몬을 분비함

ⓐ 당질 코르티코이드 : 코르티솔이라고도 하며 간에서의 당신생합성 과정을 촉진하여 혈당량을 증가시킴

ⓑ 무기질 코르티코이드 : 알도스테론이라고도 하며 신장의 세뇨관에서 Na^+의 재흡수를 촉진하고 K^+의 분비를 촉진함

ㄴ. **부신 수질** : 교감 신경의 조절을 받아 에피네프린을 분비함. 에피네프린은 교감 신경이 흥분했을 때와 같이 혈압 상승, 심장 박동 증가 등의 현상을 일으킴. 또한 간에 저장되어 있는 글리코겐 분해를 촉진하여 혈당량 증가에 관여함

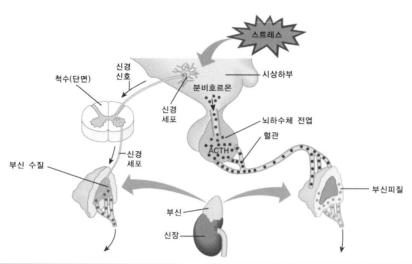

스트레스

척수(단면)

신경
신호

신경
세포

부신 수질

신경
세포

신장

부신

시상하부

분비호르몬

뇌하수체 전엽

혈관

ACTH

부신피질

(a)단기간 스트레스에 대한 반응과 부신수질
에피네프린과 노르에피네프린의 효과:
・글리코겐이 포도당으로 분해; 증가된 혈중 포도당
・혈압 상승
・호흡률 증가
・대사율 증가
・혈류 흐름 변화는 각성도를 증가시키고 소화활동과 신장 활동을 감소시킨다.

(b)장기간 스트레스에 대한 반응과 부신피질	
무기질코르티코이드의 효과:	글루코코르티코이드의 효과:
・신장에서 염분과 물 보유	・단백질과 지방이 분해되어 포도당으로 전환된 후 혈중 포도당 농도가 증가됨
・혈액량 증가와 혈압 상승	・면역계가 억제됨

(4) 이자 : 호르몬은 이자 내의 랑게르한스섬이라는 세포에서 분비되는 랑게르한스섬에는 α 세포와 β 세포의 2가지가 있으며 각 세포에서는 다른 호르몬이 분비됨

ㄱ. **글루카곤** : 랑게르한스섬의 α 세포에서 분비되며 간이나 근육 세포에 저장된 글리코겐을 포도당으로 분해하는 등의 과정에 관여하여 혈당량을 증가시킴

ㄴ. **인슐린** : 랑게르한스섬의 β 세포에서 분비되며 간이나 근육 세포에 작용하여 포도당을 글리코겐으로 합성하는 과정을 촉진함. 또한 혈액 내의 포도당을 세포 내로 이동시켜 세포 호흡을 촉진함으로써 혈당량을 감소시킴

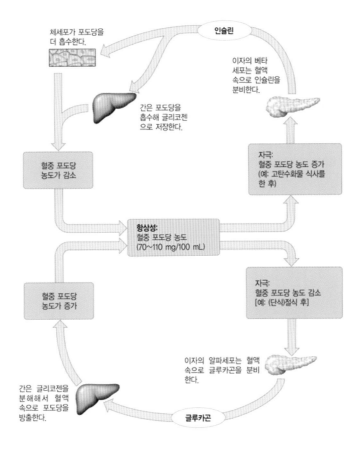

- 제 1 형 당뇨병(IDDM): 인슐린의 결핍으로 인한 당뇨병
- 제 2 형 당뇨병(NIDDM): 인슐린의 세포수용체가 부족하거나 결핍으로 인한 당뇨병

특 성	인슐린 의존형(Ⅰ형)	인슐린 비의존형(Ⅱ형)
발생	20 세 이하, 신속한 진행	40 세 이하, 느린 진행
빌병 비율	진체 10 %	선세 90 %
케톤산 형성	높은 생성(대사성 산증)	없음
비만과의 연관	없음	높음
β -세포	CD8T세포에 의해 파괴	정상

(5) 생식선 : 여포 자극 호르몬과 황체 형성 호르몬의 조절을 받아 성 호르몬을 분비함

ㄱ. **정소** : 테스토스테론이 분비되어 정자의 생성을 촉진하고 남성의 2차 성징 발현에 관여함

ㄴ. **난소** : 에스트로겐과 프로게스테론을 분비함

ⓐ 에스트로겐 : 여성의 생식주기에서 자궁 내벽의 발달을 촉진하며 여성의 2차 성징 발현에 관여함

ⓑ 프로게스테론 : 배란을 억제하며 자궁 내벽을 두껍게 유지시키는데 관여함

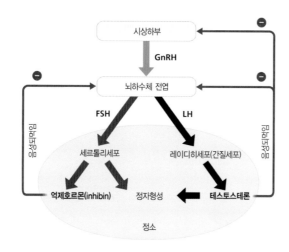

01 다음 중 다른 모든 기관의 활동을 조절하는 곳은 어디인가?

① 갑상선　　　　　② 뇌하수체　　　　　③ 부신피질
④ 정소　　　　　　⑤ 난소

02 다음 중 이자에서 인슐린 분비는 언제 증가하는가?

① 체온이 증가할 때
② 낮밤 주기가 변화할 때
③ 혈당이 감소할 때
④ 뇌하수체 전엽에서 호르몬이 분비될 때
⑤ 혈당이 증가할 때

03 다음 중 서로 길항효과를 나타내는 것은?

① 부갑상선호르몬과 칼시토닌
② 글루카곤과 에피네프린
③ 성장호르몬과 에피네프린
④ ACTH와 코티솔
⑤ 에피네프린과 노르에피네프린

04 혈중 티록신 농도가 일정하게 유지되는 이유는?

① 티록신이 뇌하수체로부터 TSH 분비를 자극하기 때문이다.
② 티록신이 시상하부로부터 TRH 분비를 억제하기 때문이다.
③ TRH가 갑상선으로부터 티록신 분비를 억제하기 때문이다.
④ 티록신이 시상하부로부터 TRH 분비를 자극하기 때문이다.
⑤ 티록신이 뇌하수체로부터 TRH 분비를 자극하기 때문이다.

POINT

Chapter 18

감각

1 자극과 반응의 특성

(1) **감각 기관과 적합 자극** : 생물에 작용하여 특정 반응을 일으키는 외부 환경의 변화를 자극이라고 하는데 이러한 자극을 감지하는 기관을 감각기관이라고 함. 감각 기관이라고 해서 모든 자극을 감지할 수 있는 것은 아니고 특정한 자극만을 받아들이는데 이와 같이 감각 기관이 받아들이는 특정한 자극을 적합 자극이라고 함

감각기관	수용기	적합자극	감 각
눈	망막	빛	시각
귀	달팽이관	음파	청각
	전정기관	몸의 기울기	평형감각
	반고리관	림프의 관성	
코	후각 상피	기체 상태의 화학 물질	후각
혀	미뢰	액체 상태의 화학 물질	미각
피부	압점, 촉점	압력, 접촉	압각, 촉각
	통점	열, 물질, 강한 압력	통각
	온점	온도의 상승	온각
	냉점	온도의 하강	냉각

(2) **역치와 실무율** : 감각 세포에 반응을 일으키는 최소한의 자극의 세기를 역치라고 하는데 역치 이상의 자극을 가했을 때 비로소 감각 세포가 흥분하여 자극을 느낄 수 있게 되는 것임. 이와 같이 역치 이하의 자극에서는 반응이 없고 역치 이상의 자극에서는 반응의 크기가 일정한 현상을 실무율이라고 하며 단일 근섬유나 단일 신경 섬유에서는 실무율이 성립함

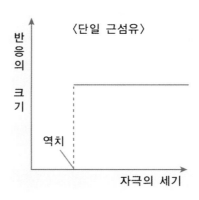

② 사람의 시각

(1) 눈의 구조

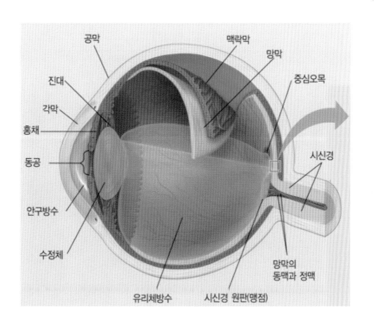

ㄱ. **공막** : 눈의 흰자위에 해당하는 부분으로서 안구의 가장 바깥쪽 막을 형성하는 흰색의 질긴 막
이며 안구를 보호함. 특히 각막은 눈의 앞부분을 감싸고 있는 투명한 막으로 공막의 일부가 변형
된 것임

ㄴ. **맥락막** : 검은색의 막으로 암실의 역할함

ㄷ. **망막** : 맥락막 안쪽의 막으로 시세포가 분포하여 빛 자극을 수용함

ⓐ 황반 : 원추세포가 충분히 분포하여 선명한 상이 형성되는 망막 부분임

ⓑ 맹점 : 시신경이 모여 나가는 곳으로서 시세포가 없어 상이 형성되지 않는 부분임

ㄹ. **수정체** : 빛을 굴절시켜 망막에 상이 맺히게 하는 일종의 볼록 렌즈임

ㅁ. **홍채** : 빛의 양을 조절하는 일종의 조리개 역할을 수행함

ㅂ. **모양체** : 맥락막의 일부가 변해서 생긴 것으로 수정체의 두께 변화를 도움. 수정체와 모양체는 진대를 통해 연결됨

ㅅ. **유리체** : 수정체와 망막 사이에 있는 반유동성의 액체성분으로 눈의 동그란 상태 유지에 기여함

(2) **시각의 성립 경로** : 빛 → 각막 → 수정체 → 유리체 → 망막의 시세포 → 시신경 → 대뇌

(3) **시세포의 종류와 명순응과 암순응**

ㄱ. 시세포의 종류

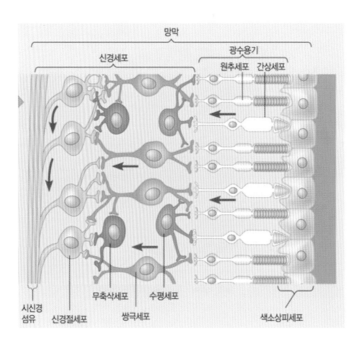

ⓐ 원추 세포 : 망막의 중앙 부위에 주로 분포하며 강한 빛 하에서 물체의 형태, 명암, 색을 구분하는데 관여함. 적원추 세포, 녹원추 세포, 청원추 세포 등의 3종류의 원추세포가 존재하는데 이 세 종류의 원추세포의 상대적 빛 흡수 정도에 따라 서로 다른 색 인식이 가능해짐

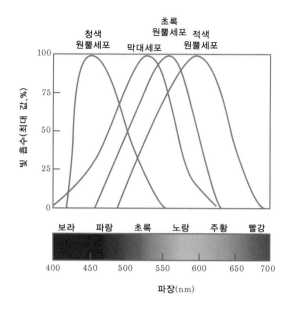

ⓑ 간상 세포 : 망막의 주변 부위에 주로 분포하며 약한 빛 하에서 물체의 형태, 명암을 구분하는 데 관여함

ㄴ. 간상세포에 의한 시각의 성립

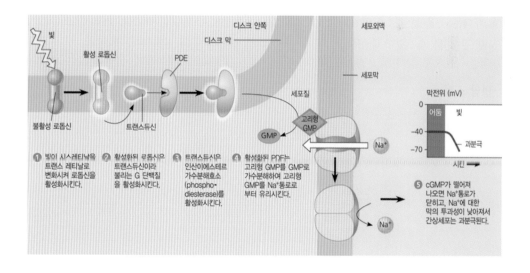

① 빛이 레티날을 시스 이성질체에서 트랜스 이성질체로 변형시켜 로돕신을 활성화시킴. 이 때 로돕신의 색깔이 보라색에서 노란색으로 변화되는 탈색 현상이 일어남

② 활성화된 로돕신은 트랜스듀신이라 불리는 G단백질을 활성화시킴

③ 트랜스듀신 (G 단백질)은 인산이에스테르 결합 가수분해효소(phosphodiesterase ; PDE)를 활성화시킴

④ 활성화된 PDE는 cGMP를 GMP로 가수분해하여 Na^+ 채널이 닫힘. 결국 과분극이 유발됨

⑷ 눈의 조절 작용

ㄱ. 원근 조절

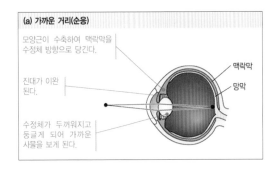
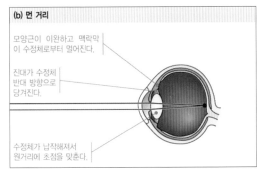

ⓐ 가까운 곳을 볼 때 : 모양체 수축, 진대 이완 → 수정체 두꺼워짐 → 초점 거리 감소

ⓑ 먼 곳을 볼 때 : 모양체 이완, 진대 수축 → 수정체 얇아짐 → 초점 거리 증가

ㄴ. 명암 조절

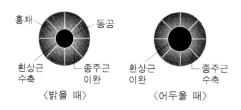

ⓐ 밝을 때 : 환상근 수축, 종주근 이완 → 동공 크기 감소 → 빛의 유입량 감소

ⓑ 어두울 때 : 환상근 이완, 종주근 수축 → 동공 크기 증가 → 빛의 유입량 증가

③ 사람의 청각

(1) 귀의 구조

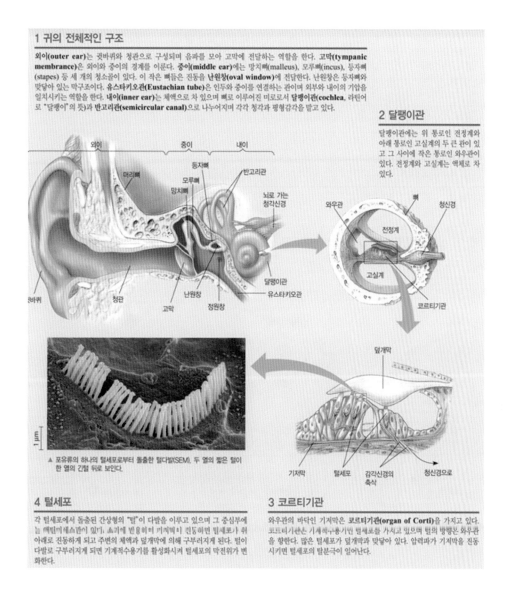

1 귀의 전체적인 구조

외이(outer ear)는 귓바퀴와 청관으로 구성되며 음파를 모아 고막에 전달하는 역할을 한다. 고막(tympanic membrane)은 외이와 중이의 경계를 이룬다. **중이(middle ear)**에는 망치뼈(malleus), 모루뼈(incus), 등자뼈(stapes) 등 세 개의 청소골이 있다. 이 작은 뼈들은 진동을 **난원창(oval window)**에 전달한다. 난원창은 등자뼈와 맞닿아 있는 막구조이다. **유스타키오관(Eustachian tube)**은 인두와 중이를 연결하는 관이며 외부와 내이의 기압을 일치시키는 역할을 한다. **내이(inner ear)**는 체액으로 차 있으며 뼈로 이루어진 미로로서 **달팽이관(cochlea,** 라틴어로 "달팽이"의 뜻)과 **반고리관(semicircular canal)**으로 나누어지며 각각 청각과 평형감각을 맡고 있다.

2 달팽이관

달팽이관에는 위 통로인 전정계와 아래 통로인 고실계의 두 큰 관이 있고 그 사이에 작은 통로인 와우관이 있다. 전정계와 고실계는 액체로 차 있다.

▲ 포유류의 하나의 털세포로부터 돌출한 털다발(SEM). 두 열의 짧은 털이 한 열의 긴털 뒤로 보인다.

4 털세포

각 털세포에서 돌출된 간상형의 "털"이 다발을 이루고 있으며 그 중심부에 ㎛ 매티밀크로필이 있다. 소리에 의해 윗덮이 기저막이 진동하면 털세포가 위아래로 진동하게 되고 주변의 체액과 덮개막에 의해 구부러지게 된다. 털이 다발로 구부러지게 되면 기계적수용기를 활성화시켜 털세포의 막전위가 변화한다.

3 코르티기관

와우관의 바닥인 기저막은 **코르티기관(organ of Corti)**을 가지고 있다. 코르티기관은 기계화수용기인 털세포를 가지고 있으며 털의 방향은 와우관을 향한다. 많은 털세포가 덮개막과 맞닿아 있다. 압력파가 기저막을 진동시키면 털세포의 탈분극이 일어난다.

구분	기관	기능
외이	귓바퀴	주변의 음파를 모음
	외이도	음파의 통로
중이	고막	외이와 중이의 경계에 있는 얇은 막 ; 진동을 통해 자극 전달
	유스타키오관	중이와 목구멍을 연결해 주는 관 ; 중이와 외부의 압력을 같게 함
	청소골	고막의 진동을 증폭시켜 난원창에 전달
내이	달팽이관	음파 수용
	전정 기관	위치 감각 수용
	반고리관	회전 감각 수용

(2) **청각의 성립 경로** : 음파 → 고막 → 청소골 → 난원창 → 전정계 및 고실계 림프 → 기저막 → 청세포 → 청신경 → 대뇌

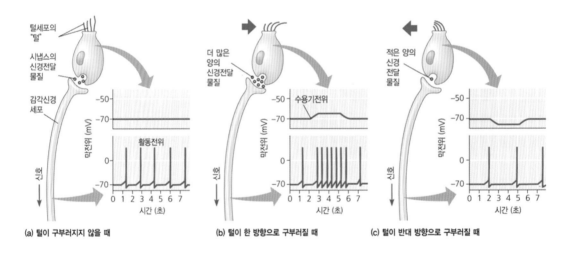

(a) 털이 구부러지지 않을 때 (b) 털이 한 방향으로 구부러질 때 (c) 털이 반대 방향으로 구부러질 때

ㄱ. 코르티 기관 (organ of Corti) : 와우관의 바닥인 기저막 상에 위치하며, 기계적 수용기인 유모세포(청각 수용기)가 있고, 섬모는 덮개막과 맞닿아 있음. 압력파가 기저막을 진동시키면 유모세포를 흥분시킴

ㄴ. 유모세포는 섬모가 있는 기계적 수용기로서 흥분성 신경전달물질을 분비하여 감각신경세포의 활동전위를 유도하여 중추신경계로 신호를 전달함. 한쪽 방향으로 섬모가 구부러지면 탈분극이

유도되어 보다 많은 양의 신경전달물질이 분비되고 결과적으로 감각신경세포에서 생성되는 활동전위 빈도가 높아지지만 반대 방향으로 섬모가 구부러지면 반대의 결과가 초래됨

예 청각 수용기

4 사람의 후각

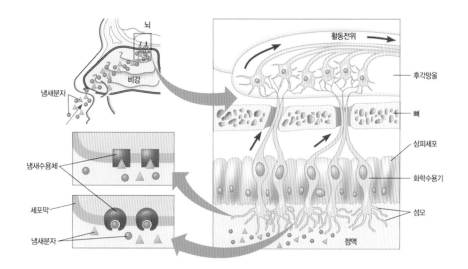

(1) **후각기의 구조** : 콧속 윗부분의 후각상피에 후각을 감지하는 후세포가 존재하는데 후세포는 기체 상태의 물질을 자극으로 수용함

(2) **후각 성립 경로** : 기체 상태의 물질 → 후각기 → 후신경 → 대뇌

5 사람의 미각

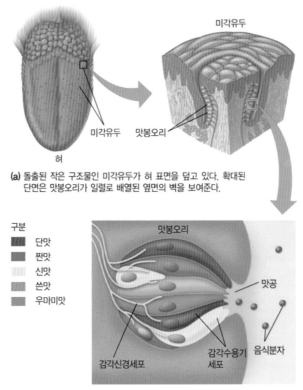

(a) 돌출된 작은 구조물인 미각유두가 혀 표면을 덮고 있다. 확대된 단면은 맛봉오리가 일렬로 배열된 옆면의 벽을 보여준다.

구분
- 단맛
- 짠맛
- 신맛
- 쓴맛
- 우마미맛

(b) 혀의 모든 영역에 맛봉오리들은 다섯 가지 맛 중에서 각각 단 하나에만 선택적인 감각수용기를 가진 여러 감각세포들로 이루어진다.

(1) **미각의 종류** : 단맛, 신맛, 짠맛, 쓴맛, 감칠맛

(2) **미각기의 구조** : 혀의 표면에는 작은 돌기 형태의 유두가 많고 이 돌기 내에 맛을 감지하는 미뢰가 존재하는데 미뢰 내에는 맛을 감지하는 미세포가 존재함

(3) **미각 성립 경로** : 액체 상태의 물질 → 유두 → 미뢰의 미세포 → 미신경 → 대뇌

01 여든 살의 존슨 씨는 약간 귀가 멀었다. 의사는 그의 청각검사를 하려고 진동하는 소리굽쇠를 그의 머리 위에 닿게 하였다. 이렇게 했더니 진동이 머리뼈를 통해 달팽이관의 체액을 움직여 존슨 씨는 소리굽쇠 소리를 들을 수 있었다. 그러나 소리굽쇠를 머리에서 몇 인치만 떼면 소리를 들을 수 없었다. 존슨 씨는 어디에 문제가 있을까?

① 뇌의 청각중추
② 청신경
③ 달팽이관의 청세포
④ 중이의 청소골
⑤ 달팽이관의 체액

02 다음 중 빛이 눈을 통과하는 경로로 올바른 것은?

① 수정체, 각막, 동공, 망막
② 각막, 동공, 수정체, 망막
③ 각막, 수정체, 동공, 망막
④ 수정체, 동공, 각막, 망막
⑤ 동공, 각막, 수정체, 망막

03 먼 거리의 물체에 초점을 맞추면 모양체근육은 _____ 되고, 수정체는 망막에 상을 맺기 위해 _____ .

① 이완, 평평해진다.
② 이완, 더 둥글게 된다.
③ 수축, 평평해진다.
④ 수축, 더 둥글게 된다.
⑤ 수축, 이완한다.

POINT 변리사 생물 기본문제 답안

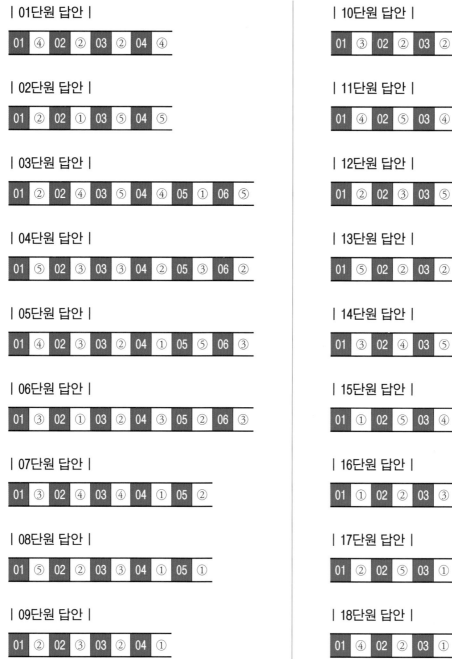

| 01단원 답안 |

| 01 | ④ | 02 | ② | 03 | ② | 04 | ④ |

| 02단원 답안 |

| 01 | ② | 02 | ① | 03 | ⑤ | 04 | ⑤ |

| 03단원 답안 |

| 01 | ② | 02 | ④ | 03 | ⑤ | 04 | ④ | 05 | ① | 06 | ⑤ |

| 04단원 답안 |

| 01 | ⑤ | 02 | ③ | 03 | ③ | 04 | ② | 05 | ③ | 06 | ② |

| 05단원 답안 |

| 01 | ④ | 02 | ③ | 03 | ② | 04 | ① | 05 | ⑤ | 06 | ③ |

| 06단원 답안 |

| 01 | ③ | 02 | ① | 03 | ② | 04 | ③ | 05 | ② | 06 | ③ |

| 07단원 답안 |

| 01 | ③ | 02 | ④ | 03 | ④ | 04 | ① | 05 | ② |

| 08단원 답안 |

| 01 | ⑤ | 02 | ② | 03 | ③ | 04 | ① | 05 | ① |

| 09단원 답안 |

| 01 | ② | 02 | ③ | 03 | ② | 04 | ① |

| 10단원 답안 |

| 01 | ③ | 02 | ② | 03 | ② |

| 11단원 답안 |

| 01 | ④ | 02 | ⑤ | 03 | ④ | 04 | ① |

| 12단원 답안 |

| 01 | ② | 02 | ③ | 03 | ⑤ |

| 13단원 답안 |

| 01 | ⑤ | 02 | ② | 03 | ② | 04 | ⑤ |

| 14단원 답안 |

| 01 | ③ | 02 | ④ | 03 | ⑤ | 04 | ③ |

| 15단원 답안 |

| 01 | ① | 02 | ⑤ | 03 | ④ | 04 | ③ |

| 16단원 답안 |

| 01 | ① | 02 | ② | 03 | ③ |

| 17단원 답안 |

| 01 | ② | 02 | ⑤ | 03 | ① | 04 | ② |

| 18단원 답안 |

| 01 | ④ | 02 | ② | 03 | ① |

부록

전범위 핵심 정리 요약본

전범위 핵심 정리 요약본

1. 생명의 특성

출제 예상 주제: 고세균과 그람양성균(진정세균)의 세포벽과 세포막 구조의 특성

1) 펩티도글리칸 – 진정세균 세포벽의 주요 구성 성분
2) 막지질에 존재하는 결합 유형의 비교: 에테르결합(고세균) vs. 에스테르결합(진정세균)
3) 콜레스테롤에 의한 세포막 유동성 조절 – 동물세포

• 기타 출제 예상 개념
– 핵양체에는 히스톤이 존재하지 않음
– 고세균 세포벽: 펩티도글리칸 없음

◆ 생물의 3 영역 비교

특성	영역		
	진정세균	고세균	진핵생물
핵막	없다	없다	있다
막으로 둘러싸인 소기관	없다	없다	있다
세포벽의 펩티도글리칸 성분	있다	없다	없다
막지질	곁가지가 없는 탄화수소	일부 가지 달린 탄화수소	곁가지가 없는 탄화수소
히스톤과 결합된 DNA	없다	일부 존재한다	있다
원형 염색체	있다	있다	없다
RNA 중합효소	한 종류	여러 종류 (책마다 상이)	여러 종류
단백질 합성에 사용되는 개시 아미노산	포밀메티오닌	메티오닌	메티오닌
인트론 (유전자의 비암호화 부위)	매우 드물다	일부 유전자에 있다	있다

스트렙토마이신 및 클로람페니콜에 대한 반응	생장이 억제된다	생장이 억제되지 않는다	생장이 억제되지 않는다
100℃ 이상에서 자랄 수 있는 능력	없다	일부 존재한다	없다

2. 세포의 구조와 기능

출제 예상 주제 1: 그람 음성 박테리아의 구조와 기능

1) 핵양체에 히스톤 존재: 없음
2) 항생제 작용 비교: 펩티도글리칸 사이 교차결합을 저해하는 항생제(페니실린) vs. 리보솜 기능을 저해하는 항생제(스트렙토마이신, 테트라사이클린 등)
3) 세포벽의 구조: 얇은 펩티도글리칸층 + 외막(LPS 존재)

출제 예상 주제 2: 2종류 원핵생물(대장균, 포도상구균) 세포벽 구조의 구분

1) 구분의 근거: 두꺼운 펩티도글리칸층(그람양성세균 – 포도상구균), 얇은 펩티도글리칸층 + 외막(그람음성세균 – 대장균)
2) 그람음성 세균 LPS(지질다당체)의 구조: 지질(지질 A) + 다당류(중심 다당류 + O–다당류)
3) 내생포자 생성 – 그람양성균
4) 고세균 세포벽 특성 – 펩티도글리칸 없음

출제 예상 주제 3: 동물세포에서 핵과 조면소포체의 구조와 기능

1) 인의 구조: 핵 내부에 진하게 염색되는 부분
   인의 기능: rRNA 합성 및 가공, 저장, 리보솜 단위체 조립
2) 핵공의 구조: 핵막을 관통하는 핵공 복합체에 의해 형성된 구멍
   핵공의 기능: 핵질과 세포질 간의 물질수송(작은 물질, 단백질, RNA, 리보솜단위체 등)
3) 조면소포체의 구조: 조면소포체의 막표면에 부착되어 있는 점 모양의 돌기(부착리보솜)
   조면소포체의 기능: 분비단백질 합성, 내막계 막성 세포소기관(리소좀 등)의 단백질합성

출제 예상 주제 4: 동물세포의 구조와 기능

1) 핵과 미토콘드리아의 공통점: DNA 존재, 복제와 전사 일어남, 이중막 구조 등
2) 미토콘드리아와 세포질의 공통점: 리보솜과 tRNA 존재, 번역 일어남 등

3) 글리옥시좀(glyoxysome): 식물의 종자에서 주로 발견되는 퍼옥시좀의 한 형태, 지방을 당으로 전환함

출제 예상 주제 5: 3종류 세포골격의 구조와 기능 비교

1) 미세섬유: 액틴으로 구성, 세포분열시 세포막 함입에 관여
2) 중간섬유: 라민 등으로 구성, 핵의 형태 유지에 관여
3) 미세소관: 튜불린 이량체로 구성, 세포소기관 이동에 관여, 섬모와 편모의 구성 성분

출제 예상 주제 6: 진핵생물과 원핵생물의 편모의 비교

1) 진핵생물의 편모: 필라멘트 단위체는 튜불린, 미세소관으로 구성(9+2 배열), 기저체(9+0 배열)와 연결, 편모 운동(편모 휘어짐)에 디네인 운동단백질과 ATP 필요, 세포막으로 덮여 있음
2) 원핵생물의 편모: 필라멘트 단위체는 플라젤린, 편모 운동(모터 회전)에 H^+ 농도기울기 필요, 세포막으로 덮여있지 않음

출제 예상 주제 7: 동물세포 3종류 세포연접의 구조와 기능 비교

1) 밀착연접: 밀착연접 단백질에 의해 이웃하는 세포막이 연속적으로 밀착하여 밀봉되어 있는 구조, 세포외 용액이 몸 외부로 새어나가지 못하게 막음/지질과 막단백질 이동을 제한
2) 데스모솜: 두 세포의 세포막 바로 안쪽에 존재하는 원반 모양의 구조체, 인접한 세포들을 단단히 연결시킴/데스모좀은 근육(심장근)의 근세포들을 서로 연결시킴
3) 간극연접: 중앙에 구멍이 있는 막에 박혀있는 구조(코넥손) 2개가 서로 맞닿아 형성된 구조, 세포 간의 직접적인 상호교류를 담당/심장근과 평활근에서 전기적신호를 전달하는 역할

3. 세포막과 세포막 수송

출제 예상 주제 5: 세포막 수송의 유형

1) 촉진확산의 특성: 평형상태에 도달하면 물질의 순이동 일어나지 않음
2) 식물에서의 공동수송(2차 능동수송)의 특성: H^+ 농도기울기 이용, 뿌리세포에서 $H_2PO_4^-$의 흡수에 이용
3) 분비소낭의 세포외배출 작용의 예: 이자세포의 리파아제 분비

- **기타 출제 예상 개념**
  – 콜레스테롤에 의한 세포막 유동성 조절

– 소장 상피세포에 존재하는 포도당 수송단백질: GLUT2, Na$^+$−포도당 공동수송체

– 잎에서 설탕이 세포막 통과 경로를 통해 체관부 세포에 들어갈 때 양성자 기울기를 이용함

◈ 세포막의 유동성

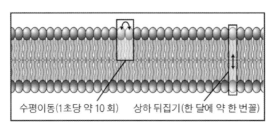

◈ 막수송 유형

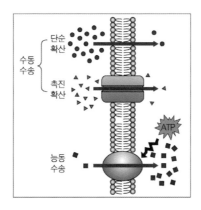

	단순확산	통로를 통한 확산	촉진확산	능동수송
에너지 요구	없음	없음	없음	있음
추진력	농도기울기	농도기울기	농도기울기	ATP 가수분해 (농도기울기에 역행)
막단백질 필요성	없음	있음	있음	있음
특이성	없음	있음	있음	있음

◈ 통로 단백질과 운반체 단백질

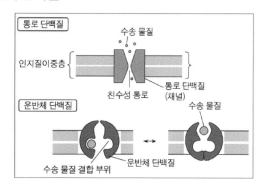

4. 세포호흡

출제 예상 주제: 미토콘드리아 내막 ATP 합성효소의 특징

1) 미토콘드리아 내막에서 ATP 합성효소의 배열 방향 – 머리부가 기질로 돌출
2) ATP 합성효소의 작동 방식 – H^+의 이동에 의한 구조 변형(회전), 머리부에서 ATP 합성
3) 시트르산 회로 반응이 일어나는 구획 – 미토콘드리아 기질
4) 짝풀림물질의 효과 – 산소 및 NADH 소비 증가시킴, ATP 합성속도 감소
5) 미토콘드리아의 최종 전자수용체 – 산소

• **기타 출제 예상 개념**

– 알콜발효 생물 – 효모
– 전자전달계에서 최종 전자 수용체 비교: 미토콘드리아(O_2), 엽록체($NADP^+$)
– 산소 부재 시 미토콘드리아의 반응: 시트르산 회로(기질수준의 인산화)와 전자전달, 산화적인산화 중단

◈ 전자전달계

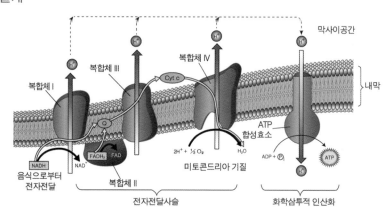

◆ 세포호흡을 저해하는 독극물

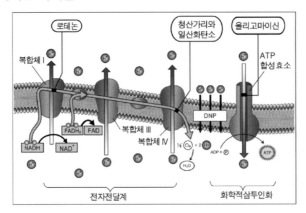

◆ 발효

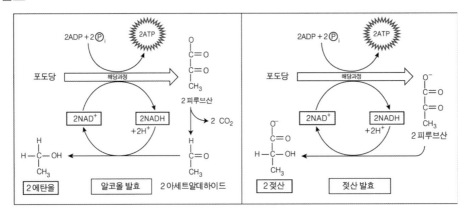

5. 광합성

출제 예상 주제 1: 광합성과 세포호흡 비교

1) 루비스코의 특성 – CO_2뿐만 아니라 O_2도 기질로 사용
2) 전자전달계에서 최종 전자 수용체 비교: 미토콘드리아(O_2), 엽록체($NADP^+$)
3) 산소 부재 시 미토콘드리아의 반응: 시트르산 회로(기질수준의 인산화)와 전자전달, 산화적인산화 중단

출제 예상 주제 2: C_3, C_4 식물의 광합성 차이

1) C_3 식물과 C_4 식물 잎 단면구조의 구분 근거 – C_4 식물은 엽육세포가 유관속초세포 주위를 둘러쌈
2) 캘빈회로 반응 – C_3 식물과 C_4 식물 모두 일어남

3) 고온 건조한 환경에서 광호흡량 비교 – C_4 식물의 광호흡량 더 적음

4) 고온 건조한 환경에서 CO_2 고정 시 손실되는 물의 양 비교 – C_4 식물의 증산비가 더 작음

출제 예상 주제 3: C_3, C_4, CAM 식물의 광합성에서 탄소고정 방법 구분

1) 구분 근거: C_4 식물은 광합성에 두 종류 세포 이용 vs CAM 식물은 밤과 낮에 걸쳐 광합성 수행

2) C_4, CAM 식물의 최초 탄소 고정 효소 – PEP 카르복실화 효소

2) 고온 건조한 환경에서 C_3 식물과 C_4 식물의 광호흡량 비교 – C_4 식물의 광호흡량 더 적음

3) C_3 식물에 광호흡 산물 – C_2 화합물(phosphoglycolate)

◆ 흡수스펙트럼과 작용스펙트럼

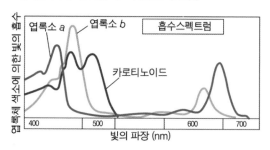 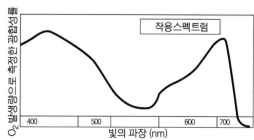

◆ 선형 전자 흐름에 의한 ATP, NADPH 생성

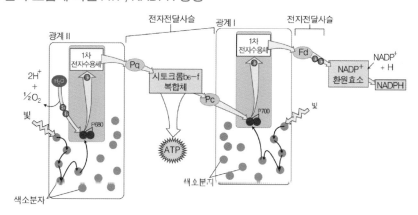

◆ 순환적 전자흐름

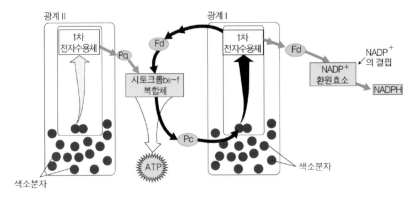

◆ 캘빈회로

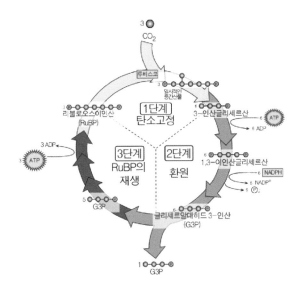

◆ C₃식물과 C₄식물의 잎 구조

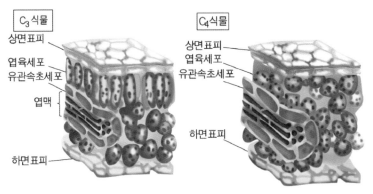

◆C_3, C_4, CAM 식물 비교

	C_3 식물	C_4 식물	CAM 식물
캘빈회로의 사용	사용	사용	사용
첫 번째 CO_2 수용체	RuBP	PEP	PEP
CO_2 고정효소	루비스코	PEP카복실화효소	PEP카복실화효소
CO_2 고정의 첫 번째 산물	3PG(3탄소)	옥살로아세트산(4탄소)	옥살로아세트산(4탄소)
카복실산효소의 CO_2에 대한 친화력	적당함	높음	높음
잎의 광합성 세포	엽육세포	엽육세포와 유관속초세포	커다란 액포를 가진 엽육세포
광호흡	강함	최소	최소

6. 세포분열

출제 예상 주제 : 형광유세포분석기를 이용하여 세포주기 분석

1) 세포당 DNA 양에 따라 세포주기가 다름
 양이 1인 부위: G1기 세포, 양이 2인 부위: G2기 세포, M기 세포,
 양이 1~2인 부위: S기 세포, 양이 1보다 작은 부위: 사멸 중인 세포
2) 세포예정사가 일어날 때 염색체 절편화가 일어남(사다리 모양)

- **기타 출제 예상 개념**
 - 세포주기 중 DNA 복제가 일어나는 시기: S기
 - 키아즈마 관찰되는 세포: 제1 감수분열 전기에 있는 세포(제1 난모세포)

◆ 세포주기

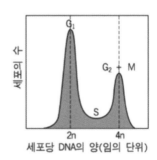

◈ DNA에서 염색체로의 포장

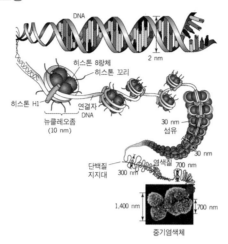

◈ G1 검문지점에서 세포주기의 분자적 조절

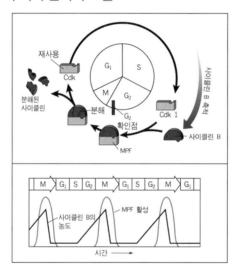

7. 유전법칙

출제 예상 주제 1: 교차율과 유전자 거리 계산

1) 유전자 거리 계산

$$교차율 = \frac{교차에 \ 의해 \ 생성된 \ 개체수}{전체배우자수} \times 100$$

2) 유전자 간의 거리: 1% 교차율을 보이는 유전자 간의 거리 → 1 cM

출제 예상 주제 2: 두 형질이 유전되는 멘델 집단에서 하디-바인베르크 법칙 이용하여 빈도 계산

1) 멘델 집단: 하디−바인베르크 평형이 유지되는 집단
2) 가계도 분석을 통해 특정 질환이 우성인지 열성인지 판단: 우성 − 질병인 부모에서 정상 자손 태어남, 열성 - 정상인 부모에서 질병 자손 태어남

• 기타 출제 예상 개념
− 바소체: 유전량보정을 위해 불활성화된 X염색체
ㄱ. 여성은 세포에 1개의 바소체를 가지고 남자는 바소체 없음,
ㄴ. 클라인펠터 증후군 남성(XXY)도 세포에 1개의 바소체 가짐,
ㄷ. 난자나 정자에는 바소체 없음
− 포유류의 유전량 보정: 포유류 암컷의 경우 남자와의 유전량을 맞추기 위해 X−염색체 하나를 응축시켜 불활성화 시키는 현상
ㄱ. 성연관 유전자에서 이형접합인 여성은 유전량 보정으로 인해 genetic mosaic가 나타남.
ㄴ. 세포마다 2개의 대립유전자 중 어느 하나만 발현함(두 가지 대립효소 중 하나만 발현함).

◈ 재조합 빈도

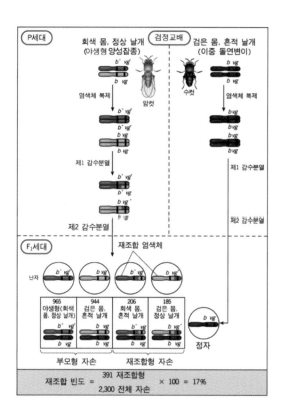

◆ 상인 연관과 상반 연관

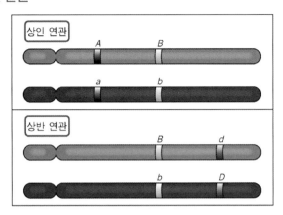

◆ 하디-바인베르크 원리

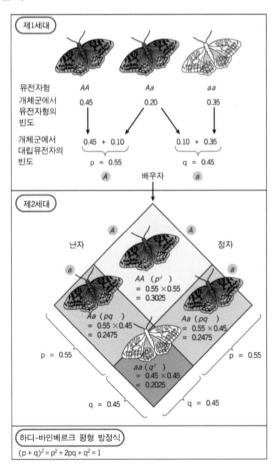

8. DNA 구조와 복제

출제 예상 주제 1: DNA 복제에 관련된 3가지 가설과 반보존적 복제 증명 실험

1) DNA 복제에 관련된 3가지 가설: 보존적, 반보존적, 분산적

2) 반보존적 복제 증명 실험: 질소 동위원소를 이용한 평형밀도기울기 원심분리 실험

3) ^{15}N 배지에서 배양하던 대장균을 ^{14}N 배지로 옮겨 배양하면서 20분(1세대)과 40분(2세대) 경과하였을 때 보존적 복제, 반보존적 복제, 분산적 복제의 예상 결과 고르기

출제 예상 주제 2: 진핵세포의 DNA 복제와 전사의 비교

1) 복제기포와 전사기포의 구분: 복제기포 – 두 가닥이 모두 주형으로 이용됨, 전사기포 – 한 가닥만 주형으로 이용됨

2) 세포주기 중 DNA 복제가 일어나는 시기: S기

3) 복제원점에 더 가까이 위치하는 오카자키 절편이 더 먼저 합성된 절편임

4) 전사 시에는 프라이머가 필요치 않음

5) 전사 시 딸사슬 합성 방향: 5' → 3' 방향

출제 주제 3: 암세포에서 텔로머레이스의 역할

1) 염색체 말단 구조: 대부분 T고리를 형성하여 단일가닥 부분을 보호함, 몇몇 세포(암세포, 생식 세포 등)에는 텔로머레이스가 결합되어 있음

2) 텔로머레이스 특성: 단백질과 RNA로 구성되어 있는 역전사효소, 텔로미어의 3' 말단을 신장함으로써 세포분열로 인해 짧아진 텔로미어를 길어지게 함, 세포 분열 능력을 증가시킴.

◆ 반보존적 복제의 증명

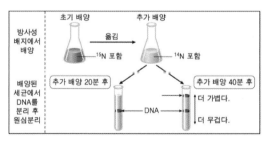

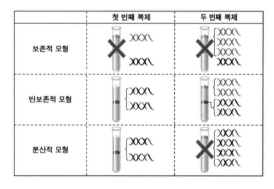

◆ 세균 DNA 복제의 요약

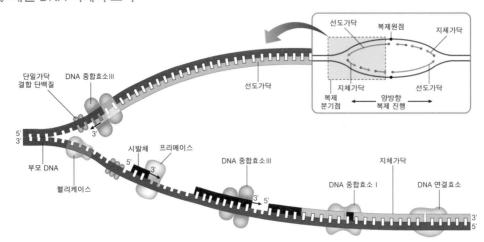

◆ 선도가닥과 지체가닥

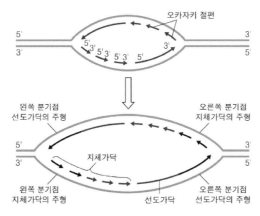

◆ DNA 복제 개시에 관여하는 단백질

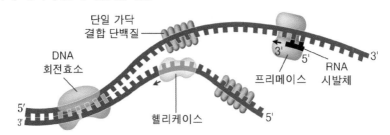

◆ 선형 DNA 복제의 문제점

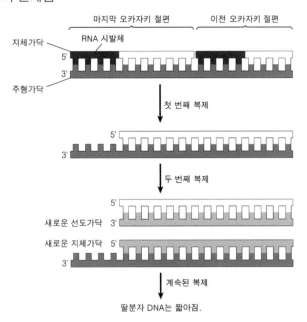

9. 유전자 발현

출제 예상 주제 1: tRNA의 구조와 특성

1) tRNA의 아미노산 부착자리에 아미노산은 에스테르 결합으로 부착

2) tRNA의 아미노산 부착시키는 효소: 아미노아실-tRNA 합성효소

3) 안티코돈은 하나 이상의 코돈과 쌍을 이룰 수 있음 – 동요가설

4) 개시 아미노아실-tRNA가 리보솜에 결합하는 위치: P 자리

5) 펩티드기 전달효소: 펩티드결합 형성 효소, 리보솜 대소단위체에 존재하는 rRNA(리보자임)

출제 예상 주제 2: 세균의 전사와 번역의 연결

1) 전사와 번역의 연결은 원핵세포에서만 가능함

2) 전사기포에서 돌출된 RNA 가닥의 말단: 5' 말단

3) 개시 아미노아실-tRNA가 리보솜에 결합하는 위치: P 자리

4) 대장균(원핵세포) 리보솜 작은 소단위체(30S)를 구성하는 rRNA: 16S rRNA

5) 번역의 신장방향: 새로운 아미노산은 신장되고 있는 사슬의 C-말단쪽 아미노산에 첨가되므로
   신장방향은 N 말단 → C 말단 방향임

◈ 전사의 단계

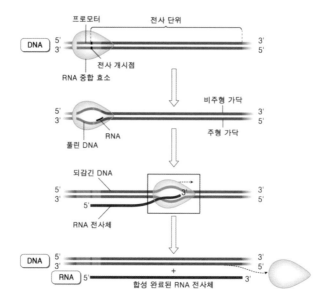

◈ 번역의 신장주기

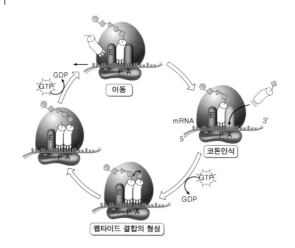

◈ 신호번역의 종결

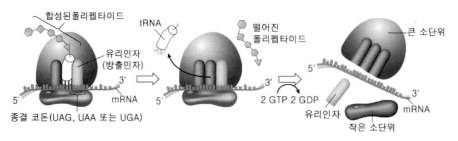

◆ 폴리리보솜

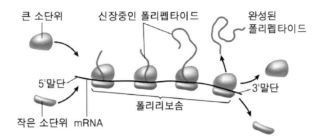

◆ 전사와 번역의 연관반응

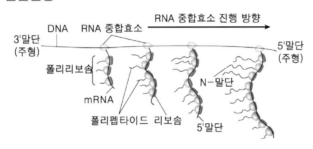

◆ 단백질의 소포체로의 이동

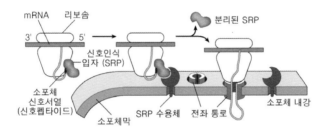

10. 바이러스와 세균의 유전학

출제 예상 주제 : 코로나 바이러스 생활사 및 HIV

1) 코로나 바이러스: SARS와 MERS의 원인 바이러스, 단일 양성 RNA 바이러스(유형 IV)

2) 전사체 합성에 사용되는 중합효소 - RNA 복제효소

3) 캡시드 단백질 - 바이러스 핵산이 암호화

4) 비리온의 정의: 바이러스가 숙주 바깥에 존재할 때 보이는 개별적인 바이러스 입자

5) HIV 레트로바이러스(유형 VI) 특성: 역전사로 합성한 유전체를 숙주의 염색체에 삽입시켜 잠복기를 보냄

6) 비로이드의 특성: 감염성 RNA

출제 예상 주제 2: 단순헤르페스바이러스와 독감바이러스의 특성

1) 단순헤르페스바이러스: 이중가닥 DNA 바이러스 생활사(유형 I), 외피바이러스, 신경세포에 잠복, 입술물집, 공기를 통해 전염, 치료제 – 아시클로버(DNA 합성 저해)

2) 독감바이러스: mRNA 합성의 주형으로 작용하는 ssRNA 바이러스(유형 V), 외피바이러스 핵산이 8개의 RNA 분자, 치료제 – 타미플루(or 리렌자)(숙주세포로부터의 방출을 억제), RNA 복제효소, 호흡기 분비물의 비말과 접촉에 의해 전염

출제 예상 주제 3: HIV의 구조 및 특성

1) HIV의 유전체의 특성: DNA 합성의 주형으로 작용하는 ssRNA 바이러스(유형 VI)

2) 캡시드의 합성 및 조립 장소: 세포질에서 자유리보솜에 의해 합성된 후 세포질에서 조립됨

3) 외피 인지질의 합성 효소 – 숙주세포 핵이 암호화(HIV 유전체는 암호화하지 않음), SER에서 합성

출제 예상 주제 4: 대장균의 젖당 오페론의 조절

1) 음성조절자와 유도: lac 억제자가 작동부위에 결합하여 전사를 방해(음성조절), 유도자(젖당)는 lac 억제자를 불활성화시켜 전사가 일어날 수 있게 함(유도)

2) 양성조절: cAMP–CAP 복합체가 프로모터 인근에 결합하여 RNA 중합효소가 프로모터에 잘 결합할 수 있도록 도움(양성조절)

◆ RNA 바이러스(분류군 V) 생활사

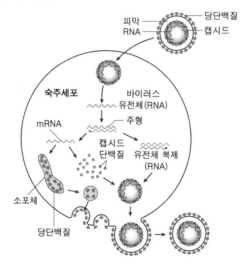

◆ 레트로바이러스(HIV) 생활사

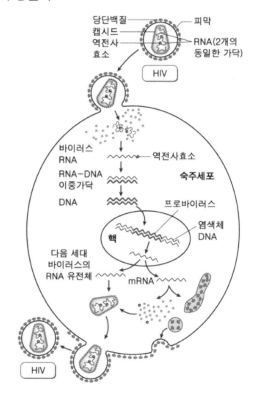

◆ lac 오페론

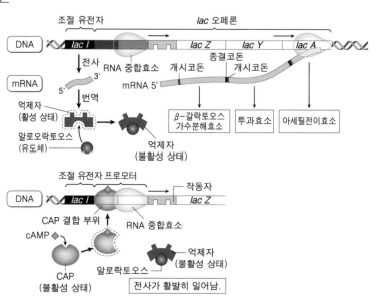

11. 진핵생물의 유전체와 유전자 발현조절

출제 주제 1: X 염색체 불활성화를 통한 유전량 보정

1) 포유류의 유전량 보정: 포유류 암컷의 경우 남자와의 유전량을 맞추기 위해 X 염색체 하나를 응축시켜 불활성화 시키는 현상

2) 바소체: 유전량 보정을 위해 불활성화된 X 염색체, 여성은 세포에 1개의 바소체 가짐, 남자는 바소체 없음, 클라인펠터 증후군 남성(XXY)도 세포에 1개의 바소체 가짐, 난자나 정자에는 바소체 없음

3) 성연관 유전자에서 이형접합성인 여성은 유전량 보정으로 인해 genetic mosaic가 나타남. → 세포마다 2개의 대립유전자 중 어느 하나만 발현함(두 가지 대립효소 중 하나만 발현함).

4) XIST 유전자의 발현 산물(XIST RNA)이 자신이 전사된 X 염색체에 결합하여 응축을 유도함

출제 예상 주제 2: 조절요소의 특성 확인

1) 재조합 플라스미드(재조합 벡터): 외래유전자가 삽입된 플라스미드(벡터)

   ☞ 발현 벡터: 재조합된 유전자의 산물(단백질)을 얻을 수 있도록 제작된 벡터

2) 증폭자(enhancer): 활성자(전사인자)가 결합하고 프로모터로부터 수천 염기쌍 떨어져 있는 원거리 조절요소

3) 핵심 프로모터: 유전자의 바로 위쪽에 존재하고 보편전사인자가 결합하는 부위, TATA 상자 등이 포함됨

   ☞ 프로모터 = 핵심프로모터(TATA 상자) + 조절프로모터(근거리 조절요소, 원거리 조절요소)

출제 예상 주제 3: 노던 블롯팅과 웨스턴 블롯팅

1) 노던 블롯팅: 전기영동을 통해 분리된 RNA들 중에서 특정 RNA만을 탐침을 이용해 찾아내는 기술

2) 웨스턴 블롯팅: 전기영동을 통해 분리된 단백질들 중에서 특정 단백질만을 항체를 이용해 찾아내는 기술

3) 유전자 발현의 해석: 노던 블롯팅 결과 밴드가 나타나면 전사가 일어난 것으로 간주하고 웨스턴 블롯팅 결과 밴드가 나타나면 전사 및 번역이 일어난 것으로 간주함

◆ 히스톤 아세틸화와 탈아세틸화

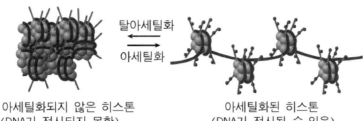

아세틸화되지 않은 히스톤　　　　　　아세틸화된 히스톤
(DNA가 전사되지 못함)　　　　　　(DNA가 전사될 수 있음)

◆ 유전량 보정과 거북무늬 고양이 – X 염색체 불활성화

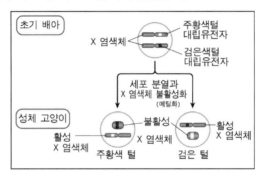

◆ 진핵생물의 전사 개시

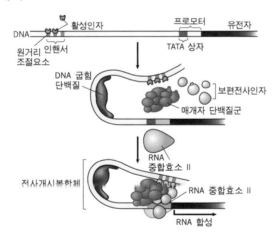

◈ 세포 유형 특이적 전사의 조절

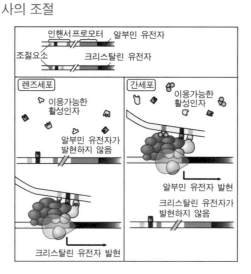

◈ miRNA에 의한 유전자 발현 조절

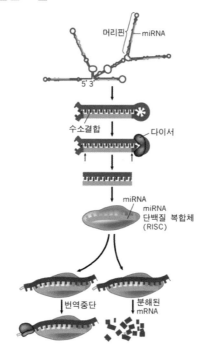

12. 분자생물학 연구기법과 생명공학

출제 예상 주제 1: 재조합 플라스미드 제작

1) 제한효소: DNA 상의 특정한 서열(절단자리)을 인식하여 절단하는 핵산내부가수분해효소

2) 재조합 플라스미드 제작에 사용 가능한 제한효소: 절단자리가 외래유전자와 벡터에 모두 존재하는 제한효소, 혹은 제한절편 말단이 서로 상보적인 서로 다른 제한효소들

출제 예상 주제 2: DNA 분리와 PCR

1) DNA 추출 실험: 세포 파쇄액 얻기 → 단백질과 RNA 분해 → 페놀 추출 → 에탄올 침전

2) 페놀 추출법: 페놀을 이용하여 단백질을 변성시킴으로써 침전시킴, 페놀은 물보다 비중이 높으므로 원심분리 결과 페놀층은 물층보다 더 아래층에 존재함

3) PCR의 3단계: 변성(94℃) → 프라이머 결합(37℃~65℃) → 프라이머 신장(72℃)

4) PCR의 특성: 시료의 양이 적어도 괜찮음, 일부 서열만 알고 있어도 증폭 가능함, 단일가닥 DNA를 주형으로도 증폭 가능함,

5) 아가로오스 겔 전기영동: DNA들을 전기장 하에서 아가로오스를 이용하여 만든 겔을 통과하여 이동하게 함으로써 크기별로 분리하는 기술

출제 예상 주제 3: RFLP(제한효소절편길이 다형성)

1) 제한효소절편 분석법: DNA를 제한효소로 절단 → 전기영동 → 니트로셀룰로오스 막으로 옮기기 → 혼성화

2) RFLP를 이용한 정상 대립유전자와 돌연변이 대립유전자 구분 → 구분 원리: 혼성화 탐침이 결합할 수 있는 제한절편만 밴드로 검출됨

출제 예상 주제 4: 사슬종결법

1) 사슬종결법: 염기서열을 밝히고자 하는 DNA를 주형으로 사슬종결자가 존재하는 상태에서 상보적 가닥을 합성하여 얻은 다양한 합성 산물(밴드)을 전기영동으로 분석함으로써 염기서열을 추정하는 실험법

2) ddNTP와 dNTP의 차이: dNTP − 5탄당의 3번 탄소에 수산기가 존재함,
   ddNTP − 사슬종결자로 이용되는 ddNTP는 5탄당의 3번 탄소에 수산기가 존재하지 않음.

3) 사슬종결법 결과를 이용하여 염기서열 읽는법: 가장 아래쪽 밴드에 있는 염기가 5' 말단 염기임, 읽혀진 서열은 주형가닥의 상보적 가닥의 서열임

◆ pBR322 벡터

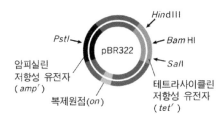

◆ 점착성 말단과 비점착성 말단

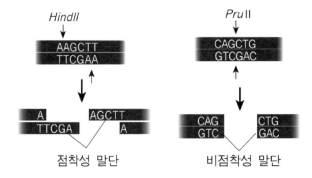

점착성 말단   비점착성 말단

◆ 재조합 DNA 제작

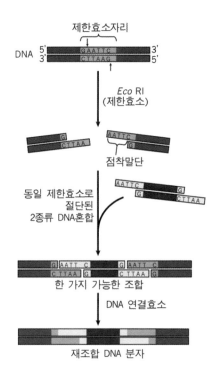

◆ 유전자 불활성화에 대한 재조합 DNA 표지

amp^{s}와 tet^{s}인 E.coli에 의해 흡수된 DNA		암피실린 표현형	테트라사이클린 표현형
	없음	S	S
▬▬	오직 외래 DNA	S	S
⬤	pBR322 플라스미드	R	R
⬤	재조합된 pBR322 플라스미드	R	S

(R:저항성, S:감수성)

◆ 아가로스 겔 전기영동

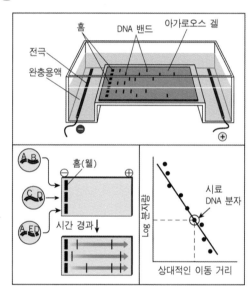

◆ 서던블롯팅

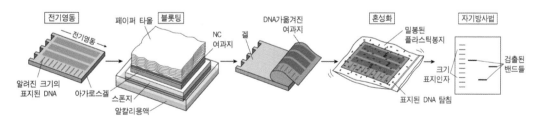

◆ DNA 염기 서열화 – 사슬종결법

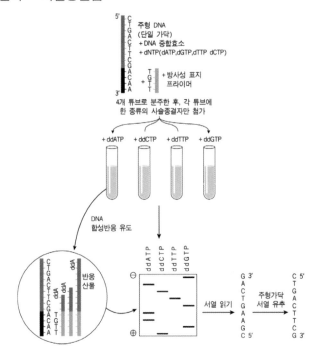

◆ 사슬 종결자

정상 뉴클레오타이드(dNTP)   사슬종결자(ddNTP)

13. 소화와 영양

출제 예상 주제 1: 지방의 소화와 흡수 과정

1) 지방의 유화: 지방덩어리가 작은 지방입자로 분해되는 것, 쓸개즙이 관여함

2) CCK: 담낭 수축을 자극해 쓸개즙 분비(방출)를 촉진

3) 리파아제: 트리글리세리드를 분해함, 효소 활성은 세크레틴에 의해 증가함

4) 소장상피세포로 흡수된 모노글리세리드와 지방산은 SER에서 트리글리세리드로 재합성됨

출제 예상 주제 2: 소장 상피세포에 포도당의 흡수

1) 소장 상피세포에 존재하는 포도당 수송단백질: GLUT2, Na⁺−포도당 공동수송체

2) 포도당의 정단부 세포막 통과: Na⁺−포도당 공동수송체(2차 능동수송) 이용함

3) 포도당의 기저막쪽 세포막 통과: GLUT2(포도당 투과효소, 촉진확산) 이용함

4) 기저막쪽 세포막의 Na⁺−K⁺ ATPase: Na⁺−포도당 공동수송을 위한 Na⁺ 농도기울기 생성

◆ 위의 구조와 위액 분비

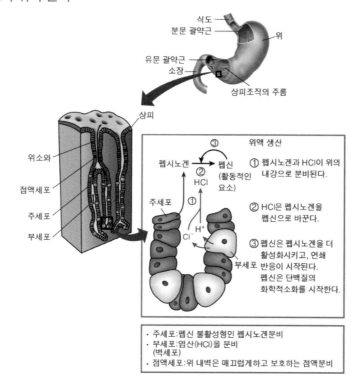

◆ 지방의 소화와 흡수

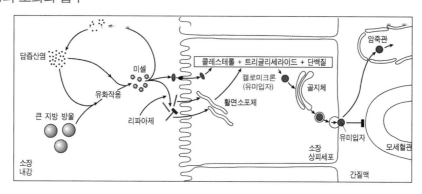

14. 호흡계

출제 예상 주제 1: 헤모글로빈의 산소해리곡선

1) 헤모글로빈의 산소 친화도에 영향을 주는 요인
    - 이산화탄소 분압: 높을수록 친화도 감소함(보어효과)
    - 2,3-BPG: 높을수록 친화도 감소함
2) 산소는 헤모글로빈의 헴(heme)에 결합하여 운반됨, 이산화탄소는 헤모글로빈의 아미노산 잔기에 결합하여 운반됨
3) 세포호흡 증가 → 이산화탄소 분압 증가 → 헤모글로빈 산소 결합력 감소

출제 예상 주제 2: 미오글로빈과 헤모글로빈의 산소해리곡선

1) 미오글로빈과 헤모글로빈의 산소해리곡선 비교
    - 미오글로빈: 포화곡선, 알로스테릭 단백질 아님
    - 헤모글로빈: S자형 그래프(양성협동성 보임), 알로스테릭 단백질임
2) 보어효과: 이산화탄소 분압이 높을수록, pH가 낮을수록 헤모글로빈의 산소친화도 감소함

출제 예상 주제 3: 혈액을 통한 CO_2 수송

1) 혈액을 통한 CO_2 수송: 혈장 용해(7%), Hb에 결합(23%), 중탄산이온 형태(70%)
2) 적혈구 세포질에는 탄산탈수효소가 있어 CO_2가 빠르게 HCO_3^-로 전환될 수 있음
3) 적혈구 세포질과 혈장 사이의 HCO_3^-의 교환: 음이온교환체($HCO_3^- - Cl^-$ 운반체)이용
4) 호흡가스(O_2, CO_2)의 수송: 확산(단순확산)

◆ 호흡운동

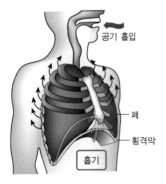
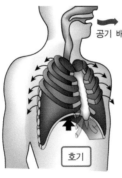

	흉강 V	흉강 P	횡격막	외늑간근
흡기	↑	↓	수축	수축
호기	↓	↑	이완	이완

◆ 이산화탄소의 운반

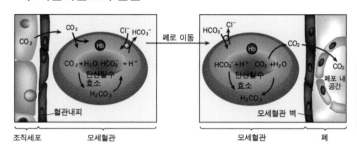

15. 순환계

출제 예상 주제 1: 척추동물의 순환계

1) 어류(붕어): 1심방 1심실, 단일순환

2) 양서류(개구리): 2심방 1심실

3) 파충류(도마뱀): 2심방 불완전한 2심실, 심실이 좌우를 부분적으로 나누는 불완전한 격벽 가짐

4) 포유류(침팬지): 2심방 2심실, 체순환과 폐순환이 완전히 분리됨, 좌심장에는 동맥혈이 흐르고 우심장에는 정맥혈이 흐름

5) 포유류 혈류속도: 동맥 〉정맥 〉모세혈관

출제 예상 주제 2: 심전도 및 심장주기

1) P파: 심방근육의 탈분극, 심방수축 시 나타남

2) PR 간격: 심방근육 탈분극 지속

3) QRS 복합체: 히스근색 탈분극, 푸르킨녜 섬유 탈분극, 심실근육 탈분극

4) ST 분절: 심실 탈분극의 지속, 심박출이 일어남

5) T파: 심실의 재분극과 이완

출세 예상 수제 3: 혈액의 구성과 적혈구용적률 변화

1) 원심분리를 통한 헤파린-처리 혈액 분리: 혈장층(55%), 연막(1% 미만), 적혈구용적(45%)

2) 적혈구용적률(헤마토크릿): (적혈구 기둥의 높이×100)/전체 혈액 기둥의 높이

3) 적혈구용적률 감소(빈혈): 골수 내 줄기세포 감소
   - 빈혈 환자는 전신 조직으로 산소를 적게 공급함

4) 적혈구용적률 증가: 고산지대 순응, 골수 종양, 심한 설사로 인한 탈수 등

5) 혈액 점성: 적혈구용적률이 증가하면 혈액 점성 증가함

출제 예상 주제 4: 자율신경계에 의한 심장 박동의 조절

1) 심장박동의 조절을 위한 표적세포: 박동원세포, 교감신경은 박동원세포의 활동전위 발생 빈도를 증가시킴, 부교감신경은 감소시킴

2) 심장 수축력 조절을 위한 표적세포: 심실세포, 교감신경은 심장 수축력을 증가시킴

◆ 심장주기 조절과 ECG

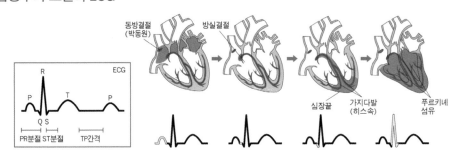

◆ 혈류속도와 혈관단면적, 혈압의 상관관계

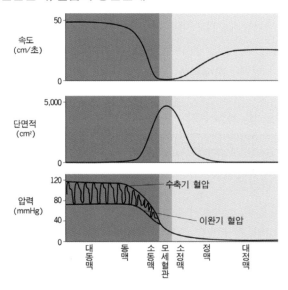

16. 면역계

출제 예상 주제 1: TLR의 신호전달경로의 연계단백질 확인 실험

1) TLR: 양상인식수용체, 관련된 병원체에 공유되는 구조를 인식함

→ TLR4: LPS 인식, TLR5: 플라젤린 인식, TLR9: 메틸화되지 않은 C(사이토신) 인식

2) TLR 리간드: 대식세포 상의 특정 TLR에 결합하여 대식세포 활성화

→ 시토카인(TNF-α 등) 분비

출제 예상 주제 2: 림프절 내 면역세포의 특성

1) 림프절에 면역세포: CD4$^+$ T세포(TCR 발현, CD4 발현), CD8$^+$ T세포(TCR 발현, CD8 발현), B세포
(TCR과 CD4 모두 비발현), 대식세포(TCR 비발현, CD4 발현)

2) 특이적 방어 메카니즘: 척추동물만 가짐(곤충은 가지지 않음)

3) APC는 2형 주조직적합성복합체 분자(MHC II)를 통해 CD4$^+$ T세포에 항원을 제공

출제 예상 주제 3: 활성화된 대식세포에 의한 CD4$^+$ T세포의 증식 촉진

1) 항체는 옵소닌으로 작용하여 낮은 항원 농도에서도 대식세포를 활성화시킴

→ 항체 수용체(Fc 수용체)가 관여

2) 활성화된 대식세포는 APC로 작용하여 CD4$^+$ T세포의 증식을 촉진함

3) 항원 농도가 높으면 옵소닌 도움 없이도 대식세포는 APC로 활성화 될 수 있음

4) APC는 2형 주조직적합성복합체 분자(MHC II)를 통해 CD4$^+$ T세포에 항원을 제공

출제 예상 주제 4: 체액성 면역의 1차 면역반응(T-의존성 항원)

1) 체액성 면역의 1차 면역반응: B세포가 항원을 섭취하여 APC가 됨 → 수지상세포에 의한 CD4$^+$
T세포의 도움 T세포로 분화 → T-B 상호작용 → B세포의 형질세포로의 분화

2) 2형 주조직적합성복합체 분자(MHC II) 발현세포: 수지상세포, 대식세포, B세포

3) 클론 증폭: 클론선택 과정 시 일어남

4) 1차 면역 반응에서 최초로 분비되는 항체: IgM(오량체)

출제 예상 주제 5: 분비성 항체의 종류 및 특성

1) 분비성 항체(IgG, IgA, IgE): 혈청에 존재

2) 1차 면역반응에서 처음 분비되는 항체: IgM(5량체)

◆ 동물면역계 개요

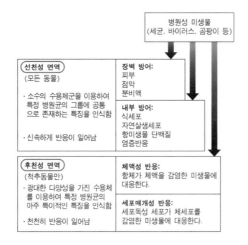

◆ 항원제시세포에 의한 항원 가공과 제시

항원제시세포	항원제시	MHC 종류	T 세포의 종류
모든 세포	세포 내 단백질 조각	제 I 층	세포독성 T 세포(CD8⁺)
B 세포, 대식세포	세포 밖 단백질 조각	제II층	도움 T 세포(CD4⁺)

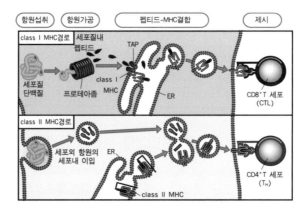

◆ 항체매개성 항원제거 기작

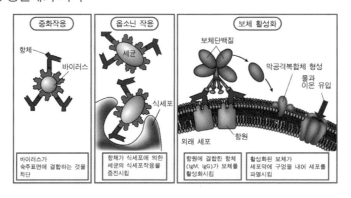

◆ 항체의 종류

종류	구 조		위 치	기 능
IgG	단량체	Y	혈장에 녹아 있음, 순환하는 항체의 80%	1차 및 2차 면역반응에서 가장 풍부한 항체, 태반을 통과하여 태아에게 수동면역을 제공
IgM	오량체	✳	B 세포의 표면, 혈장	B 세포막의 항원수용체, 1차 면역반응 동안 B 세포에서 방출되는 첫번째 종류의 항체
IgD	단량체	Y	B 세포의 표면	성숙한 B 세포의 세포표면 수용체, B 세포의 활성화에 중요
IgA	이량체	¥	침, 눈물, 모유 등의 분비물	점막 표면을 보호, 병원체가 붙는 것을 차단
IgE	단량체	Y	피부와 소화관 및 호흡기 조직	비만세포와 호염구와의 결합은 그 다음의 항원 결합을 민감하게 함, 이는 염증과 일부 다른 알레르기 반응에 기여하는 히스타민의 분비를 촉진

◆ 알레르기 반응

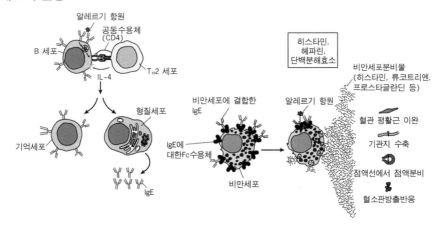

17. 배설계

출제 예상 주제 1: 헨레고리 상행지에서 물질의 재흡수

1) 헨레고리 상행지: 물의 재흡수 없음
2) 헨레고리 상행지 상피세포 기저막쪽 세포막: Na^+-K^+ ATPase(1차 능동수송 펌프)

출제 예상 주제 2: 근위세뇨관에서 포도당 재흡수, 포도당의 신장 역치

1) 근위세뇨관에서 포도당 재흡수
   ㉠ 포도당의 정단부 세포막 통과: Na^+-포도당 공동수송체(2차 능동수송) 이용함
   ㉡ 포도당의 기저막쪽 세포막 통과: GLUT2(포도당 운반체, 촉진확산) 이용함
     → 포도당 농도: 세포 내액 〉세포간질액
   ㉢ 기저막쪽 세포막에 존재하는 Na^+-K^+ ATPase는 Na^+-포도당 공동수송을 위한 Na^+ 농도 기울기 생성

출제 예상 주제 3: 여과되고 분비되는 물질의 여과, 분비, 배설의 관계

1) 여과의 특성: 작은 구멍을 통해 빠져나가는 물리적 현상, 여과율은 포화되지 않음
2) 분비의 특성: 막 수송체에 의해 일어나는 능동수송, 분비율은 포화됨
3) 여과되고 분비되는 물질은 '배설률 = 여과율 + 분비율'을 만족함
   → 이 식을 만족하는 물질은 재흡수 일어나지 않음
4) 여과율에 영향을 주는 요인: 사구체 정수압, 보우만주머니 정수압, 사구체 교질삼투압 등
   → 수입세동맥 저항 증가 → 사구체혈류량 감소 → 사구체정수압 감소 → 여과율 감소

출제 예상 주제 4: 레닌-안지오텐신-알도스테론계(RAAS)

1) RAAS: 저혈압 상황에서 수입소동맥 평활근세포가 레닌 분비
   → 레닌에 의해 안지오텐시노겐이 안지오텐신 I 으로 활성화
   → 폐에서 ACE에 의해 안지오텐신 I 이 안지오텐신 II로 활성화
   → 안지오텐신 II가 혈압을 증가시키기 위해 여러 작용을 함
2) 안지오텐신 II의 작용: 세동맥 수축, 알도스테론 분비 촉진, ADH 분비 촉진
3) ACE(안지오텐신 변환효소) 억제제: 이뇨제
4) 안지오텐시노겐 분비 장소: 간

출제 예상 주제 5: 헨레고리에서 집합관까지 여과액의 삼투농도 변화, ADH의 효과

1) 헨레고리 하행지에서 물이 재흡수되므로 여과액의 삼투 농도는 높아지고, 상행지에서 NaCl이 재흡수되므로 여과액의 삼투 농도는 다시 낮아짐.

2) ADH가 작용 시 헨레고리와 집합관에서 여과액의 삼투농도가 더 높아짐
   → ADH가 작용 시 여과액의 삼투 농도는 높아지고 오줌의 양은 감소함

3) ADH는 시상하부에서 합성한 후 뇌하수체 후엽을 통해 분비함

◈ 신장에서 물질의 여과, 재흡수 및 분비

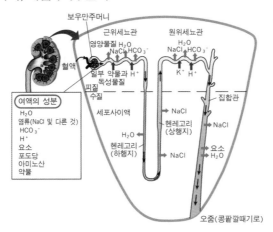

◈ RAAS

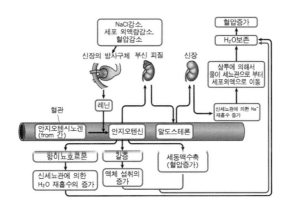

◆ ADH(바소프레신)에 의한 신장의 기능 조절

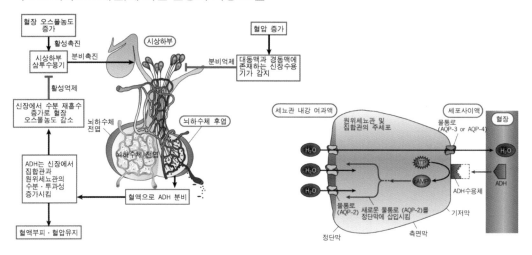

18. 세포의 신호전달

출제 예상 주제 1: 사람세포에 존재하는 수용체 단백질의 유형과 특성

1) 효소–연결 수용체(티로신 인산화 효소): 세포막 수용체, 리간드 결합으로 이량체 형성, 티로신 잔기의 자기 인산화로 완전히 활성화됨

2) G 단백질–연결 수용체: 7번 막을 관통, 수용체 중 종류가 가장 많음, 활성화된 수용체가 G 단백질을 활성화시킴

3) 스테로이드 호르몬 수용체: 세포내 수용체, 지용성 신호물질 수용체, 전사인자로 작용

출제 예상 주제 2: G 단백질-연결 수용체 구조와 기능

1) G 단백질–연결 수용체의 구성: 결합영역, 막관통영역, 촉매영역

2) 리간드–수용체의 해리상수(K_d): 리간드에 대한 수용체의 친화력 척도, 값이 작을수록 친화도 큼

3) G 단백질–연결 수용체의 기능: G 단백질 활성화 → 아데닐산 고리화효소 활성화 → [cAMP] 증가

◆ 세포막 수용체와 세포내 수용체

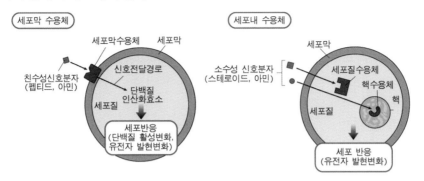

◆ 다양한 유형의 세포막 수용체

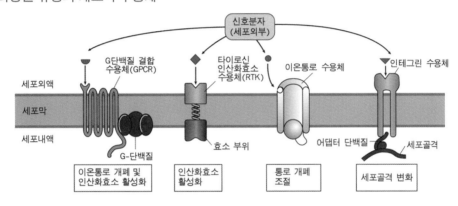

◆ 2차 신호전달자의 특징

2차 전령	전구체	증폭요소	연결체	활성	효과
뉴클레오타이드					
cAMP	ATP	아데닐산 고리화효소(막)	GPCR	단백질인산화효소를 활성화 시킴. 특히 PAK를 활성화시킴. 이온채널에 결합.	단백질을 인산화시킴. 채널열림을 변화시킴.
cGMP	GTP	구아닐산 고리화효소(막)	수용체 – 효소	단백질인산화효소를 활성화 시킴. 특히 PKG를 활성화시킴. 이온채널에 결합.	단백질을 인산화 시킴.
		구아닐산 고리화효소 (세포질)	산화 질소 (NO)		채널열림을 변형시킴.

지질 유래 IP₃ DAG	PIP₂ (막인지질)	인지질 분해효소 C(막)	GPCR	세포내 저장소로부터 Ca^{2+}를 방출. 단백질인산화효소 C를 활성화시킴.	아래의 Ca^{2+} 효과 참조 단백질을 인산화 시킴.
이온 Ca^{2+}				칼모듈린에 결합. 여러 단백질에 결합.	효소활성을 변화시킴. 세포외 분비, 근육수축 세포골격의 이동, 채널 열림.

19. 내분비계

출제 예상 주제 1: 갑상샘 호르몬의 합성과 분비, 갑상샘 질환의 진단

1) 갑상샘 호르몬의 합성과 분비: 여포세포가 혈장의 I⁻를 흡수 → 여포세포가 I⁻와 갑상샘글로불린을 여포로 방출 → 여포 내강에서 T_3와 T_4 합성

2) 갑상샘은 T_3보다 T_4를 4배 더 많이 분비함

3) 갑상샘기능항진증: ^{123}I 혈액투여 시 갑상샘의 ^{123}I 흡수율이 정상인보다 높음

4) 갑상샘기능저하증: ^{123}I 혈액투여 시 갑상샘의 ^{123}I 흡수율이 정상인보다 낮음

5) 여포세포에서 I⁻의 흡수가 차단되면 음성되먹임 억제가 일어나지 못해 TSH 분비가 증가하여 갑상선종 발생함

출제 예상 주제 2: 혈중 Ca^{2+} 농도 조절하는 호르몬

1) 부갑상샘호르몬(PTH): 뼈의 파골세포 자극, 신장에서 Ca^{2+}의 재흡수 촉진, 신장에서 비타민D 활성화 촉진

2) 활성 비타민D의 기능: 소장에서 Ca^{2+}의 흡수 촉진, 뼈의 파골세포 자극, 신장에서 Ca^{2+}의 재흡수 촉진

3) 칼시토닌: 뼈의 파골세포 억제, 신장에서 Ca^{2+}의 재흡수 억제

4) 부갑상샘호르몬은 펩티드 호르몬임

5) 비타민 D는 피부에서 콜레스테롤 전구체로부터 합성됨

출제 예상 주제 3: 인슐린 특성과 관련 질환

1) 인슐린의 특성: 췌장의 β-세포에서 분비, 단백질 호르몬, 혈당량 감소시킴
2) 인슐린의 작용: 근육세포(지방세포)에서 포도당 운반체(GLUT4)가 세포막에 많아지게 함으로써(분비소낭의 세포외방출작용 촉진) 포도당 흡수(촉진확산)를 촉진함
3) 당뇨병의 유형: 제1형 당뇨병(인슐린 분비 이상), 제2형 당뇨병(인슐린 수용체 이상)

출제 예상 주제 4: 인슐린의 기능

1) 인슐린의 기능
    ㄱ. 혈장 포도당 농도 감소시킴: 간/지방세포/근육세포에서 포도당 흡수 증가시킴
    ㄴ. 혈장 유리지방산 농도 감소시킴: 지방세포에서 지방분해 억제
    ㄷ. 혈장 아미노산 농도 감소시킴: 단백질 분해 억제/단백질 합성 촉진
2) 이자의 베타세포 파괴하면 인슐린 분비 부족으로 제1형 당뇨병 발생함
    → 혈장에서 인슐린 농도 감소, 포도당 농도 증가, 유리지방산 농도 증가, 케톤체 증가

◆ 시상하부와 스트레스 반응조절

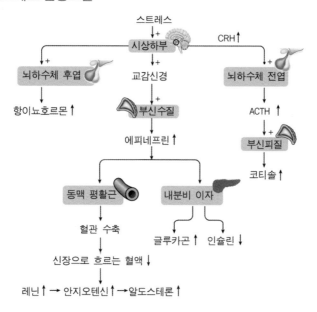

◆ 갑상샘 호르몬

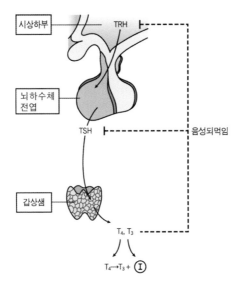

◆ 그레이브스병

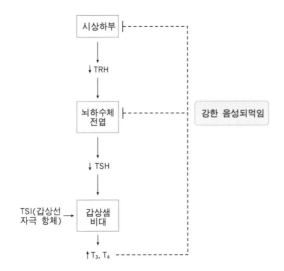

◆ 호르몬의 칼슘조절

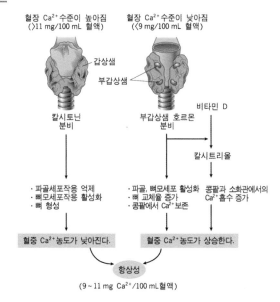

20. 신경신호

출제 예상 주제 : 신경세포 활동전위의 특성

1) 활동전위 발생 시 막전위 변화 그래프: 상승기 → 하강기
2) 활동전위 발생 시 전압개폐성 이온통로의 이온전도도 변화 그래프: Na^+ 전도도 증가 → K^+ 전도도 증가
3) 전도속도를 증가시키는 요인: 축삭의 직경 증가, 수초 형성

◆ 활동전위

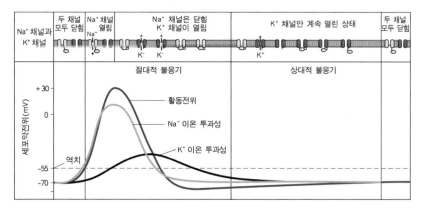

◆ 화학적 시냅스

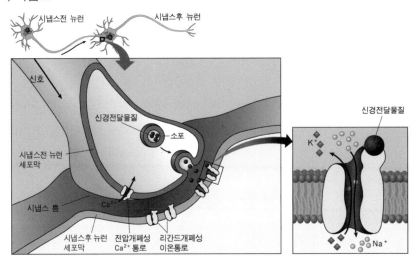

◆ 이온성 수용체와 대사성 수용체

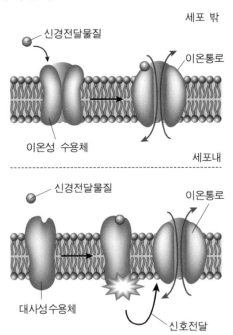

21. 신경계

출제 예상 주제 1: 대뇌 좌반구 피질의 언어령

1) 대뇌 좌반구 피질의 언어령
   ㄱ. 베르니케 영역: 측두엽에 존재, 음성적인 단어의 뜻을 해석
      → 단어를 들을 때 청각령과 베르니케 영역이 동시에 활성화됨
   ㄴ. 각회: 두정엽과 후두엽, 측두엽의 접합부에 존재, 시각적인 부호를 단어로 번역
      → 단어를 볼 때 시각령과 각회가 동시에 활성화됨
   ㄷ. 브로카 영역: 전두엽에 존재, 단어를 말하는데 필요한 근육의 수축을 조절
      → 단어를 말할 때 브로카 영역과 운동피질이 동시에 활성화됨
2) 운동피질: 전두엽의 1차 운동피질

출제 예상 주제 2: 척수반사(굴근반사)

1) 개구리 뒷다리 반사(아세트산에 의해 뒷다리 구부리기): 굴근반사(척수반사)
2) 개구리는 피부호흡을 함 → 실험 중 링거액으로 적셔 피부호흡을 유지시킴
3) 척추동물(어류, 양서류, 파충류, 포유류 등)에서 척수반사가 나타남

출제 예상 주제 3: 자율신경과 체성운동신경

1) 교감신경(NE)과 부교감신경(Ach), 체성운동신경(Ach) 말단에서 분비되는 신경전달물질
2) 교감신경은 정맥 수축을 자극함
3) 부교감신경은 심박동수를 감소시킴
4) 체성운동신경은 골격근을 수축시킴
5) 아세틸콜린 분해효소를 저해하는 물질의 효과: 부교감신경과 체성운동신경의 작용 촉진함

◆ 뇌의 부위별 기능

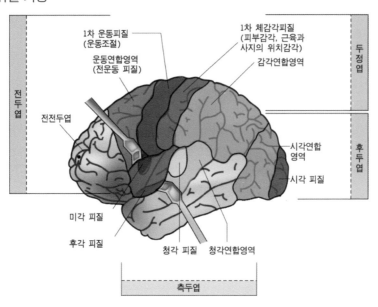

◆ 자율신경계

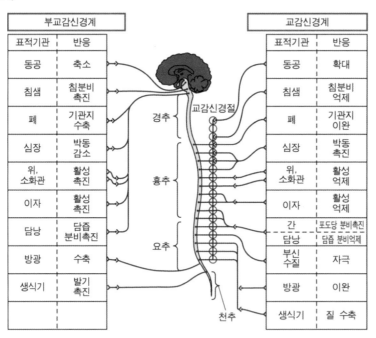

22. 감각계

출제 예상 주제 : 광수용기

1) 광수용기세포(원뿔세포)의 구조: 외분절, 내분절, 세포체, 기저분절(시냅스 말단)
  → 광수용기세포의 기저분절에 양극세포와 시냅스로 연결됨
2) 원뿔세포는 3종류(S 원뿔세포, M 원뿔세포, L 원뿔세포)가 존재
  → S원뿔세포 결함 시 청색색맹 나타남, 적록색맹은 주로 L 원뿔세포와 M원뿔세포의 결함 시 나타남
3) 원뿔세포의 외분절에 디스크가 존재하고 디스크 막에 시각색소인 요돕신이 존재함
  → 요돕신은 옵신과 레티날로 구성됨
  → 옵신의 아미노산 서열 차이로 각 요돕신은 서로 다른 파장대에서 최적의 흡광도를 보임
4) 레티날은 빛을 받으면 11-시스 이성질체에서 트랜스 이성질체로 바뀌면서 옵신과 분리됨

◆ 레티날

◆ 간상세포의 명암에 따른 차이

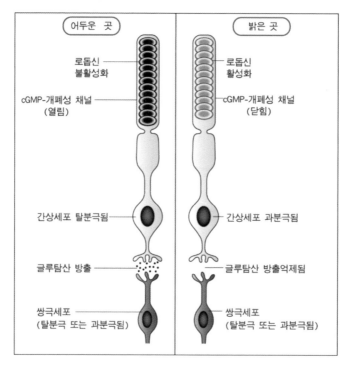

◆ 세 가지 원뿔세포의 민감도 차이

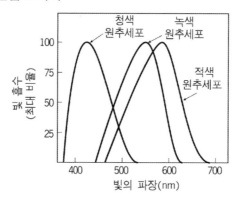

23. 운동계

출제 예상 주제: 운동단위, 근섬유의 유형

1) 운동단위: 하나의 운동신경세포와 그 운동신경세포가 조절하는 근섬유들

2) 수축 속도에 따른 근섬유의 유형

    ㄱ. 빠른 연축섬유(속근섬유): 빠르게 수축함, 수축력 큼, 미오신 ATPase 활성 큼, 해당과정 의존적 섬유임

      → 해당과정 의존적 섬유: 근섬유 직경 큼, 해당효소 많음, 미토콘드리아 함량 적음, 피로 내성 작음, 미오글로빈 함량 낮음

    ㄴ. 느린 연축섬유(지근섬유): 느리게 수축함, 수축력 작음, 미오신 ATPase 활성 작음, 산화의존적 섬유임

      → 산화 의존적 섬유: 근섬유 직경 작음, 해당효소 적음, 미토콘드리아 함량 많음, 피로 내성 큼, 미오글로빈 함량 높음

◆ 골격근 근섬유 유형

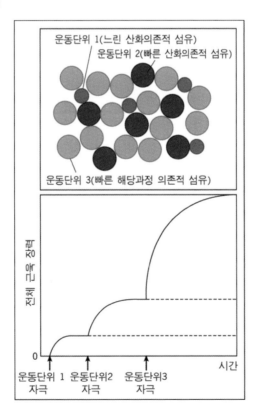

◆ 3종류 근육의 연축

	느린 산화의존적 섬유 (적색근)	빠른 산화의존적 섬유 (적색근)	빠른 해당과정의존적 섬유(백색근)
최대 장력에 도달하는 시간	가장 느림	중간	가장 빠름
미오신 ATPase 활성	느림	빠름	빠름
섬유의 직경	작음	중간	큼
수축기간	가장 김	짧음	짧음
근소포체에서 Ca^{2+}–ATPase 활성	중간	높음	높음
지구력	피로 저항성	피로 저항성	쉽게 피로해짐
사용장소	가장 광범위하게 사용됨; 자세	서 있고, 걷는데	가장 적게 사용됨; 점프할 때; 빠르고 정교한 운동
물질대사	산소호흡 유기성	해당과정이지만 지구력 훈련으로 보다 산화적으로 됨	해당과정; 빠른 산화 의존적 섬유보다 좀더 무기성임
모세혈관 밀도	높음	중간	낮음
미토콘드리아	많음	중간	적음
색깔	암적색	적색	백색

◆ 근육의 유형 – 3종류 근육

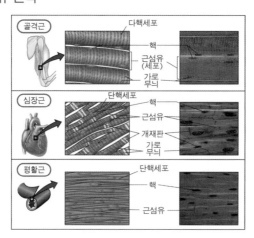

24. 진화메커니즘과 소진화

출제 예상 주제 1: 성간선택과 방향성 선택을 확인한 실험

1) 자연선택의 유형

   ㄱ. 안정화 선택: 양 극단의 표현형을 제거하는 쪽으로 작용하고 중간형을 선호하는 선택

   ㄴ. 방향성 선택: 표현형의 분포 범위 안에서 한 쪽 극단에 있는 표현형을 선호하는 선택

   ㄷ. 분단성 선택; 형질의 평균값을 가지는 개체들보다 양극단에 있는 개체들이 더 선호되는 선택

2) 성간선택: 한 성이 다른 성의 특정 형질에 근거하여 배우자를 선택하는 것

   → 성간선택으로 인한 방향성 선택이 일어나 성적이형이 나타나게 됨

3) 아프리카 긴꼬리천인조 수컷의 긴 꼬리 깃털은 생존보다는 번식의 이점 때문에 진화함

출제 예상 주제 2: 자연선택과 유전적 부동에 의한 소진화

1) 소진화: 개체군 내의 대립유전자 빈도의 변화

   → 자연선택이나 유전적 부동에 의해 일어남

   → 소진화가 일어나면 유전적 다양성은 감소함

2) 자연선택: 어떤 특정 유전적 특성을 가진 생물체가 다른 특성을 가진 생물체에 비해 보다 잘 번식하는 과정

3) 유전적 부동: 우연적으로 일어난 개체군 내에서 대립유전자 빈도의 변화

   → 유전적 부동에 의한 소진화는 개체군 크기가 작을 때 일어남

◆ 성적선택

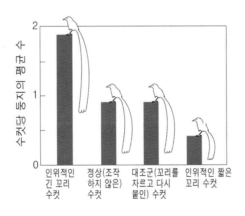

◆ 방향성 선택

(a) 방향성 선택의 양상

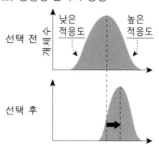

(b) 방향성 선택의 예 (흰털발제비의 몸 크기)

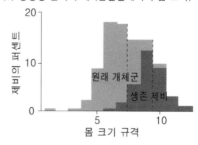

◆ 안정화 선택

(a) 안정화선택의 양상

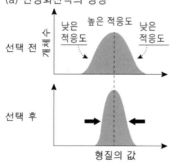

(b) 안정화 선택의 예 (신생아 체중)

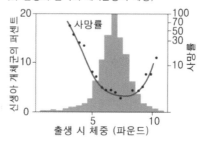

◆ 분단성 선택

(a) 분단성선택의 양상

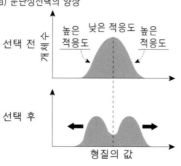

(b) 분단성 선택의 예 (검은배띠밀납부리의 부리 길이)

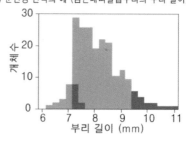

◆ 하디-바인베르크 법칙

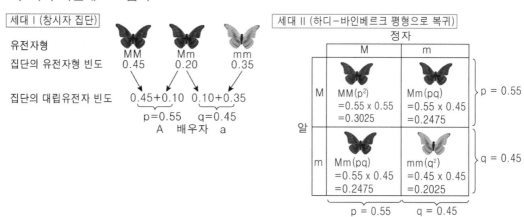

25. 분류의 방법

출제 예상 주제 1: 계통수와 종의 명명법

1) 계통수 분석: 내부군(내집단), 외부군(외군, 외집단), 자매 분류군, 단계통군

   ㄱ. 단계통군: 하나의 공통 조상과 그의 모든 후손

   ㄴ. 내부군: 단계통군으로 예상되는 실제 분석의 대상이 되는 분류군

   ㄷ. 외부군: 내집단의 일원이 아닌 종

   ㄹ. 자매 분류군: 직전의 공통 조상을 공유하는 생물군들

2) 좀 더 진화적인 유연관계가 큰 분류군들일수록 좀 더 최근의 공통 조상을 가지며 유전적 거리가 더 가까움

3) 종의 명명법

   ㄱ. 학명은 린네가 제정한 이명법(속명 + 종소명)을 사용함

   ㄴ. 학명은 라틴어를 사용하며, 속명(첫 글자 대문자) 다음에 종소명(첫 글자 소문자)을 씀

   ㄷ. 속명과 종소명은 이탤릭체로 씀

   ㄹ. 동일한 생물에 학명이 2개 이상일 경우는 최초의 것을 학명으로 함

출제 예상 주제 2: 계통수와 척삭동물의 진화 계통

1) 최대 단순성의 원리: 계통수를 작성할 때 관찰에 대해 여러 가지 해석이 가능할 때 사실과 부합되는 가장 간단한 해석을 채택해야 한다는 원리

2) 계통수 분석: 내부군(내집단), 외부군(외군, 외집단), 자매 분류군, 단계통군

   ㄱ. 단계통군: 하나의 공통 조상과 그의 모든 후손

ㄴ. 내부군: 단계통군의 예상되는 실제 분석의 대상이 되는 분류군
  → 내부군에 속하는 분류군들은 공유파생형질을 공유함

ㄷ. 외부군: 내부군과 관계는 있지만, 내집단의 일원은 아닌 종

ㄹ. 자매 분류군: 직전의 공통 조상을 공유하는 생물군들

3) 척삭동물의 진화 계통

ㄱ. 깃털은 조류에서만 나타나므로 조류의 고유파생형질임

ㄴ. 척수 → 턱 → 허파 → 발톱, 양막 → 유선 순으로 지구상에 출연함

◆ 계통수 해석하는 법

◆ 단계통/다계통/측계통

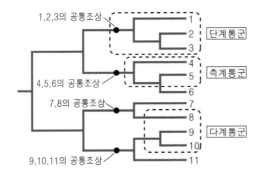

◆ 계통수의 구축

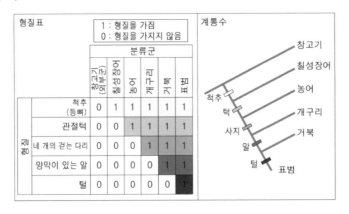

◆ 최대 단순성

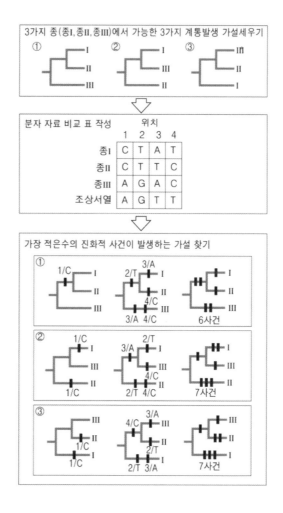

26. 생물의 다양성

출제 예상 주제 1: 원핵생물과 진핵생물의 특성

1) 막성 세포소기관(미토콘드리아) 존재 유무

2) 키틴 - 곰팡이 세포벽 구성 성분

3) 알콜발효 생물 - 효모

4) 항생제 페니실린 생산 생물 - 푸른곰팡이

5) 탄저병 원인균 - 탄저균(코흐가 증명)

출제 예상 주제 2: 고세균과 그람양성균(진정세균)의 세포벽과 세포막 구조의 특성

1) 펩티도글리칸 – 진정세균의 세포벽의 주요 구성 성분

2) 막지질에 존재하는 결합 유형의 비교: 에테르결합(고세균) vs. 에스테르결합(진정세균)

3) 콜레스테롤에 의한 세포막 유동성 조절 – 동물세포

출제 예상 주제 3: 진정후생동물의 계통

1) 동물의 계통

ㄱ. 진정한 조직 가지는지 유무: 해면동물(세포적 체제 수준), 진정후생동물(진정한 조직 있음)

ㄴ. 대칭성: 방사대칭(유즐동물, 자포동물, 극피동물), 좌우대칭(대부분의 3 배엽 동물)

ㄷ. 배엽의 수: 2 배엽성(판형동물, 유즐동물, 자포동물), 3 배엽성(모든 좌우대칭 동물, 극피동물)

ㄹ. 원구가 입이 되는지(선구동물) 혹은 항문이 되는지(후구동물) 여부

출제 예상 주제 4: 후구동물의 계통

1) 후구동물: 극피동물 + 척삭동물문(미삭동물 + 두삭동물, 척추동물)

2) 극피동물은 관족을 가짐

3) 척삭동물문의 공유조상형질: 척삭, 속이 빈 등쪽의 신경다발(신경삭), 인두열, 항문뒤 꼬리

4) 척추동물의 계통: 무악어강(턱 없음), 연골어강, 경골어강, 양서강, 파충강, 조강, 포유강

◆ 그람양성세균/그람음성세균

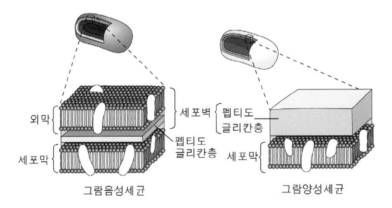

그람음성세균   그람양성세균

◆ 식물 진화의 요약

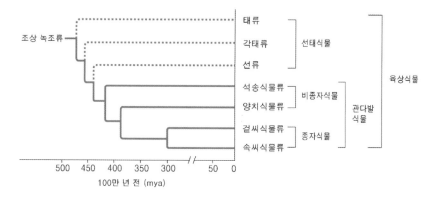

◆ 분자생물학적 사료에 주로 근거한 동물계통수

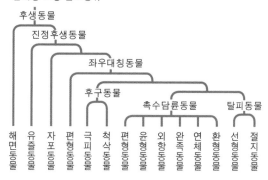

◆ 삼배엽성 동물의 체계

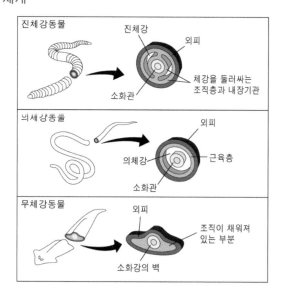

◆ 선구동물과 후구동물

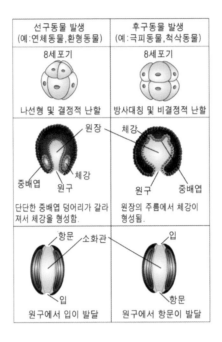

27. 개체군생태학

출제 예상 주제 : 개체군 생존곡선과 생식전략

1) 생존곡선의 유형
   ㄱ. Ⅰ형 생존곡선: 초기 사망률이 낮고 대부분 개체가 자기의 수명을 다하고 죽는 형
     → K−전략종(사람, 고래, 코끼리 등)
   ㄴ. Ⅱ형 생존곡선: 각 연령대에서 사망률이 거의 일정함
   ㄷ. Ⅲ형 생존곡선: 초기 사망률이 높고 소수만 살아남아서 수명이 다할 때까지 생존하는 형
     → r−전략종(굴, 물고기 등)

2) 생식전략의 선택
   ㄱ. r−전략종: 환경변화가 다양하고 예측할 수 없는 곳에 적합
   ㄴ. K−전략종: 환경이 균일하고 예측가능한 곳에 적합

◆ 생존곡선

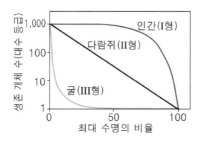

◆ 로지스트형 생장

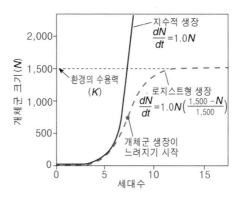

◆ 생활사 전략

특 성	r-선택종	k-선택종
수 명	짧다	길다
성숙 시간	짧다	길다
사망률	보통 높다	보통 낮다
생식 횟수	보통 한 번	보통 여러 번
첫 생식 시기	이르다	늦다
한 배의 새끼 수	보통 많다	보통 적다
산후 부모양육	적거나 없다	종종 아주 많다
자손의 몸집크기	작다	크다
개체군 크기	변동	상대적으로 안정
환경변화에 대한 내성	일반적으로 적음	일반적으로 많음

28. 군집생태학

출제 예상 주제 1: 종간 상호작용 - 경쟁

1) 생태적 지위: 자연환경에서 생물학적, 생리학적 상호작용의 모든 면을 포괄하는 생물들의 역할
   - ㄱ. 기본지위: 경쟁과 같은 요인을 통해 억압되지 않을 때 이용하는 자원(서식지 등)의 범위
   - ㄴ. 실현지위: 자연 상태에서 실제로 이용하는 자원(서식지, 먹이 등)의 범위
     - 실현지위는 기본지위보다 작거나 같음
2) 종간 경쟁의 결과
   - ㄱ. 경쟁배재: 두 종이 공존하지 못하고 두 종 중 한 종이 그 지역에서 사라지게 되는 현상
   - ㄴ. 자원분할: 경쟁하는 한 종 또는 두 종이 생태적 지위를 변화시켜 두 종이 모두 공존하는 현상
3) 군집에서 종의 분포를 제한하는 요인: 환경 구배, 경쟁
   - 어떤 따개비 유생은 건조 스트레스 때문에 조간대 상부에 정착하지 못하고, 다른 따개비 유생은 조간대 하부에는 정착하지 못함

출제 예상 주제 2: 종간 상호작용

1) 도마뱀을 단독 사육할 때와 함께 사육할 때 몸길이와 성장률 비교
   - 경쟁: 함께 사육 시 두 종 모두 성장률과 몸길이가 감소함
   - 중립: 함께 사육 하더라도 두 종 모두 성장률과 몸길이가 단독 사육할 때와 차이가 없음

출제 예상 주제 3: 생태적 천이

1) 육상군집의 1차 천이 과정: 나지 → 개척자 → 초원 → 관목림 → 양수림 → 혼합림 → 음수림
2) 교목림에서 기저부 직경이 작은 나무(키가 작은 나무)는 주로 음지에서 서식하므로 음지식물임
   - → 음지에서도 잘 자라는 음수림이 극상림을 이루게 됨
   - → 양지식물의 유식물은 강한 광선이 내리쬐는 나지에서도 성장할 수 있지만 음지식물의 유식물은 그렇지 못하므로 양지식물이 먼저 숲을 이루게 됨

출제 예상 주제 4: 생태적 천이

1) 1차 천이와 2차 천이
   - ㄱ. 1차 천이: 이전에 군집이 존재하지 않던 곳에서 군집이 정착되는 과정
   - ㄴ. 2차 천이: 이전 군집이 파괴된 곳에서 군집이 새로이 형성되는 과정
     - → 산불이 일어난 삼림 지역에서는 2차 천이가 일어남
2) 육상군집의 1차 천이 과정: 나지 → 개척자 → 초원 → 관목림 → 양수림 → 혼합림 → 음수림
   - → 천이 과정 동안 우점도는 계속 바뀜

→ 우점도: 중요치(상대 밀도 + 상대 빈도 + 상대 피도) 값

3) 천이 과정 동안 군집 특성의 변화

　ㄱ. 초기 단계에는 r-전략종을 주로 볼 수 있고, 후기 단계에는 K-전략종을 주로 볼 수 있음

　ㄴ. 총생물량은 점차 증가함

◆ 종간 상호작용의 유형

종 상호작용의 주된 종류			
상호작용의 종류		종의 영향 1	종의 영향 2
적대적 상호작용	포식(포식자-피식자)	+	−
	초식(식물-초식동물)	−	+
	기생(기생자/병원체-숙주)	+	−
상리공생		+	+
경쟁		−	−
편리공생(편리공생자-숙주)		+	0
편해공생		0	−

◆ 빙퇴석에서의 1차 천이

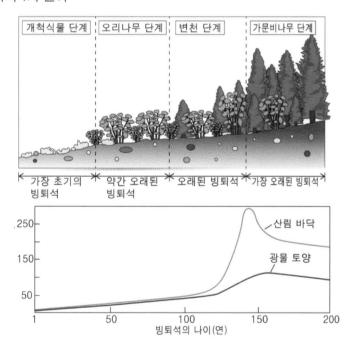

◆ 종다양성

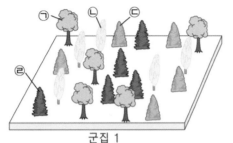

군집 1
ㄱ: 25% ㄴ: 25% ㄷ: 25% ㄹ: 25%

군집 2
ㄱ 80% ㄴ: 5% ㄷ: 5% ㄹ: 10%

◆ 2차 천이

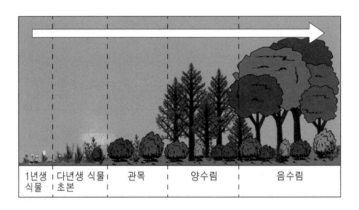

| 1년생
식물 | 다년생 식물
초본 | 관목 | 양수림 | 음수림 |

29. 생태계

출제 예상 주제 1: 총1차생산량과 순1차생산량

1) 총1차생산량과 순1차생산량

　ㄱ. 총1차생산량: 어떤 특정 지역에서 일정한 시간 동안 식물에 의해 포획된 에너지 총량

　ㄴ. 순1차생산량: 총1차생산량 중 식물이 소비한 에너지를 제외한 에너지

출제 예상 주제 2: 생태 피라미드

1) 생태 피라미드: 생산자를 밑에 놓고 영양단계 순으로 소비자를 쌓아 올려 영양 구조를 그림으로
　나타낸 것

　ㄱ. 유형: 개체수 피라미드, 생물량 피라미드, 에너지 피라미드

　ㄴ. 특성: 에너지 피라미드는 거꾸로 될 수 없음

2) 수생 생태계의 경우 생물량 피라미드가 거꾸로 될 수 있음

출제 예상 주제 3: 질소순환

1) 질소고정: 질소고정세균에 의해서 대기 중의 N_2를 NH_4^+로 전환시키는 과정
   - 육상생태계: 콩과 식물 뿌리혹 박테리아(리조비움 세균)
   - 수생생태계: 남세균
      → 연간 고정되는 질소의 양은 육상생태계가 수생생태계보다 높음
      → 대기 중 가장 높은 농도로 존재하는 기체 분자는 N_2임
2) 암모니아화: 분해자에 의해서 유기질소를 NH_4^+로 전환시키는 과정
3) 질산화: 질산화세균에 의해서 NH_4^+를 질산염(NO_3^-)으로 전환시키는 과정
4) 탈질화: 탈질화세균에 의해서 NO_3^-를 N_2으로 전환시키는 과정

◆ 순생산량 피라미드

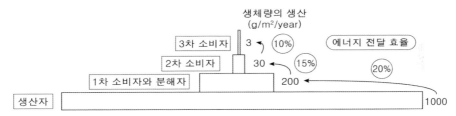

◆ 질소순환

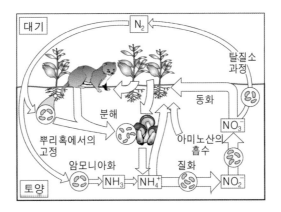

30. 생물지리학

출제 예상 주제 1: 육상생물군계

1) 육상 생물군계: 연평균 강수량과 연평균 기온과 같은 기후 요인에 의해 달라짐
   → 저위도에서 고위도로 열대우림 → 열대사막 → 초원 → 온대림 → 북방 침엽수림 → 툰드라 → 빙하 순으로 분포해 있음

2) 육상 생물군계의 유형
   ㄱ. 열대림: 연평균기온이 높고 연평균강수량이 많음, 종다양성이 가장 크고 생산력이 가장 높음
   ㄴ. 온대림: 더운 여름과 추운 겨울이 뚜렷이 구별됨, 낙엽활엽수가 우점종임
   ㄷ. 북방침엽수림: 겨울이 길고 추우며 여름은 짧음, 상록침엽수가 많음, 종다양성 낮음

출제 예상 주제 2: 저위도 지역의 대기 순환, 육상생물군계

1) 저위도 지역의 대기 순환
   ㄱ. 적도 부근은 많은 태양에너지로 인한 해수의 증발로 습도가 높고 공기가 따뜻해져 상승함
      → 따뜻하고 습한 공기가 상승하면서 차가워져 많은 비를 내림
      → 열대우림 형성함
   ㄴ. 적도 지역에서 상승한 공기는 북위나 남위도 30° 지역에서 하강함
      → 차갑고 건조한 공기가 하강하면서 따뜻해지고 습기를 흡수함
      → 열대사막 형성함

2) 육상 생물군계: 연평균 강수량과 연평균 기온과 같은 기후 요인에 의해 달라짐
   → 저위도에서 고위도로 열대우림 → 열대사막 → 초원 → 온대림 → 북방 침엽수림 → 툰드라 → 빙하 순으로 분포해 있음

3) 육상 생물군계의 유형
   ㄱ. 열대림: 연평균기온이 높고 연평균강수량이 많음, 종다양성이 가장 크고 생산력이 가장 높음
   ㄴ. 온대림: 더운 여름과 추운 겨울이 뚜렷이 구별됨, 낙엽활엽수가 우점종임
   ㄷ. 북방침엽수림: 겨울이 길고 추우며 여름은 짧음, 상록침엽수가 많음, 종다양성 낮음
   ㄹ. 사막(열대사막): 북위도와 남위도 30° 지역에 나타남, 연평균 강수량은 매우 적지만 연평균 기온은 높음
   ㅁ. 툰드라: 북극 고위도에 존재함, 이끼류, 초본, 난쟁이 관목이 우점함

4) 분해를 제한하는 요인: 온도
   - 열대우림은 연평균 기온이 높으므로 유기물이 빨리 분해되어 낙엽층이 얇음
   - 북방침엽수림은 연평균 기온이 낮으므로 유기물이 느리게 분해되어 낙엽층이 두꺼움
   → 지표면에 퇴적되어 있는 낙엽층의 두께는 북방 침엽수림이 열대우림보다 두꺼움

◆ 대기순환과 기후

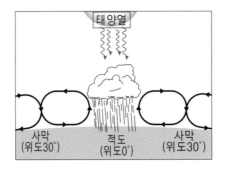

◆ 북반구의 육상생물군계

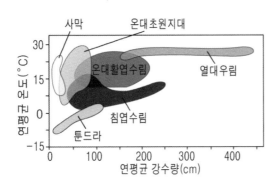

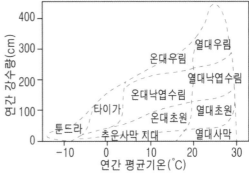

Critical 포인트 생 물

초 판 발 행   2021년 4월 28일
전면개정2판발행   2022년 3월 15일
전면개정3판발행   2024년 3월 5일

저   자 박   윤
발 행 인 정 상 훈
발 행 처 고시계사

서울특별시 관악구 봉천로 472
코업레지던스 B1층 102호 고시계사

대 표 817-2400   팩 스 817-8998
考試界 · 고시계사 · 미디어북 817-0419
www.gosi-law.com
E-mail : goshigye@chollian.net

정가 35,000원   ISBN 978-89-5822-640-6   13470

법치주의의 길잡이 70년 月刊 考試界

2025
Critical Point Biology

Critical
포인트 생 물

필기노트

박 윤 저

고시계사
THE GOSHIGYE

Contents

Critical

포인트 생물

-필기노트-

Biology

Ch 1. 세포

* 현미경

   해상력 (분해능)

1. 광학 (살아있는) : 가시광선 → 표면   0.2μm   3rd

2. 전자 (죽은) : 전자선 ┬ 투과 : 내면   0.2nm   1st

                 └ 주사 : 외면, 3차원 구조   50nm   2nd

                                미세구조 관찰에 적합

＊ 세포분획

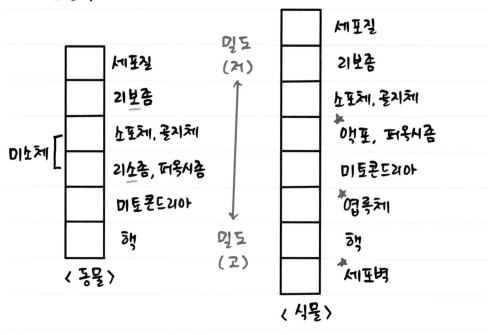

	세포질
	리보좀
미소체 {	소포체, 골지체
	리소좀, 퍼옥시좀
	미토콘드리아
	핵

〈동물〉

밀도
(저)

↑

↓

밀도
(고)

	세포질
	리보좀
	소포체, 골지체
☆	액포, 퍼옥시좀
	미토콘드리아
☆	엽록체
	핵
☆	세포벽

〈식물〉

✱ 원핵세포

박테리아 (의 변성), 세균

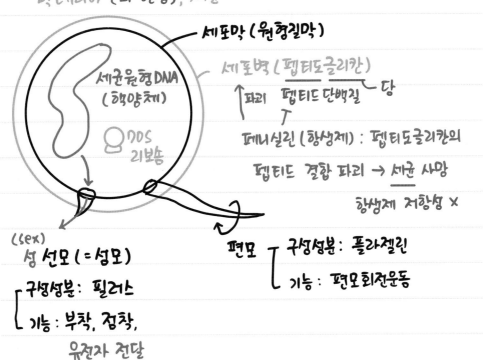

세포막 (원형질막)

세균원형DNA
(핵양체)

DDS
리보솜

세포벽 (펩티도글리칸)

↑파괴 펩티드 단백질 ── 당
        ┬
페니실린 (항생제) : 펩티도글리칸의

펩티드 결합 파괴 → 세균 사망

항생제 저항성 ✕

(sex)
성 선모 (=성모)

┌ 구성성분: 필러스
└ 기능 : 부착, 점착,
         유전자 전달

편모 ┌ 구성성분: 플라젤린
     └ 기능 : 편모회전운동

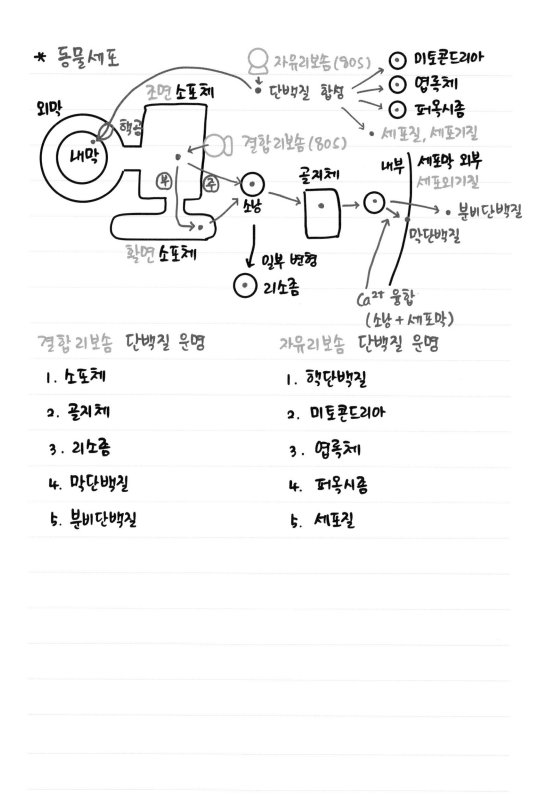

＊ 동물세포

자유리보솜(80S)
⊙ 미토콘드리아
⊙ 엽록체
⊙ 퍼옥시좀

단백질 합성

• 세포질, 세포기질

외막

조면 소포체

핵공

내막

결합리보솜(80S)

내부 **세포막 외부**
세포외기질

부 주

소낭

골지체

• 분비단백질

활면 소포체

막단백질

일부 변형
⊙ 리소좀

Ca²⁺ 융합
(소낭 + 세포막)

결합리보솜 단백질 운명

1. 소포체

2. 골지체

3. 리소좀

4. 막단백질

5. 분비단백질

자유리보솜 단백질 운명

1. 핵단백질

2. 미토콘드리아

3. 엽록체

4. 퍼옥시좀

5. 세포질

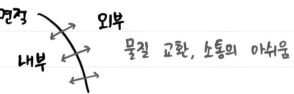

	원핵 (r=1)		진핵 (r=10)
구 면적: $4\pi r^2$ →	4π	×100 →	400π
부피: $\frac{4}{3}\pi r^3$ →	$\frac{4}{3}\pi$	×1000 →	$\frac{4000}{3}\pi$

부피증가에 비해 면적증가 ↓

면적 → 외부
내부 →

물질 교환, 소통의 아쉬움

진핵 : 내막계 발달

ex. 소포체막
    골지체막
    리소좀막
    핵막
    퍼옥시좀막

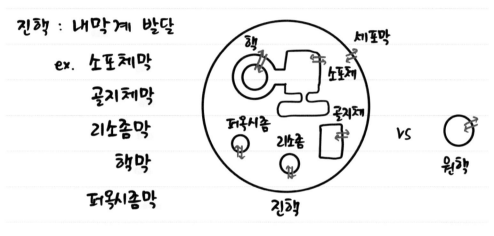

핵   세포막   소포체   골지체   퍼옥시좀   리소좀   진핵   VS   원핵

* 핵

1. 염색질 = DNA + 히스톤 단백질

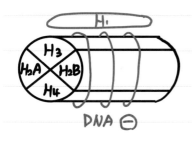

$\ominus$ $\oplus$ ex. 양전하 아미노산 (리신)

DNA $\ominus$

$\left.\begin{array}{l} H_2A \\ H_2B \\ H_3 \\ H_4 \end{array}\right\} \times 2 = 8량체$

$H_1 \times 1 = 단량체$

→ 기능

DNA 안정화

DNA 수명 ↑

DNA 응축

2. 핵공 : 8량체 (핵공복합체)

물질이동

ex. 자유리보솜 단백질

→ 전사인자 핵 단백질

3. 인 (비막성) ☆☆

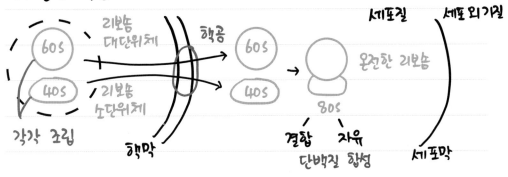

리보솜 대단위체   핵공   60S   세포질   세포 외기질

40S   리보솜 소단위체   40S   온전한 리보솜

각각 조립   핵막   결합 자유   80S   세포막

단백질 합성

인 ┬ 간기 (G₁, S, G₂) 관찰 O

  ├ 분열기 (전기) 소멸 관찰 X

  └ " (말기) 재형성 관찰 O

cf. 원핵

50S   70S

30S

중후 말

전 G₂ S G₁

* 조면 vs 활면 ✦

1. 조면

절단

결합리보솜

↓ 접힘(샤페론)

당 첨가

· 단백질 변형(가공)

a. 절단

b. 접힘

c. 당화

d. 이황화결합

2. 활면

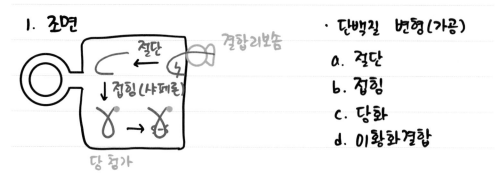

시토크롬 P450 Ca^{2+} 저장

a. 단백질 가공 : 못 함!

b. 지질 합성 ┌ 포화지방 $\xrightarrow{변형}$ 불포화지방

└ 포화지방 길이 신장

c. 해독 : 지용성 $\xrightarrow{\text{P450 시토크롬}}$ 수용성

누적 : 독   배설 : 무독

d. Ca^{2+} 이온 저장

e. 당 대사

ex. G6P $\xrightarrow[\text{G6Pase}]{\quad ⓟ \quad}$ Glucose ↑

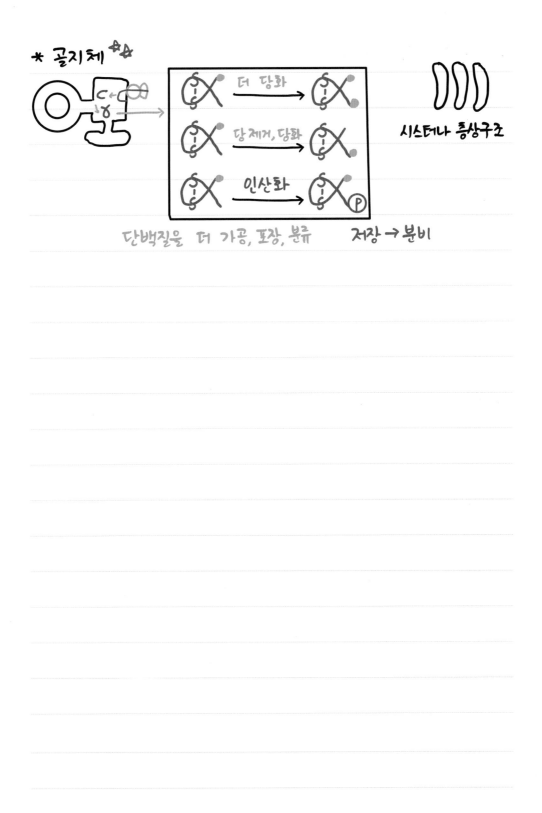

* 골지체 ☆☆

더 당화

당 제거, 당화

인산화

시스터나 등상구조

단백질을 더 가공, 포장, 분류

저장 → 분비

* 리소좀 (동물) : 분해, 소화✿   골지체, 일부 소포체에서 생성

1. 효소 ⟩ 산성환경 - 가수분해효소

2. 분해효소

3. 50여 가지

4. 기능 : 분해, 소화

    a. 타가 분해 : 세균

    b. 자가 분해 : 자신의 세포소기관

5. 관련질병 구분 ↙

    a. 폼페씨병 : 글리코겐 분해효소 결핍 → 간 세포 글리코겐 누적

       vs   → 간 세포 터짐, 기능 저하

    b. 테이삭병 : 지질 분해효소 결핍 → 뇌 세포 지질 누적

       → 뇌 세포 터짐, 기능 저하

효소   산성환경
H⁺↑
pH↓

생체에너지 ATP

H⁺↓

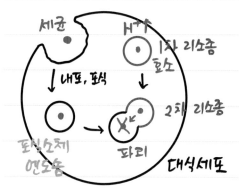

세균

H⁺↑

1차 리소좀
효소

↓ 내포, 포식

2차 리소좀

포식소체
엔도좀

파괴

대식세포

* 액포 (식물) : 분해, 소화 + 저장

1. 효소   산성환경 - 가수분해효소

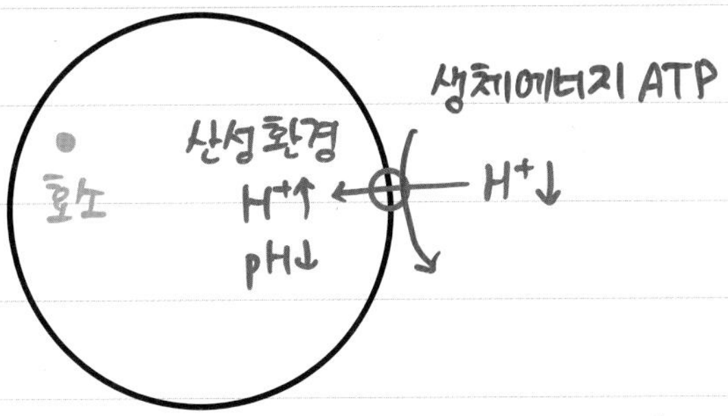

2. 분해효소

3. 50여 가지   생체에너지 ATP

4. 분해, 소화   산성환경
                              H⁺↑ ←⊕— H⁺↓
5. 저장 (추가)   효소   pH↓

   a. H₂O (수분)   성숙↑, 나이↑ → 액포 크기↑

   b. 노폐물

   c. 양분 (설탕)

   d. 이온

   e. 색소

   f. 방어물질 (독성물질)

* 미토콘드리아 ✿✿✿

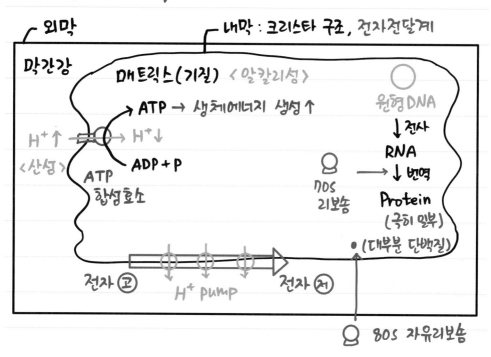

외막

내막 : 크리스타 구조, 전자전달계

막간강

매트릭스(기질) 〈알칼리성〉

ATP → 생체에너지 생성 ↑

H⁺↑ ═══ ⊕ → H⁺↓

〈산성〉   ADP + P

ATP
합성효소

원형DNA

↓전사
RNA
→ ↓번역
Protein
(극히 일부)

• (대부분 단백질)

70S
리보솜

전자 ⓖ   H⁺ pump   전자 ⓙ

☻ 80S 자유리보솜

* 엽록체

이중막, 크리스타 구조 X   80S 리보솜

대기   ┌ 외막 ┌ 내막   ┌ 막간강 발달X

스트로마 (기질)   ● 대부분 단백질

CO₂   암반응   원형 DNA 복제   70S 리보솜 자체 단백질 합성
      캘빈회로   ↓ 전사
"낮"   RNA
포도당   ↓ 번역   그라나
당 합성   Protein   틸라코이드 내강
ex. 녹말 저장   (극히 일부)   "낮"   명반응

                     ADP + P
                     H⁺↓ ← ⊕ ⊏⊐ → H⁺↑   H⁺ pump

                     ATP

                                            전자 고↑   전자 저↑   NADPH
                                            빛 ─ 빛
                                            680nm 700nm

                            틸라코이드막 : 전자전달계 O

* 퍼옥시좀 ✻

1. 엽록체 or 미토콘드리아 근처

2. 해독 ✻

   a. 카탈라제 $2H_2O_2 \rightarrow 2H_2O + O_2$

          과산화수소, 독성↑   독성↓

   b. 퍼옥시다제 $H_2O_2 + R \cdot H_2 \rightarrow 2H_2O$

* 중심체 ✻

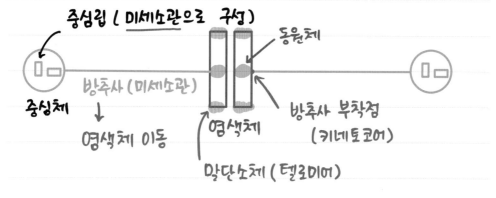

세포골격

중심립 (미세소관으로 구성)

동원체

중심체

방추사 (미세소관)
↓
염색체 이동

방추사 부착점
(키네토코어)

염색체

말단소체 (텔로미어)

* 세포골격 ★★★

미세섬유	중간섬유	미세소관
액틴 ATP	상피: 케라틴	α, β 튜불린 GTP
구형	결합: 비멘틴	구형
· 운동	핵 : 라민	
근육 수축, 이완	선형	
아메바 (위족) 운동	· 고정	
세포질 ⌐ 유동		
└ 분열		
(수축환 형성)		

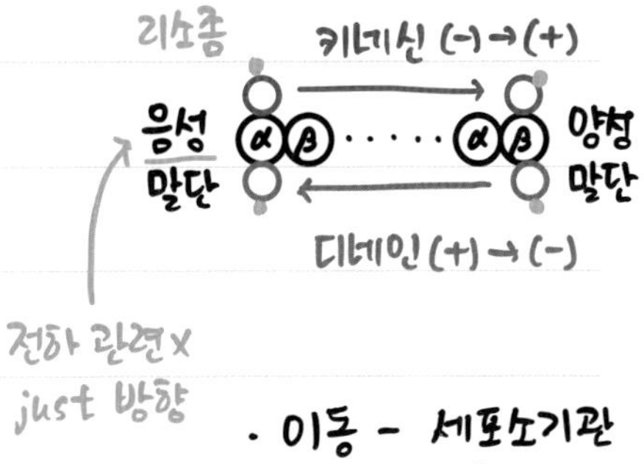

리소좀

키네신 (−) → (+)

음성 말단 ⓐⓑ·····ⓐⓑ 양성 말단

디네인 (+) → (−)

전하 관련 X
just 방향

· 이동 − 세포소기관
　　　　　염색체
　　　　　⋮

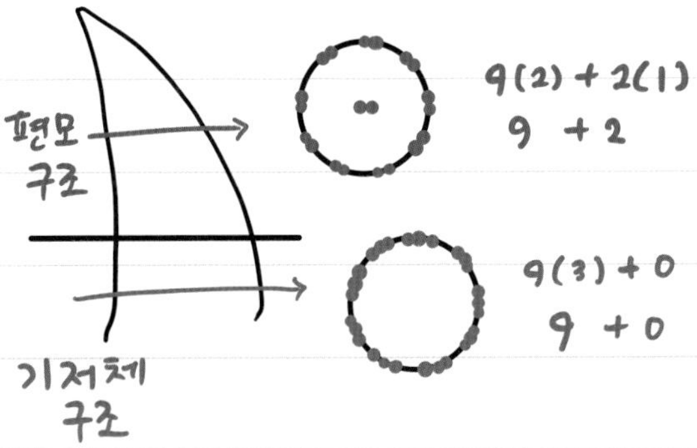

편모
구조 →

9(2) + 2(1)
9 + 2

기저체
구조 →

9(3) + 0
9 + 0

* 식물세포벽

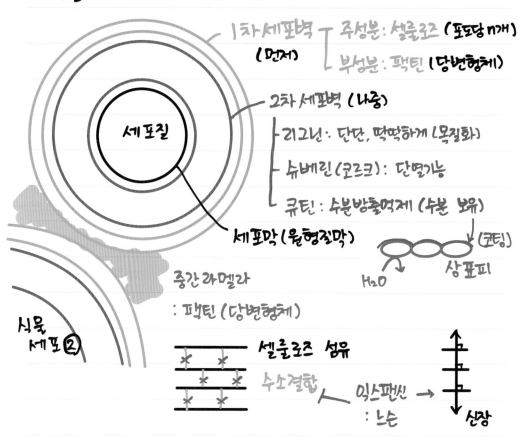

1차세포벽 ┬ 주성분 : 셀룰로즈 (포도당 n개)
(먼저)   └ 부성분 : 팩틴 (당변형체)

2차 세포벽 (나중)

├ 리그닌 : 단단, 딱딱하게 (목질화)

├ 슈베린 (코르크) : 단멸기능

└ 큐틴 : 수분방출억제 (수분 보유)

세포질

세포막 (원형질막)

중간 라멜라
: 팩틴 (당변형체)

식물
세포②

H₂O ← (코팅)
상표피

셀룰로즈 섬유

수소결합 — 익스팬신 → 신장
: 느슨

*세포연접 **3가지 :** **동물세포** ∞ **소장상피세포**

a. 밀착연접

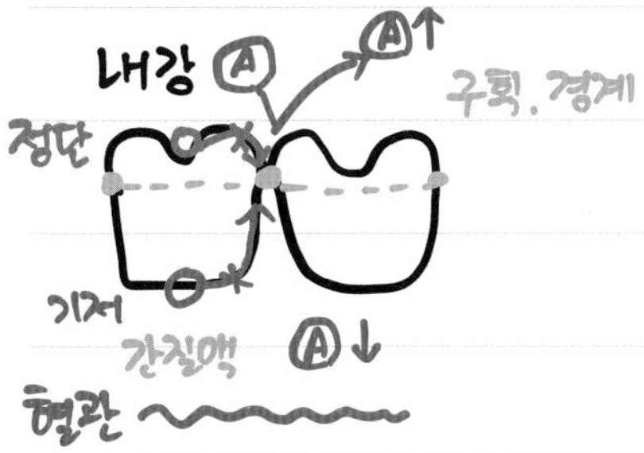

내강 Ⓐ Ⓐ↑ 구획, 경계

정단

기저

간질액 Ⓐ↓

혈관 〜〜〜〜〜〜

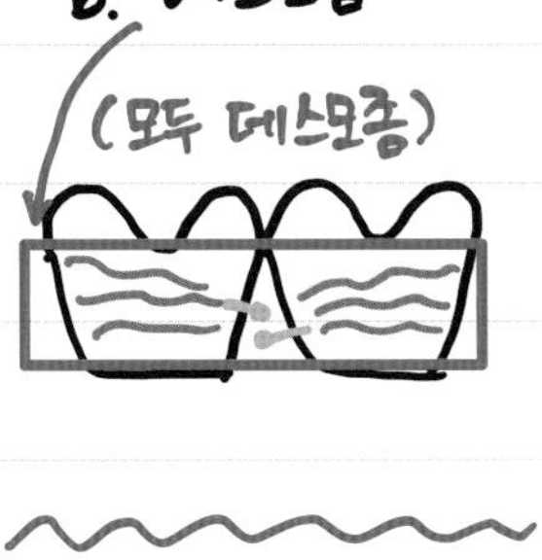

b. 데스모좀

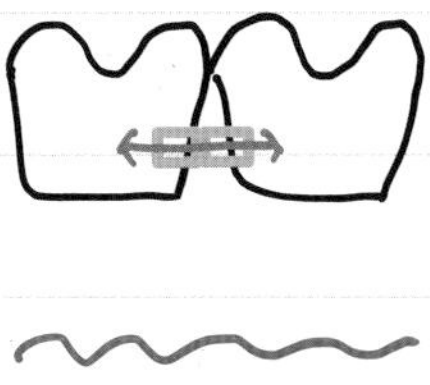

(모두 데스모좀)

〜〜〜〜〜〜〜

c. 간극연접

〜〜〜〜〜〜

위치 :	정단	중간	기저
구성 :	오클루딘, 클라우딘	카드헤린, 중간섬유(케라틴)	코넥신×6= 코넥손
기능 :	물질이동제한,	연결, 부착 고정 (당기는 힘 견딤)	물질이동(小)
	막단백질 유동성 제한		(식물의 원형질연락사는 물질이동 大)

cf.

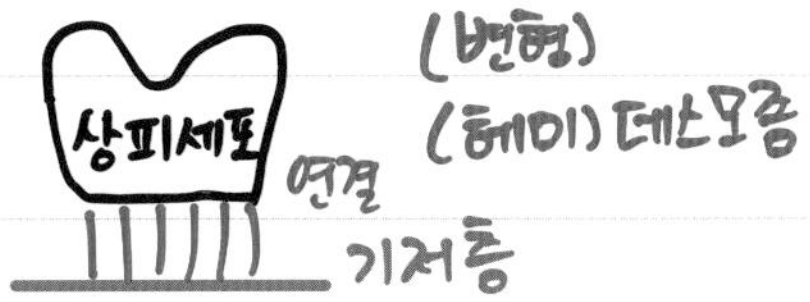

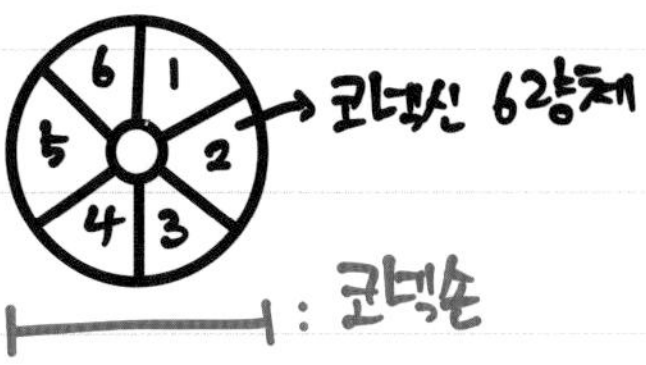

상피세포 (변형)
연결 (헤미)데스모좀
기저층

코넥신 6량체

⊢──────┤ : 코넥손

✱ 비교	원핵 (원형 DNA)	진핵 (선형 DNA)
핵 (막)	X	O
세포골격	X	O
세포소기관	X	O
리보좀	70S	80S
항생제 (페니실린)	사망 저항성↓	생존 저항성↑
인트론, 히스톤	X	O
RNA 중합효소	1	여러 가지

Ch 2. 세포막을 통한 물질수송

* 유동 모자이크 모델 ☆

단백질 < 당
프로테오글리칸
콜라겐

전하 ⊕ ⊖
친수성 물질   피브로넥틴 (연결)   당지질   소수성 물질
외부   ㅇㅇㅇ 당단백질

인지질 이중층
(양친매성)

(친수성)
인
지방산
(소수성)

세포막 비대칭유발

내
재
성
ptn

주변 표재성 ptn

내부   미세섬유(액틴)
: 지지

	외부	내부
당	O	X
피브로넥틴	O	X
프로테오글리칸	O	X
콜라겐	O	X
미세섬유	X	O

✱ 세포막의 주성분

ㄱ. 인지질

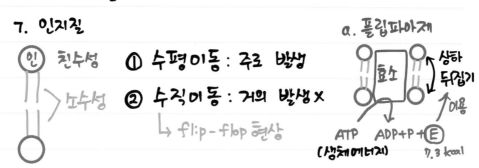

인 친수성

① 수평이동 : 주로 발생

② 수직이동 : 거의 발생 X
  ↳ flip-flop 현상

노수성

a. 플립파아제

효소

상하 뒤집기
이용

ATP   ADP+P + Ⓔ
(생체에너지)   7.3 kcal

ㄴ. 콜레스테롤 (양친매성)

a. 육각 고리 3 ⎫ 노수성 부여

b. 오각 고리 1 ˅ (함량)

c. OH 有 → 친수성 부여

d. 함량 多 : 안정성↑ (유↓)
       少 : 유동성↑ (안↓)

	세포벽	세포막 (콜레스테롤)
e.		
동물세포	X	O 있다 (함량↑ 20~25%)
식물세포	O	O 거의X (少%)
균류	O	O 거의X (1%)

＊수동수송 고→저, 에너지 X

　　├ **단순확산: 막단백질 요구X**　　　고↓저　── 세포막

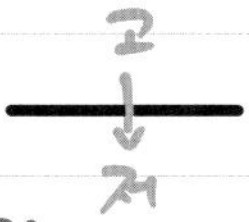

　　│　　ex. 기체 (O_2, CO_2), 소수성 물질

　　└ **촉진확산: 막단백질 요구O** ┬ **통로 (채널)** ─고↓저─ 포화X

　　　　(막관통영역 : α-나선구조) │　　ex. Na^+, Ca^{2+}

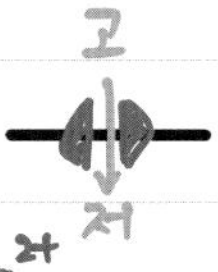

　　　　　　　　　　　　　　　　　 └ **운반체 (캐리어)** ─고↓─●●─↓저─ 포화O

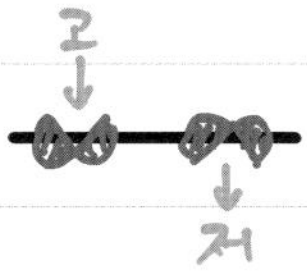

　　　　　　　　　　　　　　　　　　　　ex. 포도당

* 능동수송 ~~수송~~ 저→고, 에너지 O

┌ 1차 능동 에너지 (ATP)

│   ex. $Na^+ - K^+$ pump (ATPase) K^+↑ Na^+↓   ATP*

│ K^+↓ ⤴ Na^+↑   뉴런세포막 多

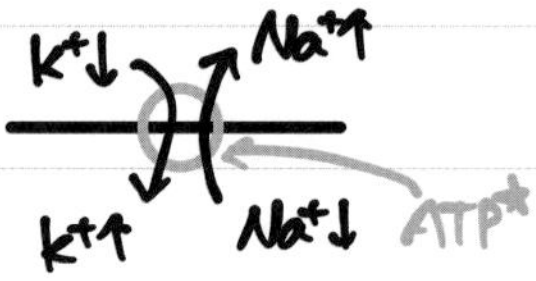

└ 2차 능동 에너지 (ATP 이외의 에너지)

    H^+ 위치E, H^+ 의존성 설탕 pump

    (H^+ 농도기울기 이용)

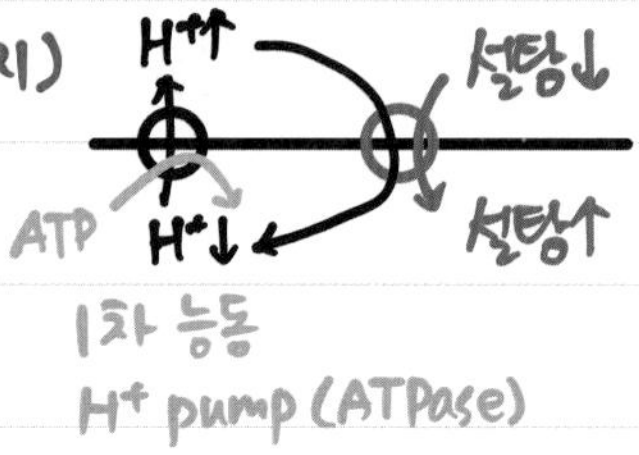

H^+↑   설탕↓

ATP H^+↓   설탕↑

1차 능동
H^+ pump (ATPase)

* 삼투현상

cf. 용액 = 용질 + 용매

이동　　H2O 이동
〈 수동　　수동
　 능동

A지역　H2O 이동　B지역
용질 (저) --→ 용질 (고)
　　　　　　　　└ 희석
　　　　　　　　　↓
반투과성막　　　평형농도
〈 용매 : 투과 O
　 용질 : 투과 X

* 삼투압

삼투압 = $\underline{C} \cdot R \cdot T$ 절대온도
　　π　　몰 농도 기체상수

C↓　　C↑
π↓ ─→ π↑
　　H2O

삼투압
낮은 곳에서
높은 곳으로
물이 이동

＊삼투실험

　　동물 (적혈구)

　　　부피비교 : 저장액 < 고장액 < 등장액＊
　　　　　　　<u>~~용혈~~</u>

　　식물 : 세포벽 有 → 터지지 않는다

　　　부피비교 : 저장액 > 등장액 > 고장액＊
　　　　　　　<u>~~팽윤~~</u>　　　　　<u>~~원형질막 분리~~</u>

* 내포작용 (endocytosis)

1. 식세포 (식균) 작용 : 큰 물질을 내포

　　ex. 세균, 콜레스테롤, 철

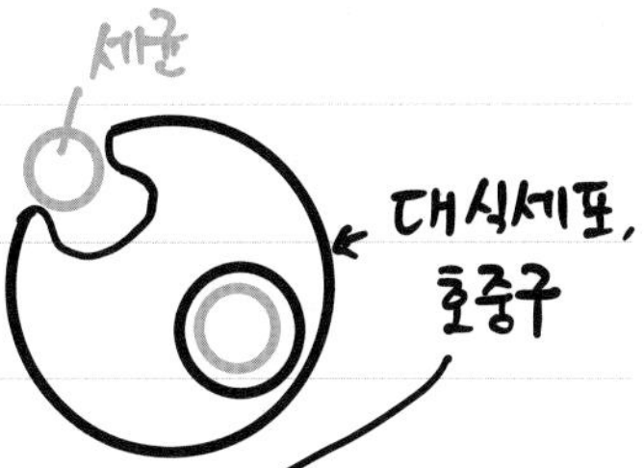

세균
대식세포,
호중구

2. 음세포 작용 : 작은 물질 내포

3. 수용체 매개 내포작용

　　ex. LDL 수용체 매개 내포작용

　　저밀도 지질단백질

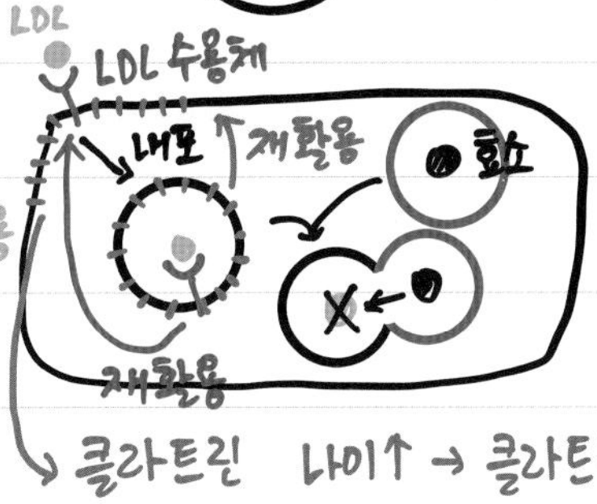

LDL
LDL 수용체
내포　재활용
효소
X
재활용

클라트린　　나이↑ → 클라트린 기능 저하

　　　　　　　1. LDL 수용체 안정화↓

* 외포작용

　　ex. 이자 α 세포 : 글루카곤 <u>분비</u>

　　　　이자 β 세포 : 인슐린 <u>분비</u>

　　　　　　　2. 내포↓ ⌈ 혈중 LDL (지질) 누적
　　　　　　　　　　　⌊ 동맥 막힘 (동맥 경화)

Ch 3. 물질대사와 효소

* 효소의 구성 *

전효소 = 주효소 + 보조인자 ⌈ 유기물 ex> NAD⁺, FAD, CoA
            단백질   비단백질 ⌊ 무기물 ex> Fe^{2+}, Cu^{2+}, Mg
                                  C 탄소   (조효소A)
                                    금속

             — 영구적 결합 (아주 강함)
cf. 주효소 ⊕ 보조인자 → 비가역적 결합, 공유결합 *
    마치 하나처럼 행동 → 보결분자단 (체)

* 효소의 기능

Ea (활성화에너지) : 반응을 일으키기 위한 최소한의 E

$\rightarrow \Delta G$ = 생성물E - 반응물E

$\therefore \Delta G < 0 \rightarrow$ 자발적 반응, 발열 반응

효소✗ ┐ Ea↑ : E가 많아야 최종생성물을 만든다

└ ΔG 일정 → 최종생성물양 ←

효소○ Ea↓ : E가 조금만 있어도 최종생성물을 만든다 (동일)

ΔG 일정 → 최종생성물양 ←

＊ 효소의 특성 - 기질 특이성

1. key & lock

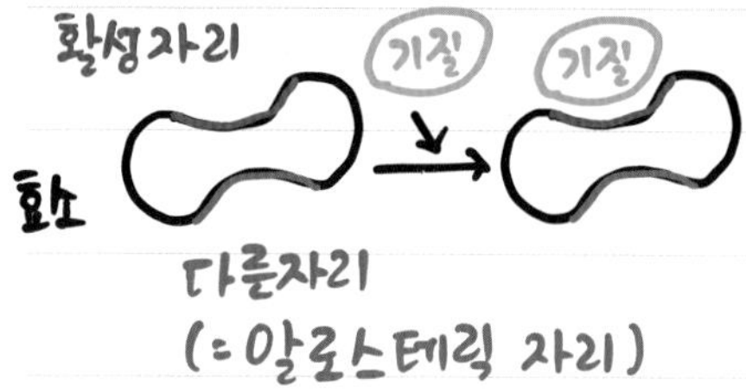

활성자리

기질 → 기질

효소

다른자리
(=알로스테릭 자리)

2. Induced fit (유도 적합)

효소의 활성자리가 약간 변형 (유도)

기질 → 기질

* 효소에 영향을 미치는 요인

주성분: 단백질

1. 온도

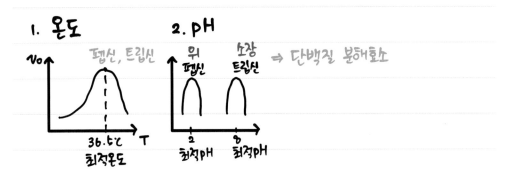

펩신, 트립신

v_0

36.5℃
최적온도

2. pH

위
펩신

소장
트립신

⇒ 단백질 분해효소

최적pH   최적pH

3. 기질의 농도

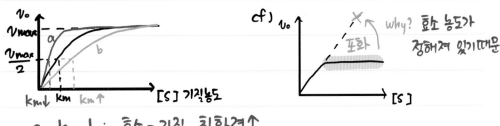

v_0

v_{max}

$\dfrac{v_{max}}{2}$

a

b

km↓ km km↑

[S] 기질농도

cf) v_0

✗

포화

why? 효소 농도가
정해져 있기때문

[S]

a. km↓ : 효소-기질 친화력↑

b. km↓ : 효소-기질 친화력↓

＊ 반응 억제자 ★

- 비가역적 (공유): 붙으면 떨어지지 X
  강한 결합

- 가역적 (비공유): 붙었다 떨어졌다 가능 ex. 수소결합
  약한 결합

1) 경쟁적 억제제 - 기질↑ → 경쟁적 억제제의 억제효과↓
  활성자리 두고 경쟁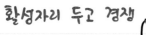

2) 비경쟁적 억제제 - 기질↑ → 비경쟁적 억제제의 억제효과 =

  변형
  다른자리 ● 비경쟁적 억제제

Ch 4. 세포호흡 전자 잃음(산화) = 수소 잃음, 산소 얻음

$$A + B \longrightarrow A^+ + B^-$$

전자 얻음(환원) = 수소 얻음, 산소 잃음

* ATP 생성 기작

1. 기질수준 인산화

효소
ADP
활성자리 기질 ⓟ

인산기 전달(인산화) → ATP

a. 신속 ⎞ 해당과정 (1단계)

b. 소량 ⎠ TCA과정 (3단계)

cf. 2단계 ⎡ 기질수준 인산화 x ⎤ ATP x
         ⎣ 산화적 인산화 x   ⎦

2. 화학삼투 인산화

막간강 ⓒ ↑ H^+ pump → H^+↑

내막   전자

전자전달계 ⓐ   ATP 합성효소

DH트릭스   ADP+ⓟ H^+↓   ATP

a. 느림 ⎞ 산화적 인산화
b. 다량 ⎠ (4단계)

＊세포 호흡의 전체 과정

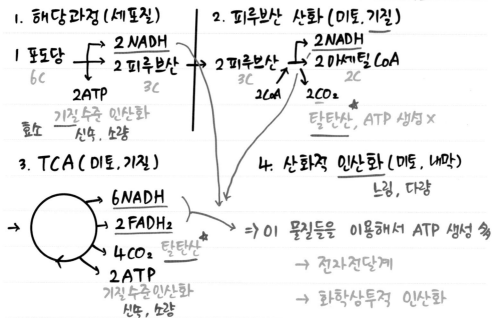

매트릭스

1. 해당과정 (세포질)

1 포도당 $\overset{\displaystyle \longrightarrow\ \text{2 NADH}}{\underset{\displaystyle 2ATP}{\longrightarrow\ \text{2 피루브산}}}$

6C   3C

효소   기질수준 인산화

신속. 소량

2. 피루브산 산화 (미토.기질)

2 피루브산 $\overset{\displaystyle \longrightarrow\ \text{2 NADH}}{\underset{\displaystyle 2CO_2}{\longrightarrow\ \text{2 아세틸 CoA}}}$

3C   2CoA   2C

탈탄산, ATP 생성 ×

3. TCA (미토, 기질)

→ ○ $\longrightarrow$ 6NADH

→ 2FADH₂

→ 4CO₂   탈탄산＊

→ 2ATP

기질수준인산화

신속, 소량

4. 산화적 인산화 (미토, 내막)

느림, 다량

⇒ 이 물질들을 이용해서 ATP 생성 多

→ 전자전달계

→ 화학삼투적 인산화

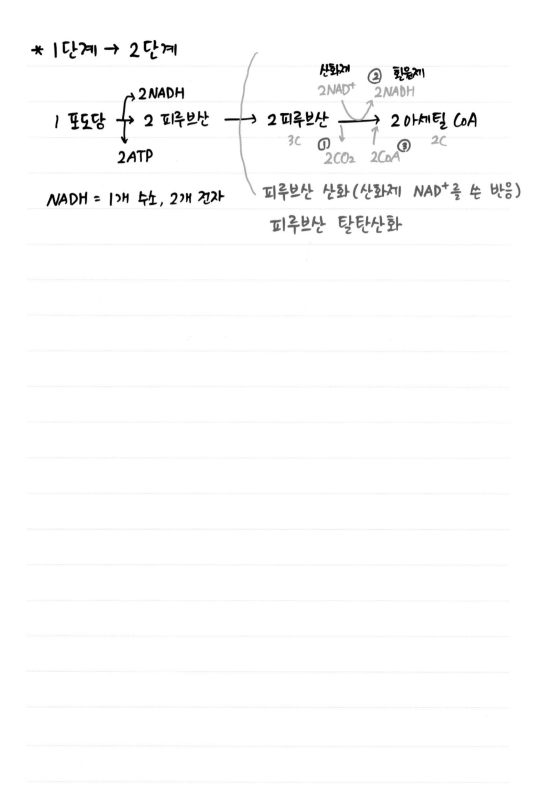

* 1단계 → 2단계

$$1 \ 포도당 \begin{cases} \nearrow 2NADH \\ \to 2 \ 피루브산 \\ \searrow 2ATP \end{cases} \to$$

$$\underset{3C}{2 \ 피루브산} \xrightarrow[\underset{①}{\downarrow} \ \underset{2CO_2}{} \ \underset{2CoA}{\uparrow} \ \underset{③}{}]{산화제 \ 2NAD^+ \quad ② \ 환원제 \ 2NADH} \underset{2C}{2 \ 아세틸 \ CoA}$$

NADH = 1개 수소, 2개 전자

피루브산 산화 (산화제 NAD$^+$를 쓴 반응)
피루브산 탈탄산화

＊3단계 : TCA 회로 → 4 CO_2, 6 NADH, 2 $FADH_2$, 2 ATP

옥살초산 4C

시트르산 6C

이소시트르산 6C

α-케토글루타르산 5C

숙시닐 CoA 4C

숙신산 4C

푸마르산 4C

말산 4C

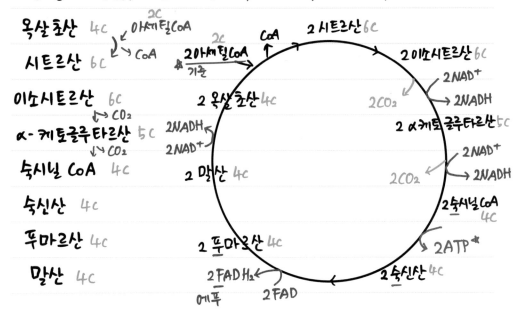

* 4단계

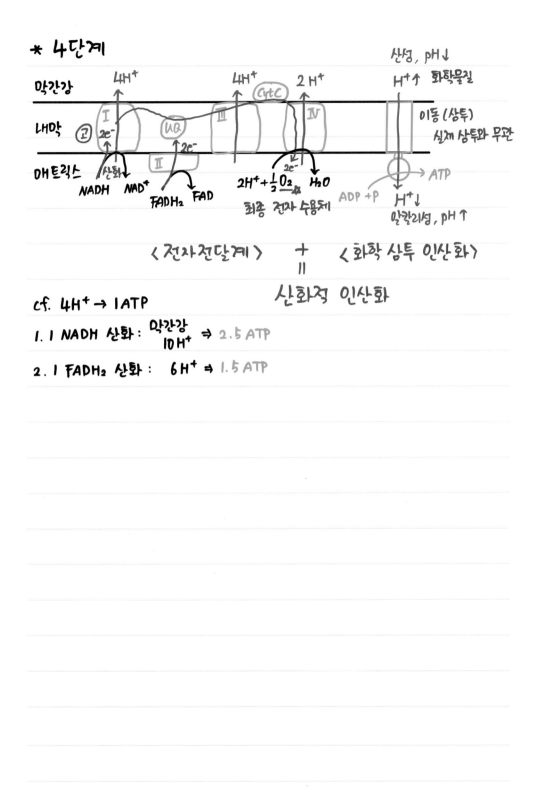

$$\langle 전자전달계 \rangle \quad + \quad \langle 화학 삼투 인산화 \rangle$$
$$=$$
$$산화적 \ 인산화$$

cf. $4H^+ \Rightarrow 1 ATP$

1. 1 NADH 산화 : 막간강 $10 H^+ \Rightarrow 2.5 ATP$

2. 1 $FADH_2$ 산화 : $6 H^+ \Rightarrow 1.5 ATP$

	기질수준 인산화	NADH	FADH₂ 산화적 인산화
해당	2 ATP	2	X
산화	X	2	X
TCA	2 ATP	6	2
산화적 인산화	X	= 10 NADH 2.5ATP	= 2 FADH₂ 1.5 ATP
총	4	25	3 = 32 ATP

* ATP 합성억제

a. 전자전달억제제 : 직접적

b. ATP 합성효소 억제제 : 전자전달 간접 억제

c. 짝풀림제 : 열 발생

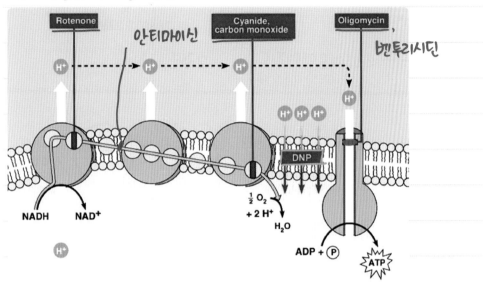

안티마이신

벤투리시딘

ELECTRON TRANSPORT CHAIN

ATP SYNTHASE

✱ 발효 O₂↓

1. 알코올 발효 (효모 세포질)

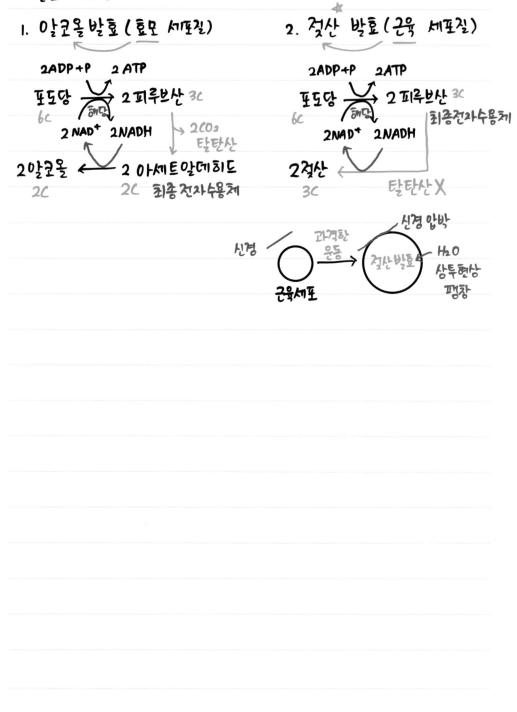

2ADP+P → 2 ATP

포도당 → [해당] → 2 피루브산 3C
6C

2 NAD⁺ → 2NADH

→ 2CO₂ 탈탄산

2알코올 ← 2 아세트알데히드
2C   2C 최종 전자수용체

2. 젖산 발효 (근육 세포질)

2ADP+P → 2ATP

포도당 → [해당] → 2 피루브산 3C
6C   최종전자수용체

2NAD⁺ → 2NADH

2젖산 ←
3C   탈탄산 ✗

신경 ── 근육세포 ──과격한 운동──→ 젖산발효 신경 압박
                                        H₂O 삼투현상 팽창

Ch 5. 광합성

* 광합성에 영향을 미치는 요인

1. 빛의 파장 - 엥겔만의 실험

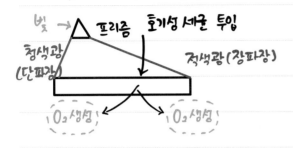

프리즘
호기성 세균 투입

빛
청색광 (단파장)
적색광 (장파장)

O_2 생성
O_2 생성

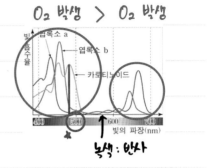

O_2 발생 $>$ O_2 발생

빛 흡수율
엽록소 a
엽록소 b
카로티노이드

400   500   600   700
빛의 파장(nm)

녹색 : 반사

2. 빛의 세기

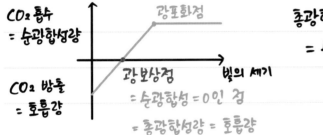

CO_2 흡수
= 순광합성량

CO_2 방출
= 호흡량

광포화점

광보상점   빛의 세기
= 순광합성 = 0인 점
= 총광합성량 = 호흡량

총광합성량
= 순광합성량 + 호흡량

＊ 명반응

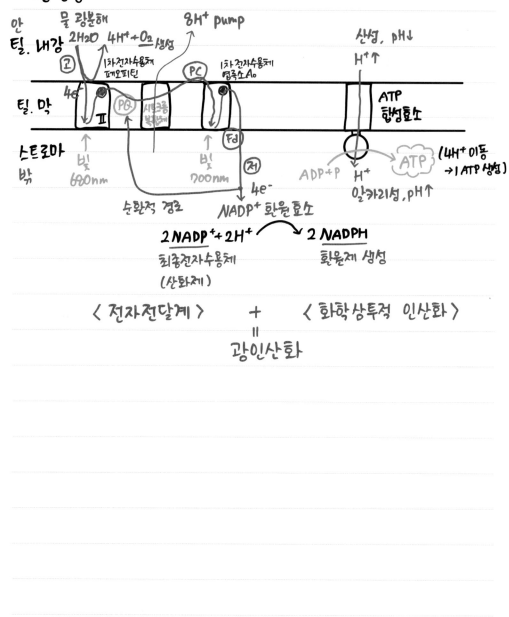

안

틸. 내강

틸. 막

스트로마

밖

물 광분해
ⓘ 2H₂O → 4H⁺ + O₂ 생성

8H⁺ pump

1차전자수용체
페오피틴

PC

1차 전자수용체
엽록소 A₀

산성, pH↓
H⁺↑

4e⁻

Ⅱ

PQ

시토크롬
복합체

Fd

ATP
합성효소

빛
680nm

빛
700nm

전

순환적 경로

$NADP^+$ 환원효소

4e⁻

ADP+P

ATP

H⁺

알카리성, pH↑

(4H⁺ 이동
→ 1 ATP 생성)

$2 NADP^+ + 2H^+$ ⟶ $2\ \underline{NADPH}$

최종전자수용체
(산화제)

환원제 생성

〈 전자전달계 〉　　+　　〈 화학삼투적 인산화 〉
=
광인산화

	비순환적 경로	수환적 경로 _[NADP⁺] 부족
광계 II 관여 (물 광분해)	O $O_2, 4H^+, 8H^+$ $12H^+$	X $8H^+$ = 2 ATP
H⁺ pump	O = 3 ATP	O
환원제(NADPH) 생성	O	X

* 암반응 (스트로마) → C_3 회로 (캘빈회로)

5C RuBP 리불로오스 이 인산

3C PGA 인 글리세르산

3C BPGA 이 인 글리세르산

3C G3P 글리세르 알데히드-3- 인산

(= PGAL 인 글리세르 알데히드)

5C RuMP 리불로오스 일 인산

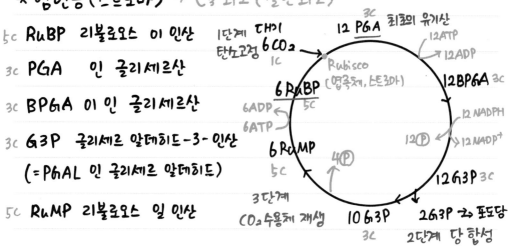

1단계 대기 탄소고정 $6CO_2$ 1C

12 PGA 최초의 유기산 3C

12ATP

12ADP

Rubisco (엽록체, 스트로마)

6 RuBP 5C

6ADP
6ATP

12BPGA 3C

12 NADPH

12 ℗ 12 NADP⁺

6 RuMP 5C

4 ℗

12 G3P 3C

3단계 CO_2수용체 재생

10 G3P 3C

2 G3P → 포도당
2단계 당 합성 환원

cf. Rubisco — 옥시게나아제 → O_2와 반응 (광호흡): 고온일 때

리불로오스 이 인산 — 카르복실라아제 → CO_2와 반응 (암반응)

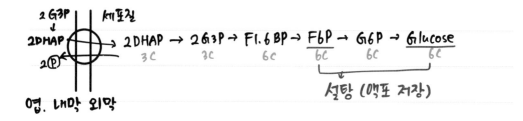

2 G3P
↓
2DHAP
2 ℗

세포질

→ 2DHAP → 2 G3P → F1.6BP → F6P → G6P → Glucose
     3C   3C   6C   6C   6C   6C

설탕 (액포 저장)

엽. 내막 외막

*C₄ 식물, CAM 식물

C₃ $\xrightarrow[\text{고온}]{}$ C₄ 고온 적응   ex. 옥수수, 사탕수수

　　　　　　PEPC ↘ CO_2 하고만 반응

　　　└→ CAM 고온 건조 적응   ex. 선인장 (다육식물)

고온
건조　　Rubisco 변성 ($\underline{O_2}$ > CO_2)
　　　　　　　　　　　　　광호흡

---

1. C₄ 식물 (공간분리)

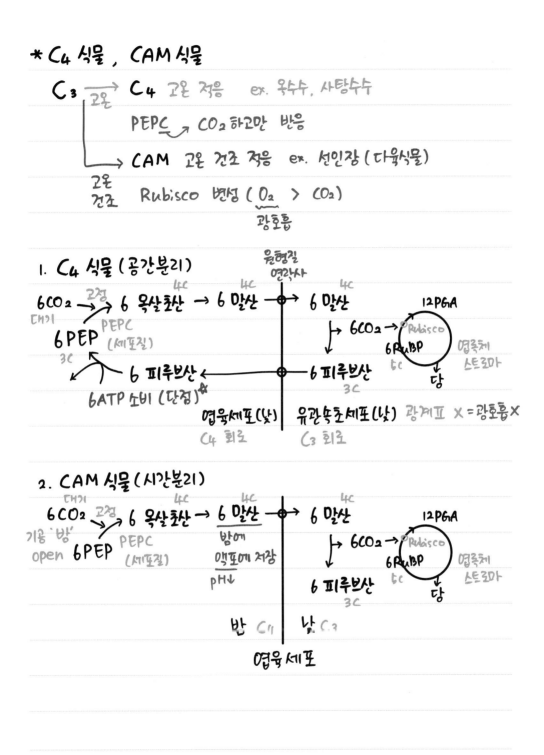

$6CO_2$ $\xrightarrow{\text{고정}}$ 6 옥살초산 → 6 말산 ─⊕→ 6 말산　　　12PGA

대기　　　PEPC　　　　　4C　　4C　　　　　4C　　　↘$6CO_2$→ ⟲Rubisco

$6PEP$　(세포질)　　　　　　　　　　　　　　　　　6RuBP　염록체
3C　　　　　　　　　　　　　　　　　　　　　　　　　5C　스트로마

　↖　　　6 피루브산 ←────⊕── 6 피루브산　　　　　당
6ATP 소비 (단점)❋　　　　　　　　　3C

염육세포(낮)　｜　유관속초세포(낮) 광계Ⅱ X = 광호흡 X
　C₄ 회로　　　｜　　C₃ 회로

원형질
연락사

---

2. CAM 식물 (시간분리)

대기　　고정
$6CO_2$ $\xrightarrow{}$ 6 옥살초산 → 6 말산 ─⊕→ 6 말산　　　12PGA
기공 '밤'　　　PEPC　4C　　4C　　　　4C　　↘$6CO_2$→ ⟲Rubisco
open $6PEP$　(세포질)　　밤에　　　　　　　　　　6RuBP　염록체
　　　　　　　　　　　액포에 저장　　　　　　　　5C　스트로마
　　　　　　　　　　　pH↓　　　　6 피루브산　　　당
　　　　　　　　　　　　　　　　　　3C

　　　　　　　　밤 C₁ ｜ 낮 C₃

염육 세포

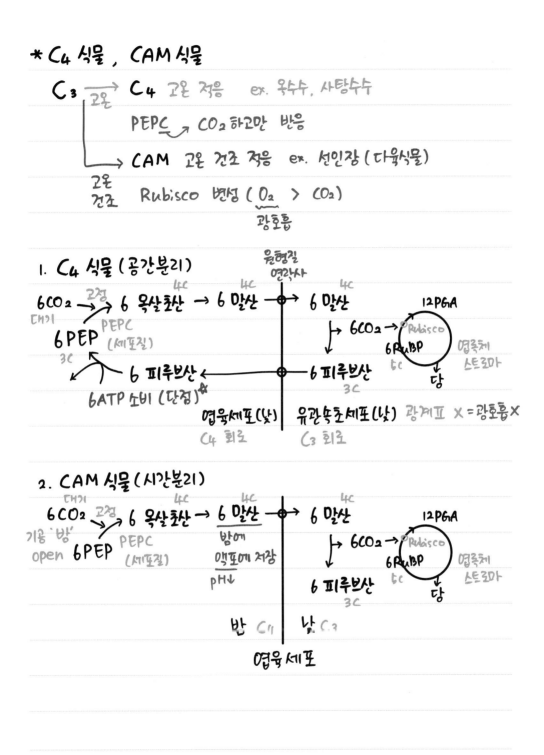

Ch 6. 세포주기

⊖ 인산   ⊕ 양전하아미노산

* (진핵) 염색체 구성 → DNA + 히스톤

복제
A A 텔로미어 (말단소체)

짧은팔
동원체

긴팔

자매염색분체

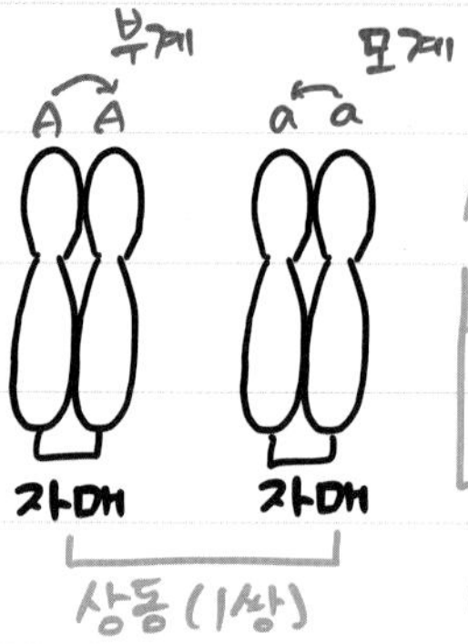

복제
A A 부계   a a 모계

자매   자매

상동 (1쌍)

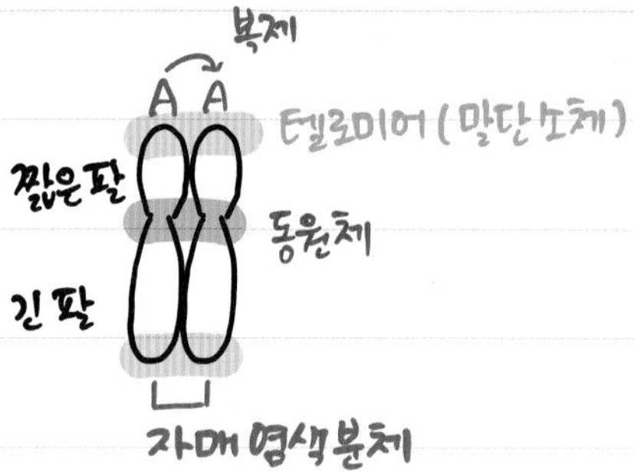

상동 (23)
├ 상염색체 1~22번
└ 성염색체 23번

(남: XY   여: XX)

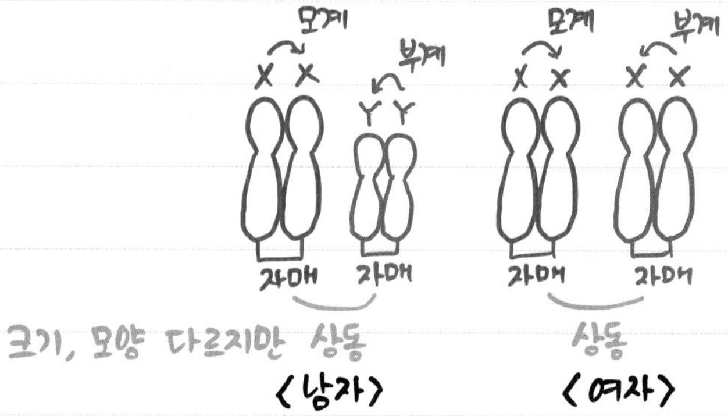

모계   부계
X X   Y Y

자매   자매

크기, 모양 다르지만 상동
〈남자〉

모계   부계
X X   X X

자매   자매

상동
〈여자〉

✻ 염색질 = 단백질 + DNA

┌ 이질염색질 응축↑ 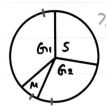 전사↓ mRNA 少
└ 진정염색질 탈응축 ～ 전사↑ mRNA 多

✻ 세포주기 ✿✿

간기 ┌ 1. G₁ : 대부분 단백질 합성 → 세포 성장 → 가장 긺
     ├ 2. S : DNA 합성 + 히스톤 합성 (단백질)
     └ 3. G₂ : 중심체 합성 (튜불린)

✻ 검문 지점 분열기-4. M ┌ 핵분열 : 전기, 중기, 후기, 말기 ──┐ 가장 짧음
                                                              │ 가장 관찰 good
- G₁ : 대부분 단백질 합성? ┌   │ 세포질 분열   중기판에 몰려있음
                                                              │ 응축 가장 많이 됨
- G₂ : S기, G₂기 사건   └ a. 체세포분열 b. 감수분열

- M : 방추사가 염색체에 결합?

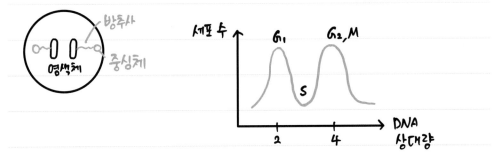

Chapter 06. 세포주기 **49**

✱ 체세포 분열

1. 간기(G₂기)	2. 전기	3. 전중기	4. 중기	5. 후기	6. 말기 → 세포질 분열
중심체 복제	방추사 신장	염색체에 방추사 결합	염색체 (적도판)	염색체 자매분리 (양 극으로)	방추사 분해
인 O	인 소멸	인 X	인 X	인 X	인 O
핵막 O	핵막 O	핵막 소멸	핵막 X	핵막 X	핵막 O
염색질 (탈응축)	응축↑	응축↑↑	응축 최고	응축↑↑	응축↑ → 탈응축

실모양, 염색사

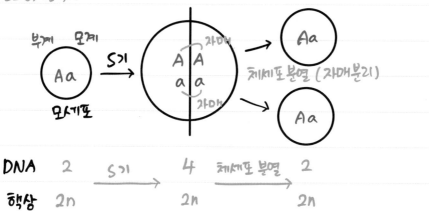

DNA	2	S기 →	4	체세포 분열 →	2
핵상	2n		2n		2n

* 감수분열

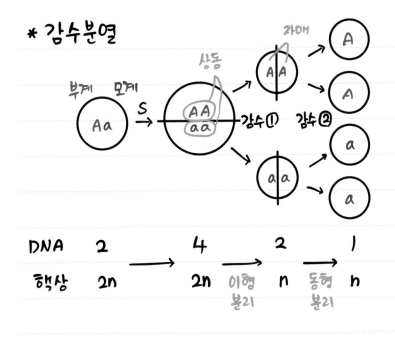

DNA	2	4	2	1
핵상	2n	2n	n	n

이형분리 → n   동형분리 → n

* 감수 ①

1. 전기

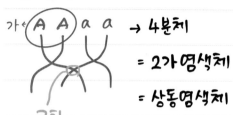

가 → 4분체

= 2가 염색체

= 상동염색체

교차
유전적 다양성 ★

cf. 체세포 분열

A A   4분체 형성 ✗

2가 염색체 ✗

a a   교차 ✗

유전적 다양성 ✗

2. 중기 : 상동 배치, 무작위 배열 : 유전적 다양성 ★

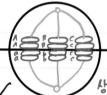

상동 염색체 갯수

$2 \times 2 \times 2 = 2^3 = 8$가지

ex. 사람 $2^{23} \simeq 800$만

DNA 상대량 = 12

행행 2n = 6

체세포분열 (중기) 자매 배치

유전적 다양성 ✗

$1 \times 1 \times 1 \cdots = 1$가지만 나옴

* 체세포 분열　　　감수분열

　　2n → 2n　　　2n → n

　　생식세포를　　　생식세포 형성
　　제외한 체세포　　ex> 정자, 난자

　　자매분리　　　　상동분리 (2n→n)
　　　　　　　　　자매분리 (n → n)

ex. 정자 형성

　　　　정원세포 (2n)
　　　　　　↓　체세포분열
1개　제1 정모세포 (2n)
　　　↙　　↘　강수① 상동분리
제2 정모세포(n) 제2 정모세포(n)　강수② 자매분리
　↙　↘　　↙　↘
정세포(n) 정세포(n) 정세포(n) 정세포(n)
　↓　　↓　　↓　　↓　분화, 성숙
정자(n) 정자(n) 정자(n) 정자(n)
　　　　　　　　　　　　　배우자 4개

＊세포분열에 영향을 미치는 요인

1. 부착의존성

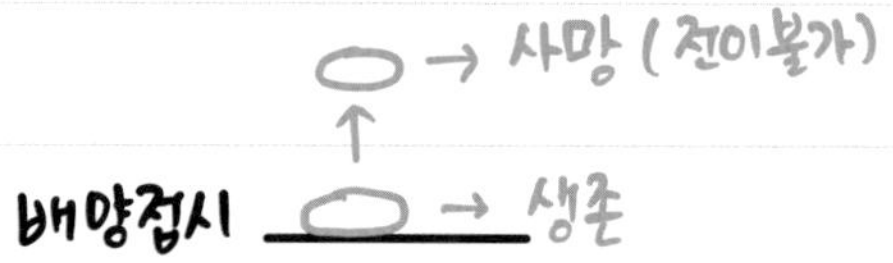

사망 (전이불가)

배양접시 ⬭ → 생존

2. 밀도 의존성 억제

⬭⬭⬭⬭ → 억제됨

cf. 암세포 : 부착의존성 X , 밀도의존성 억제 X

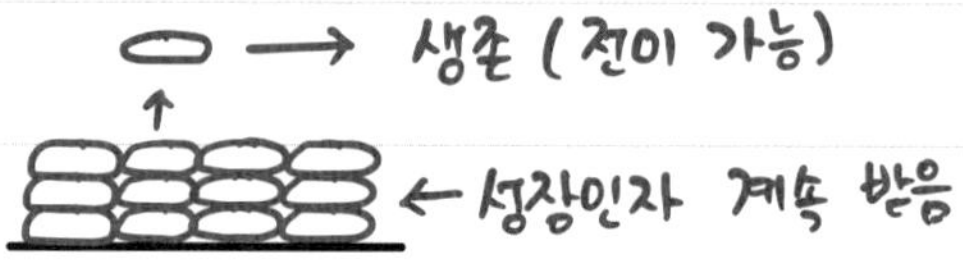

⬭ ⟶ 생존 (전이 가능)

← 성장인자 계속 받음

피부암 (악성종양) → 전이 O

피부 (양성종양) → 전이 X

Ch 7. 유전양식

* 유전자

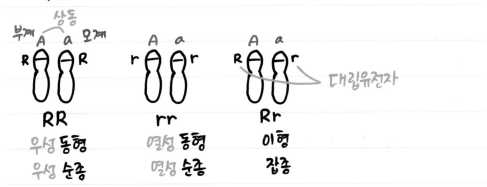

RR	rr	Rr
우성 동형	열성 동형	이형
우성 순종	열성 순종	잡종

* 멘델의 완두콩의 대립유전자

Y: 노랑색 우성 대립유전자   R: 둥근 우성 대립유전자

y: 초록색 열성 대립유전자   r: 주름진 열성 대립유전자

⇒ YY ⎞ 노란색 형질   RR ⎞ 둥근 형질
    Yy ⎠   Rr ⎠

    yy 초록색 형질   rr 주름진 형질

✱ 멘델 유전

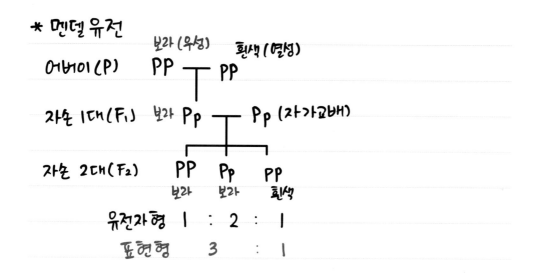

어버이 (P)   보라 (우성) PP ── PP 흰색 (열성)

자손 1대 (F₁)   보라 Pp ── Pp (자가교배)

자손 2대 (F₂)   PP   Pp   PP
　　　　　　　　보라　보라　흰색

유전자형　1　:　2　:　1

표현형　　3　　:　1

* 독립의 법칙 ✦

RrYy ┬ RrYy

색깔 ⟨ 노랑 : 12 → 3
　　　 녹색 : 4 → 1

R_Y_ : R_yy : rrY_ : rryy
둥노　둥녹　주노　주녹
　9　:　3　:　3　:　1

모양 ⟨ 둥근 : 12 → 3
　　　 주름 : 4 → 1

〈그림〉 현대 개념

RrYy
독립

RrYy
교차
상인연관

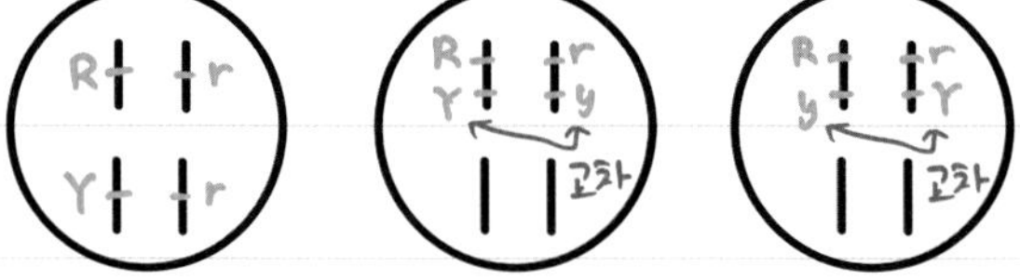

RrYy
교차
상반연관

ex. 멘델
　　 완두콩

〈생식세포〉

RY : Ry : rY : rg
1　:　1　:　1　:　1　독립
1　:　0　:　0　:　1　상인
n　:　1　:　1　:　n　상인교차
0　:　1　:　1　:　0　상반
1　:　n　:　n　:　1　상반교차

* 예시문제 : 자가교배시 자손을 보고 독립,상인,상반 맞히기

RrYy ㅜ RrYy

R_Y_ : R_yy : rrY_ : rryy

						RY	ry			Ry	rY
9	3	3	1 → 독립		RY	RRYY	RrYy		Ry	RRyy	RrYy
3	0	0	1 → 상인 →	ry	RrYy	rryy		rY	RrYy	rrYY
2	1	1	0 → 상반							

ex.

81	27	29	9	독립
273	0	0	87	상인
273	13	15	87	상인교차
54	26	24	0	상반
54	26	24	3	상반교차

* 검정교배

자손의 표현형으로 부모의 유전자형 예측

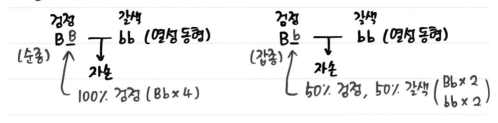

검정
B <u>B</u>
(순종)
↑
┌─────┘
│
자손
↓
┐
갈색
bb (열성 동형)
100% 검정 (Bb×4)

검정
B <u>b</u>
(잡종)
↑
┌─────┘
│
자손
↓
┐
갈색
bb (열성 동형)
50% 검정, 50% 갈색 (Bb×2 / bb×2)

✳ 멘델유전의 확장

1. 중간유전 ex. 금어초

= 불완전 우성유전

P - $\overset{\text{빨}}{RR} \top \overset{\text{흰}}{rr}$

F₁ - $Rr \underset{\text{분홍(중간)}}{\top} Rr$

F₂ - $\underset{\text{빨}}{RR} : \underset{\text{분홍}}{2Rr} : \underset{\text{흰}}{rr}$

유전자형 1 : 2 : 1

표현형 1 : 2 : 1

2. 복대립 유전 ex. 혈액형

I^A : A유전자
I^B : B유전자
i : O유전자

	적혈구		유전자형
O형	◯	Y 항-A항체 / Y 항-B항체	ii
A형	◯ A항원	Y	$I^AI^A, I^Ai \; (I^A > i)$
B형	◯ B항원	Y	$I^BI^B, I^Bi \; (I^B > i)$
AB형	◯		$I^AI^B \; (I^A = I^B)$ 공동우성

우 열

3. 다인자 유전 ex. 피부색, 키

P   aabbcc   AABBCC
      $\underline{a}$ $\underline{b}$ $\underline{c}$ $\underline{A}$ $\underline{B}$ $\underline{C}$

F_1 AaBbCc   AaBbCc
           $2\times2\times2$ $2^3 = 8$

F_2 64가지

4. 다면 발현 ex. 겸상적혈구빈혈증

유전자 하나 이상 → 다양한 현상 야기

1) 낫 모양 적혈구

2) O_2 운반 능력 ↓ : 빈혈

3) 조직에 O_2 공급 감소 : 조직 사망

4) 동맥 막음 : 동맥 경화

* 독립과 연관

AaBb

↓ 생식세포 (배우자) ≠ 자손
　　　　　　　　　　　(9:3:3:1)

AB : Ab : aB : ab

독립 1 : 1 : 1 : 1

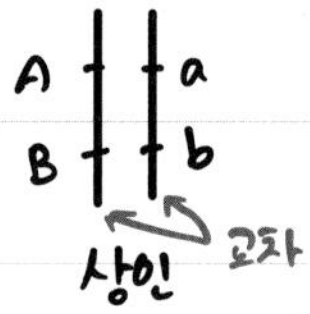

A ┃ ┃ a
B ┃ ┃ b
　　　　↖ 교차
상인

AB : Ab : aB : ab
n　 1　 1　 n

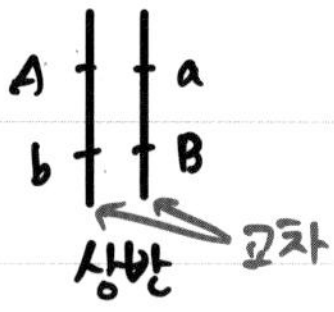

A ┃ ┃ a
b ┃ ┃ B
상반　　　↖ 교차

AB : Ab : aB : ab
1　 n　 n　 1

cf. 교차율

0% 완전 연관

1~49% 교차

50% 독립

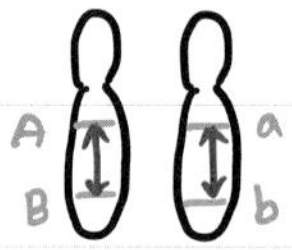

A ↕ ↕ a
B　　　b

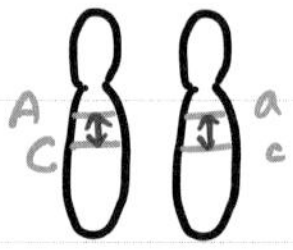

유전자간 거리↑
연관 세기↓
교차율↑

ex〉 교차율 17% → 거리 17cM

A ↕ ↕ a
C　　　c

유전자간 거리↓
연관 세기↑
교차율↓

교차율 5% → 거리 5cM

ex> (변리사 생물)

GgLl → 생성세포
 회   긴
     GL : Gl : gL : gl

1. 독립   1   1   1   1

2. 상인   965   0   0   944

상인 교차 965 206 185 944

3. 상반   0   965 944   0

상반 교차 206 965 944 185

GgLl ┬ ggll (검정교배)
     │ gl
     ↓   ↓
   자손비   자손비 = 생성세포비

1. 독립 | GL   Gl   gL   gl
    ───┼──────────────────────
    gl | GgLl GgLl ggLl ggll → G_L_ : G_ll : ggL_ : ggll

2. 상인연관 (교차)   상인
   ───┼──────────────────────   ┌─교차─┐
    GL   Gl   gL   gl
   ───┼──────────────────────
    gl | GgLl GgLl ggLl ggll → 965 : 206 : 185 : 944

   교차율 = $\dfrac{206+185}{965+206+185+944}$ × 100%

        = 17%

3. 상반연관 (교차)   교차
                                  ┌─상반─┐
   ───┼──────────────────────
    GL   Gl   gL   gl
   ───┼──────────────────────
    gl | GgLl GgLl ggLl ggll → 206 : 965 : 944 : 185

   교차율 = $\dfrac{206+185}{965+206+185+944}$ × 100%

        = 17%

✱ 유전자 지도 그리기

1. 가장 먼 것부터 그린다.

2. 중간 거리 그린다.

3. 가장 가까운 거리 그린다.

A ~ B : 9cM

B ~ C : 14cM

C ~ D : 4cM

D ~ A : 1cM

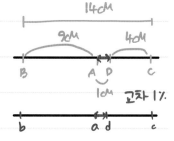

※ X 염색체 연관 유전 (반성유전) : 색맹, 혈우병

└→ 열성 유전

$XX \sqcap X'Y$ $XX' \sqcap XY$ $XX' \sqcap X'Y$

남 XY   X'Y
   정상   색맹

여 XX   X'X   X'X'
   정상   정상   색맹
           보인자

딸: X'X, X'X   XX, X'X   XX', X'X'

아들: XY, XY   XY, X'Y   XY, X'Y

전부 정상   색맹   색맹

모계 유전자에 의해
아들 색맹

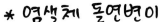

* 염색체 돌연변이

상호전좌 ex. 만성 골수성 백혈병

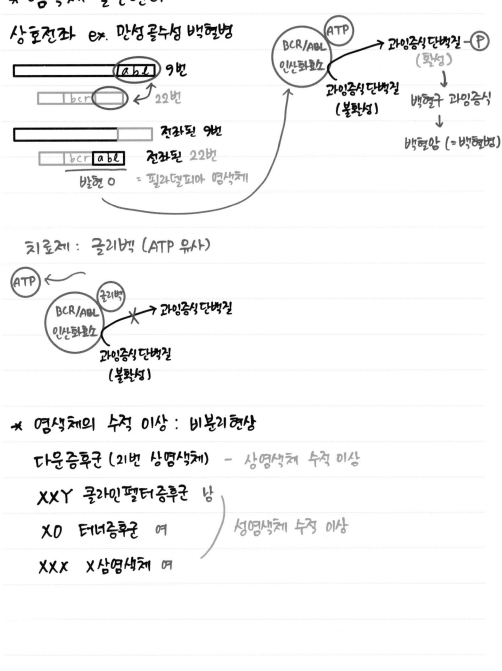

치료제 : 글리벡 (ATP 유사)

* 염색체의 수적 이상 : 비분리현상

다운증후군 (21번 상염색체) - 상염색체 수적 이상

XXY 클라인펠터증후군 남

XO 터너증후군 여   성염색체 수적 이상

XXX X삼염색체 여

Ch 8. 유전자의 분자생물학

* DNA가 유전물질임을 밝힌 사람들

1. 그리피스 : 형질전환

$\Big($ R형 : 무독성   가열한 S형균 $\xrightarrow{\text{쥐에 주입}}$ 쥐 생존

$\Big($ S형 : 독성

가열한 S형균
+
살아있는 R형균 $\xrightarrow{\text{쥐에 주입}}$ 쥐 사망

→ S형균의 단백질은 변성 O

     " 어떤 물질은 변성 X

이용해서 S형균 생성

2. 에이버리 : S형균 생성위해 S형균의 DNA가 필요

S형균 추출물 (당. 단백질, 지방. ~~DNA~~) 당 분해효소 + R → 쥐 사망   S형균 생성

S형균 추출물 (당. 단백질, 지방. DNA) 단백질 " + R → 쥐 사망

S형균 추출물 (당. 단백질, 지방. DNA) 지방 " + R → 쥐 사망

S형균 추출물 (당. 단백질, 지방. DNA) DNA " + R → 쥐 생존

S형균 생성 불가

3. 허시, 체이스

1) 재료 : 세균 (대장균)   : 크다 (무거움)   → 바이러스
         바이러스 (박테리오파지) : 작다 (가벼움)   → 세균

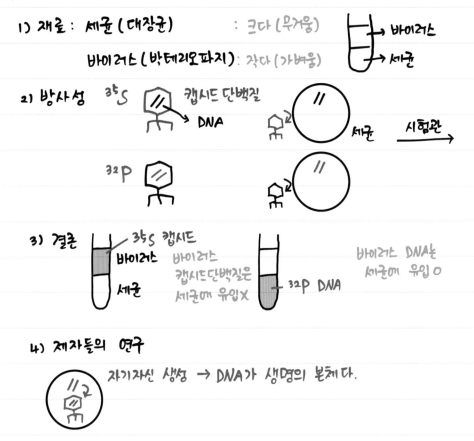

2) 방사성   ³⁵S   캡시드 단백질
                    → DNA   세균   시험관 →

   ³²P

3) 결론   ³⁵S 캡시드   바이러스   바이러스 DNA는
          바이러스   캡시드단백질은   세균에 유입 O
          세균   세균에 유입X   ← ³²P DNA

4) 제자들의 연구

   자기자신 생성 → DNA가 생명의 본체다.

✱ DNA 구성물질과 입체구조

1. 뉴클레오티드

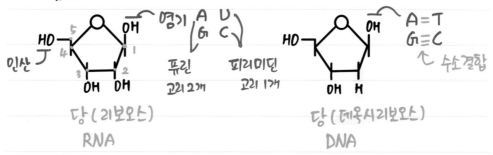

인산 ⌐
5
4
3
2
1
HO—
OH OH
OH
당 (리보오스)
RNA

염기 ⌐ A U
          G C ⌐

퓨린   피리미딘
고리 2개   고리 1개

HO—
OH H
OH
당 (데옥시리보오스)
DNA

A = T
G ≡ C
↖ 수소결합

2. DNA 입체 : 이중나선

2nm

1회전 3.4 nm

10개 염기쌍 길이에 해당

→ 1개 염기쌍 길이 = 0.34nm

A = T
G ≡ C

퓨린 양 = 피리미딘 양

⇒ 샤가프 법칙

DNA 이중가닥 가능성

✱ DNA 의 복제방식

▼ 보존적 복제 모형 거짓

▼ 반보존적 복제 모형 ok 15N-15N 14N 15/14

▼ 분산적 복제 모형 거짓

모세포

첫 번째 복제 결과

두 번째 복제 결과

15/14 14/14 15/14

변시 기출)

3rd 복제
$2^3 = 8$개
15/14 = 2개
14/14 = 6개

4th 복제
$2^4 = 16$
15/14 = 2
14/14 = 14

5th 복제
$2^5 = 32$
15/14 = 2
14/14 = 30

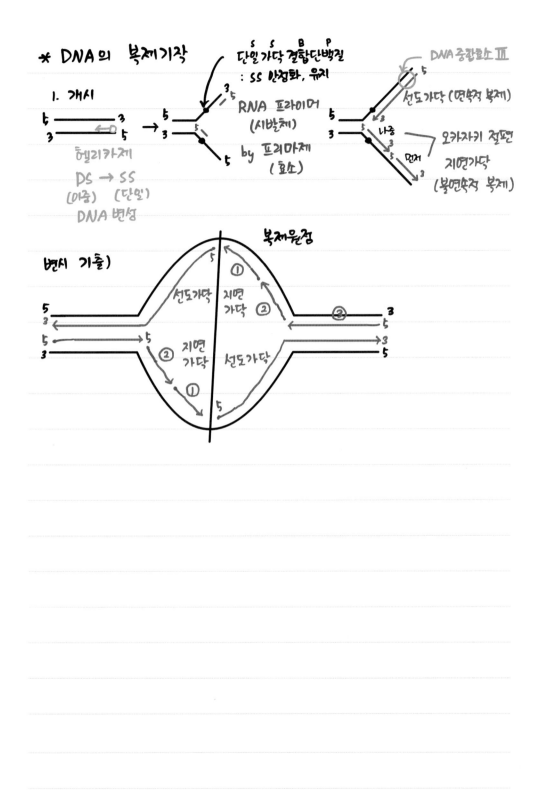

✱ DNA의 복제기작

1. 개시

헬리카제
DS → SS
(이중) (단일)
DNA 변성

단일가닥 결합단백질
: SS 안정화, 유지

RNA 프라이머
(시발체)
by 프리마제
(효소)

DNA 중합효소 Ⅲ

선도가닥 (연속적 복제)

오카자키 절편
지연가닥
(불연속적 복제)

복제원점

변시 기출)

선도가닥 지연가닥 ① ② ③

지연가닥 선도가닥

* 유전자와 형질발현

1. 중심원리

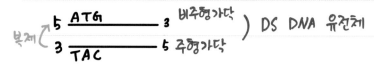

복제 ⟵ 5 __ATG__ _____ 3 비주형가닥
　　　 3 __TAC__ _____ 5 주형가닥 ⎫ DS DNA 유전체

↓ 전사

5 _____ 3 mRNA (전사체)
　AUG
개시코돈 ↓ 번역
　 ↓
[메티오닌] 단백질 (번역체)

a. mRNA

b. rRNA

c. tRNA

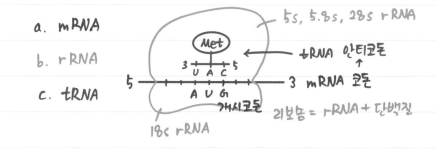

5s, 5.8s, 28s rRNA

Met

tRNA 안티코돈

3 —U A C— 5

5 ——— A U G ——— 3 mRNA 코돈

개시코돈 　리보솜 = rRNA + 단백질

18s rRNA

① 진핵 (전사 번역 공간 분리)　　　③ 원핵 (공간 비분리)

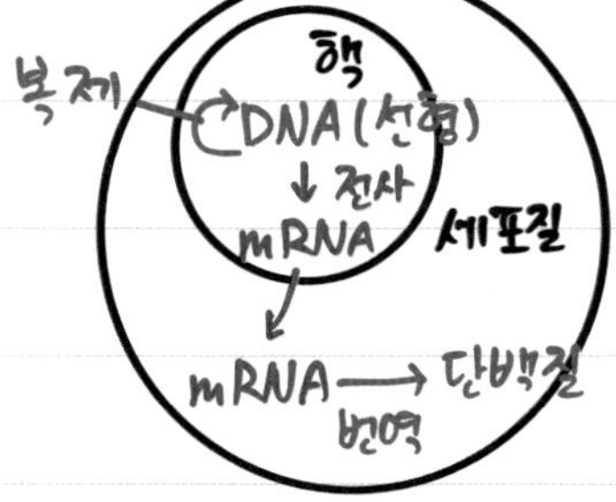

복제 ──→ 핵
　　　　↻ DNA (선형)
　　　　　↓ 전사
　　　　mRNA　　세포질
　　　　　↓
　　mRNA ──→ 단백질
　　　　　번역

세포질
복제 ↻ DNA (환형)
　　　　↓ 전사
　　　m RNA
　　　　↓ 번역
　　　단백질

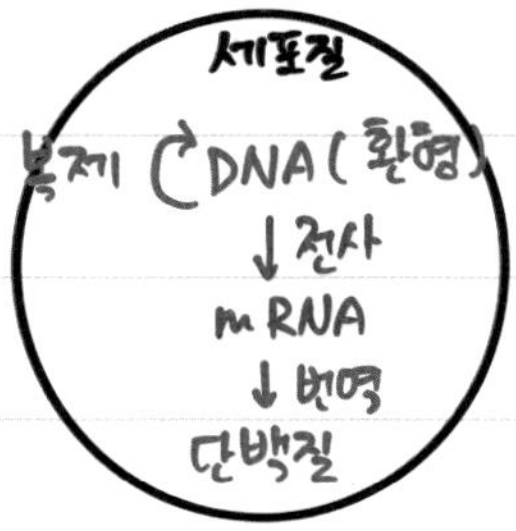

cf. 원핵이 조상
미토콘드리아
(매트릭스)
엽록체
(스트로마)

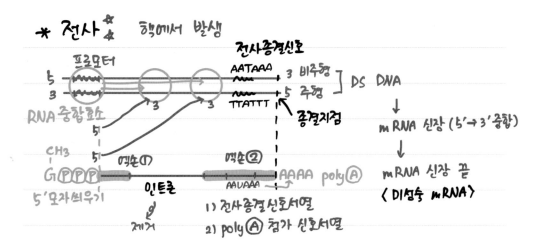

* 전사 ✦ 핵에서 발생

프로모터
RNA중합효소
CH₃
G(P)(P)(P)
5'모자씌우기

전사종결신호
AATAAA   3 비주형   ⎤ DS DNA
TTATTT   5 주형   ⎦
종결지점

mRNA 신장 (5'→3' 중합)

↓

mRNA 신장 끝
〈 미성숙 mRNA 〉

엑손①   엑손②
인트론   AAUAAA   AAAA poly(A)
↓
제거

1) 전사종결신호서열
2) poly(A) 첨가 신호서열

* 5' 모자씌우기, poly(A) → mRNA 보호, 안정화 → mRNA 수명↑

스플라이싱 (인트론 제거) → 남아있는 엑손끼리 연결

* 성숙 mRNA

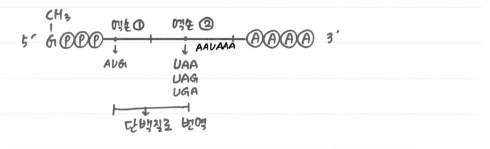

CH₃
5' G(P)(P)(P)   엑손①   엑손②   (A)(A)(A)(A) 3'
↓   ↓ AAUAAA
AUG   UAA
            UAG
            UGA

단백질로 번역

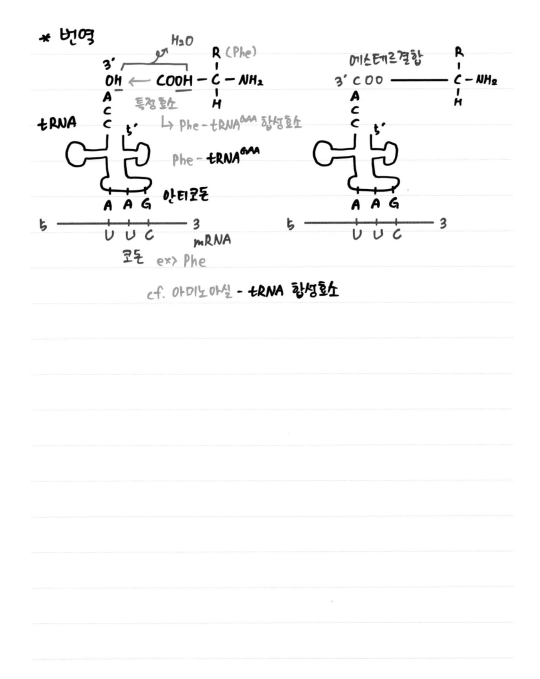

* 번역

H_2O

3'   R (Phe)

OH ← COOH — C — NH$_2$

ACC   특정효소   H

tRNA   ↳ Phe - tRNA^{GAA} 합성효소

Phe - tRNA^{GAA}

안티코돈

A A G

5 ——————— 3

U U C   mRNA

코돈   ex> Phe

에스테르결합

R

3' COO ——————— C — NH$_2$

H

A A G

5 ——————— 3

U U C

cf. 아미노아실 - tRNA 합성효소

* 리보솜

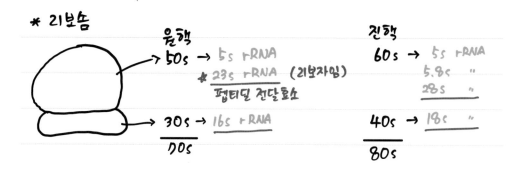

원핵
> 50s → 5s rRNA
  * 23s rRNA (리보자임)
  ──────────────
  펩티딜 전달효소

> 30s → 16s rRNA
  ──────
  70s

진핵
60s → 5s rRNA
      5.8s "
      28s "

40s → 18s "
──────
80s

1. 펩티딜 전달효소 - 23s rRNA (큰 소단위체)

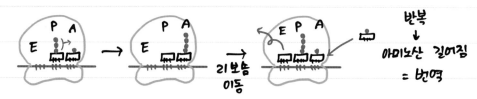

리보솜
이동

반복
↓
아미노산 길어짐
= 번역

2. 펩티딜 전달효소 - 16s rRNA (작은 소단위체) mRNA의 샤인-달가노 서열 인식
                                                      S   D

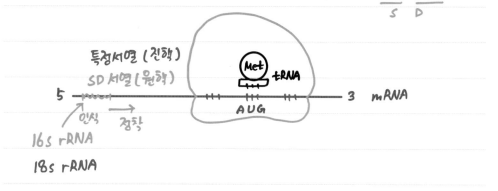

특정서열 (진핵)
SD 서열 (원핵)

5 ─────────────── 3   mRNA
   인식 정착   AUG

16s rRNA

18s rRNA

* 번역 과정

a. 개시

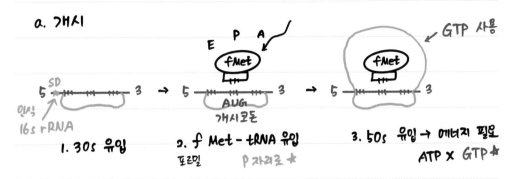

1. 30s 유입
2. f Met - tRNA 유입
   포르밀   P 자리로 ★
3. 50s 유입 → 에너지 필요
   ATP X GTP ✦

(인식 16s rRNA, SD, AUG 개시코돈, E P A, fMet, GTP 사용)

b. 신장 (원행 기준)

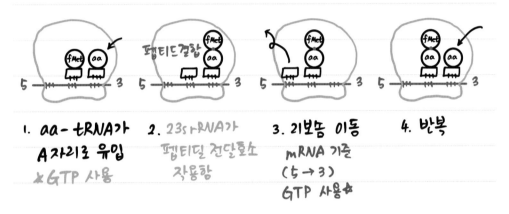

1. aa - tRNA가
   A자리로 유입
   ★GTP 사용
2. 23s rRNA가
   펩티딜 전달효소
   작용함
3. 리보솜 이동
   mRNA 기준
   (5→3)
   GTP 사용★
4. 반복

펩티드결합

c. 종결

A 자리에 종결코돈 (UAA, UAG, UGA) 만나 중지

A 자리에 RF (release factor) 유입

→ P 자리 polypeptide 가수 분해, 해리 → 리보솜 분리

* DNA 돌연변이

1. 염기 치환 AUG → UUG

2. 염기 삽입 AUG → AAUG

3. 염기 결실 AUG → UG

4. 침묵 돌연변이 UUU → UUC
   Phe   Phe

5. 미스센스 돌연변이 UUC → UUA
   Phe   Leu

6. 넌센스 돌연변이 UAC → UAG
   Tyr   종결

Ch 9. 유전자 발현 조절

* 원핵생물에서의 유전자 발현 조절 - 오페론

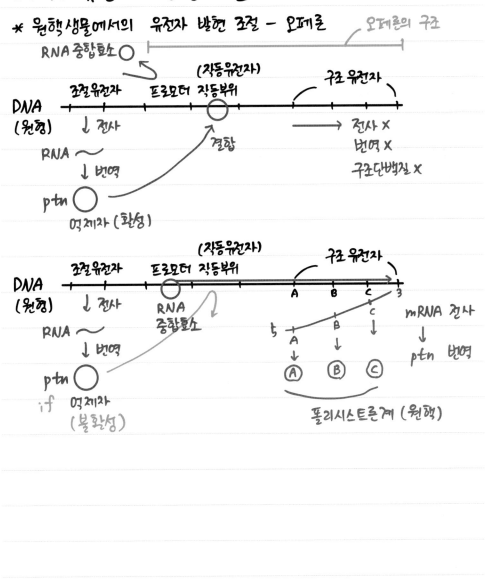

오페론의 구조

RNA 중합효소 ◯

DNA (원핵)
조절유전자　　프로모터　(작동유전자) 작동부위　　　구조 유전자

↓ 전사
RNA ～
↓ 번역
ptn ◯
억제자 (활성)

결합

전사 X
번역 X
구조단백질 X

DNA (원핵)
조절유전자　　프로모터　(작동유전자) 작동부위　　　구조 유전자

↓ 전사
RNA ～
↓ 번역
ptn ◯
if 억제자 (불활성)

RNA 중합효소

A　B　C　3
5　A　B　c
　↓　↓　↓
　Ⓐ　Ⓑ　Ⓒ

mRNA 전사
↓
ptn 번역

폴리시스트론계 (원핵)

＊ 젖당 오페론 (유도성)

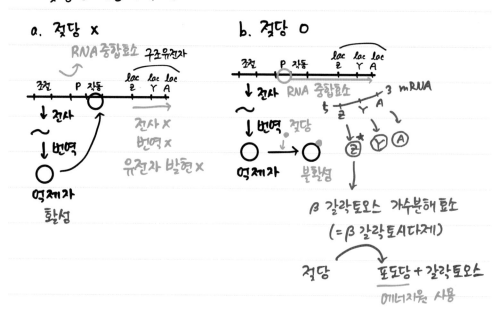

a. 젖당 X

조절   P 작동   lac lac lac
                  ㄹ Y A

RNA중합효소   구조유전자

↓ 전사

～

↓ 번역

억제자
활성

전사 X
번역 X
유전자 발현 X

b. 젖당 O

조절   P 작동   lac lac lac
                  ㄹ Y A

RNA 중합효소

↓ 전사   5' ㄹ Y A 3' mRNA

～

↓ 번역 젖당   ㄹ★ Y A

억제자 → 불활성

↓

β 갈락토오스 가수분해 효소
(=β 갈락토시다제)

젖당 → 포도당 + 갈락토오스
            에너지원 사용

✱ 트립토판 오페론 (억제성)

a. 트립토판 X

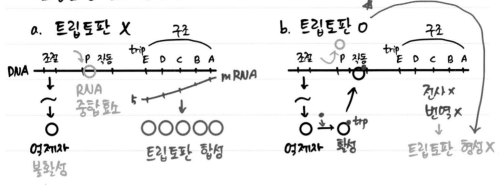

구조

조절   →P 작동   trip E D C B A

DNA

RNA
중합효소

mRNA

5

↓
~
↓
○
억제자
불활성

↓
○○○○○
트립토판 합성

b. 트립토판 O

구조

조절   P 작동   trip E D C B A

DNA

전사 X
번역 X
↓
트립토판 형성 X

↓
~
↓
○ →○ trip
억제자   활성

★ 진행생물의 유전자 발현 조절

1. 염색체 구조를 통한 조절

a. DNA 메틸화

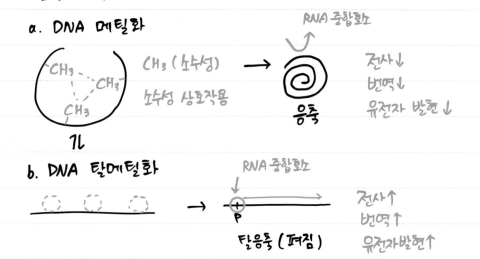

CH_3 (소수성)

소수성 상호작용

RNA 중합효소

응축

전사↓
번역↓
유전자 발현↓

b. DNA 탈메틸화

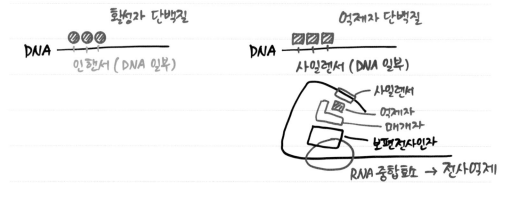

RNA 중합효소

탈응축 (펴짐)

전사↑
번역↑
유전자발현↑

2. 전사 조절

활성자 단백질

DNA ───────────
인핸서 (DNA 일부)

억제자 단백질

DNA ───────────
사일렌서 (DNA 일부)

사일렌서
억제자
매개자
보편전사인자

RNA 중합효소 → 전사억제

Ch 10. 유전공학

* 재조합 DNA 형성★

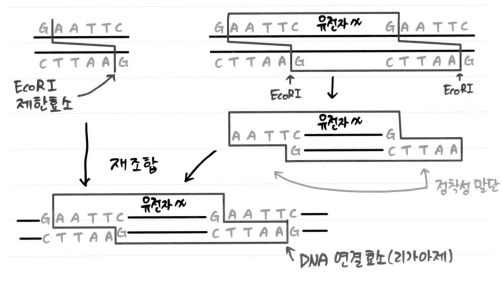

재조합

DNA 연결효소(리가아제)

정착성 말단

* 유전자 클로닝

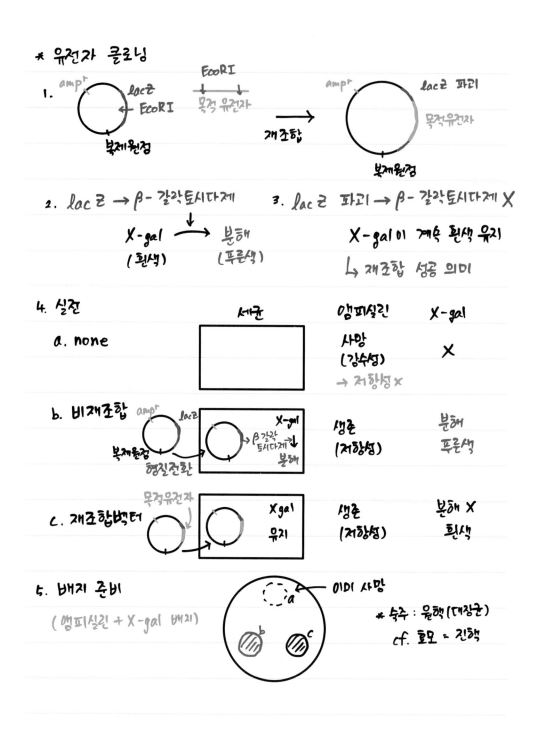

1.   amp^r lacZ EcoRI   EcoRI / 목적 유전자   → 재조합   →   amp^r lacZ 파괴 / 목적유전자
     복제원점   복제원점

2. lacZ → β-갈락토시다제   3. lacZ 파괴 → β-갈락토시다제 X

   X-gal ──→ 분해   X-gal이 계속 흰색 유지
   (흰색)   (푸른색)   ↳ 재조합 성공 의미

4. 실전

	세균	앰피실린	X-gal
a. none		사망 (감수성) → 저항성 X	X
b. 비재조합	amp^r lacZ / 복제원점 / 형질전환 → X-gal / β갈락토시다제 / 분해	생존 (저항성)	분해 푸른색
c. 재조합벡터	목적유전자 / Xgal 유지	생존 (저항성)	분해 X 흰색

5. 배지 준비
   (앰피실린 + X-gal 배지)

   이미 사망 ← a
   b   c

   * 숙주 : 원핵 (대장균)
   cf. 효모 = 진핵

* 핵산 탐지자 (= 추적자, 탐침자, probe)

    └ 염기간 수소결합 이용

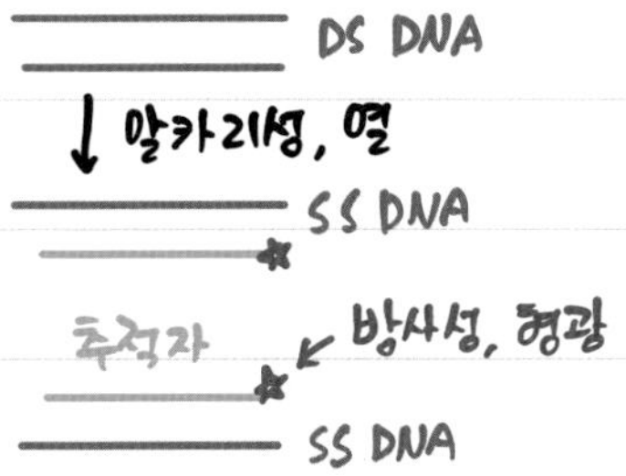

———————— DS DNA

↓ 알카리성, 열

———————— SS DNA

———————⋆

추적자 ⋆ ← 방사성, 형광

———————⋆

———————— SS DNA

1. DNA (유전체) : 서던 블롯

    ↓ 전사   염기간 수소결합 이용

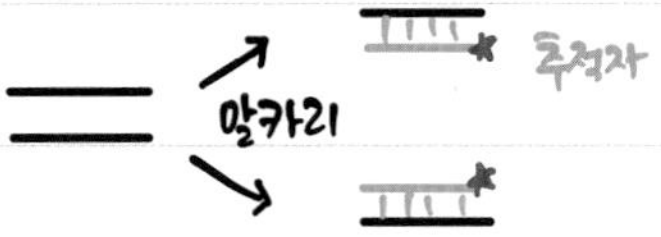

2. RNA (전사체) : 노던 블롯

    ↓ 번역   염기간 수소결합 이용

3. Protein (번역체) : 웨스턴 블롯

            항체 이용

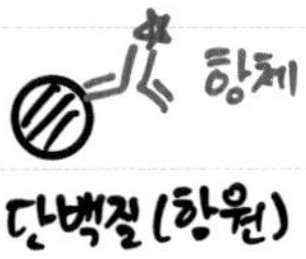

* DNA$^\ominus$ ┬ SDS ×

 └ 아가로스겔 ○

Protein ┬ SDS ○

 └ 폴리 아크릴 아마이드겔 ○

* 마이크로어레이

세포 A $\xrightarrow[\text{발현}]{}$ A mRNA $\xrightarrow[\text{RT PCR}]{}$ A cDNA

 C mRNA C cDNA

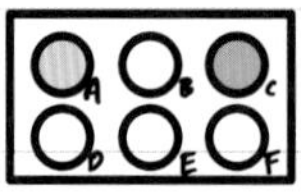

세포 B $\xrightarrow[\text{발현}]{}$ B mRNA $\xrightarrow[\text{RT PCR}]{}$ B cDNA

 C mRNA C cDNA

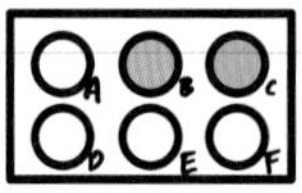

⇒ 발현 유전자, 공동 발현 유전자 확인

* DNA 도서관 (분류, 저장)

비교 ⎡ 1. 유전체(DNA) 도서관 : 핵에 있는 DNA (엑손 + 인트론)

⎣ 2. cDNA 도서관 : <u>mRNA</u>를 가지고 <u>DS cDNA</u> 생성
                  엑손   엑손

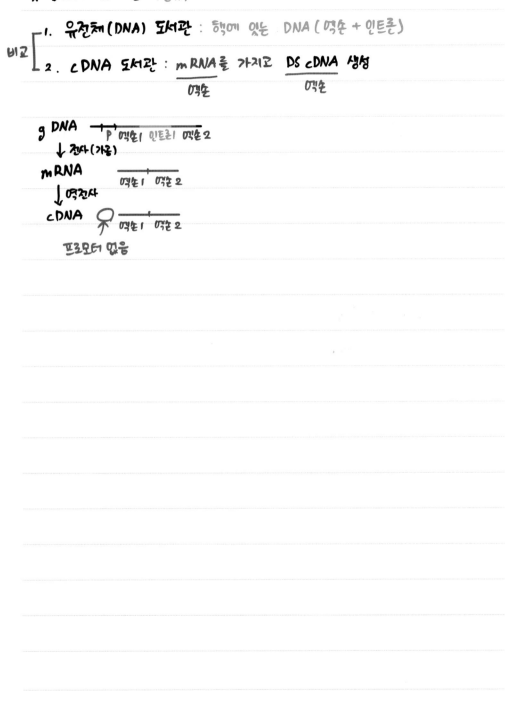

g DNA   ——P 엑손1 인트론1 엑손2——
   ↓ 전사 (가공)
mRNA   엑손1 엑손2
   ↓ 역전사
cDNA   엑손1 엑손2
프로모터 없음

＊ 전기영동

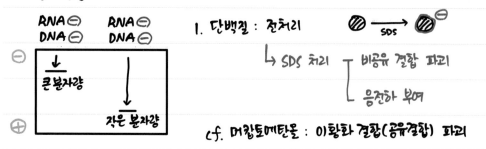

RNA ⊖　RNA ⊖
DNA ⊖　DNA ⊖

⊖ | ↓ 큰분자량
| → 작은 분자량
⊕

1. 단백질 : 전처리

↳ SDS 처리 ⌐ 비공유 결합 파괴
　　　　　　 └ 음전하 부여

cf. 머캅토에탄올 : 이황화 결합(공유결합) 파괴

2. 젤 구성물질　ex) 아가로스

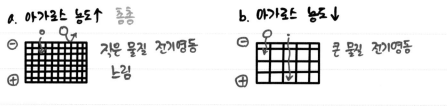

a. 아가로스 농도↑ 촘촘

⊖ [격자] ⊕
작은 물질 전기영동
느림

b. 아가로스 농도↓

⊖ [격자] ⊕
큰 물질 전기영동

cf. 형광물질염색 ⌐ DNA　EtBr　오렌지색
　　　　　　　　└ Protein　쿠마시블루　푸른색

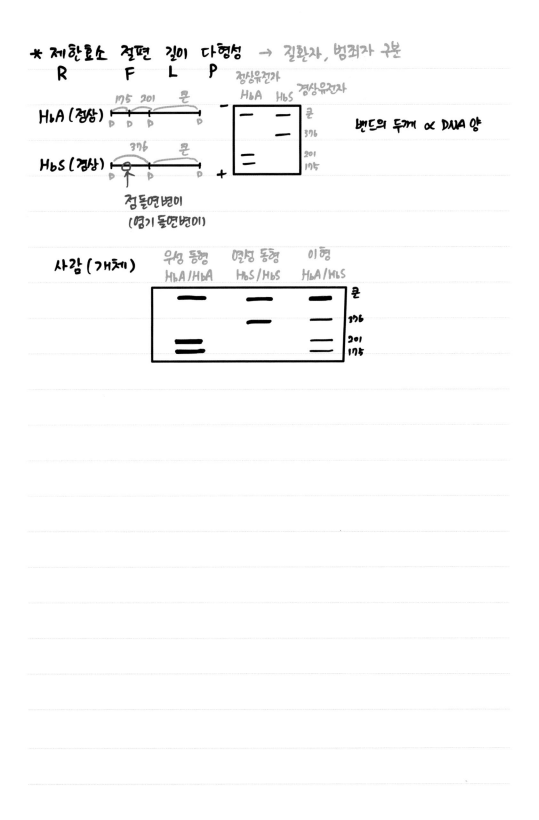

✱ 제한효소 절편 길이 다형성 → 질환자, 범죄자 구분

R　　F　L　P

H_bA (정상)

175　201　큰

정상유전자　정상유전자
H_bA　H_bS

밴드의 두께 ∝ DNA 양

H_bS (정상)

376　큰

201
175

점돌연변이
(염기 돌연변이)

사람 (개체)

우성 동형
H_bA/H_bA

열성 동형
H_bS/H_bS

이형
H_bA/H_bS

큰
376
201
175

✱ 중합효소 연쇄 반응☆☆ (for DNA 증폭)
P C R HIV. 독감, 코로나 여부

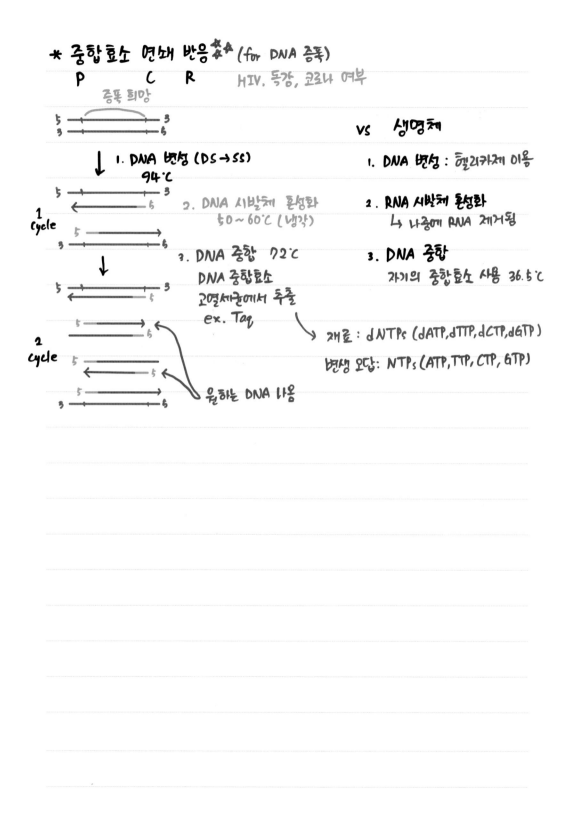

증폭 희망

5 ————————— 3
3 ————————— 5

↓ 1. DNA 변성 (DS → SS)
94℃

vs 생명체

1 cycle

5 ————————— 3
   ←————————— 5

2. DNA 시발체 혼성화
50~60℃ (냉각)

5 ————————→
3 —————————

↓

5 ————————— 3
   ←————————— 5

3. DNA 중합 72℃
DNA 중합효소
고열세균에서 추출
ex. Taq

2 cycle

5 ————————→ ←
3 —————————

5 ————————→
3 ————————— ←

5 ————————→
3 —————————

원하는 DNA 나옴

1. DNA 변성 : 헬리카제 이용

2. RNA 시발체 혼성화
   ↳ 나중에 RNA 제거됨

3. DNA 중합
   자기의 중합효소 사용 36.5℃

재료 : dNTPs (dATP, dTTP, dCTP, dGTP)

변성 오답 : NTPs (ATP, TTP, CTP, GTP)

Ch 11. 영양과 소화

* 영양소

	전 → 후

a. 포도당 (베네딕트) : 청   황적   b. 비타민

   녹말 (요오드)   :   갈   청남   수용성 (배설) : B. <u>C</u>

   지방 (수단Ⅲ)   :   적   선홍   지용성 (누적) : A, D, <u>E</u>, K
                                          항산화제

   단백질 (뷰렛)   :   청   보라   = 분해 억제 = 주름, 노화 억제

* 침

1. 아밀라제 : 녹말 분해 (당 소화) → 탄수화물 소화 시작

2. 뮤신 : 구강 코팅 (보호)

3. $NaHCO_3$: Na^+ + (HCO_3^- + H^+) → H_2CO_3 (산 중화)

4. 리소자임 : 진정세균의 세포벽 (펩티도글리칸) 파괴 (방어)

✻ 위

1. 점액세포 (뮤신) : 위 내강 코팅 (보호) HCl로 부터 보호

2. 주세포 (크기↓, 숫자↑)

3. 부(벽)세포 (크기↑, 숫자↓)

펩시노겐 → 펩신 : 단백질 분해 (부착적)

$$N \longrightarrow C$$
아민기 ↓ 카르복실기
endopeptidase

✻ 소화호르몬 (3개) ⟨변생⟩

1. 위 (G세포) : 가스트린 분비
   ⟨위⟩
   +→ 주세포 : 펩시노겐 → 펩신
   +→ 부세포 : HCl
   위액 성분 분비 촉진

2. 산성 (HCl) → 십이지장 (S세포) → 세크레틴
   ↑ 산 중화
   +→ 간 : 쓸개즙 합성 *
   +→ 이자 : 이자액 생성 ex. $NaHCO_3$
   ↓ 저장

3. 음식물 (유미즙) → 십이지장 (I세포) → CCK
   위 ⊖
   +→ 쓸개 (담낭) : 쓸개즙 분비
   +→ 이자 : 이자액 생성
   ex. 소화효소 (당, 단백질, 지방 소화)

＊ 소장

1. CCK - 쓸개: 쓸개즙 분비

　　　　이자: 이자액 생성　ex. 이자효소

　　　　　a. 아밀라제　당소화효소

　　　　　b. 트립신, 키모트립신　단백질 소화효소　　b. endopeptidase

　　　　　　　　　　　　　　　　　　　　$N \xrightarrow{\quad} C$

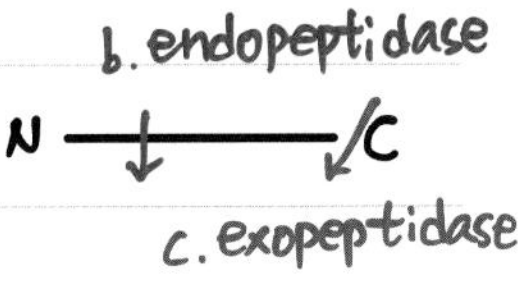

　　　　　c. 카르복시펩티다아제　단백질 소화효소　　c. exopeptidase

　　　　　d. 리파제　지방 소화효소

　　　　　e. 뉴클레아제　핵산소화효소　핵산 → 뉴클레오티드
　　　　　　　　　　　　　　　　　　　DNA, RNA　　인, 당, 염기

2. 장액 : 장 효소

  a. 말타제 ── 당 소화효소 (이당류 → 단당류)

  b. 락타제

  c. 수크라제

  d. 아미노펩티다제 ── 단백질 소화효소

  e. 디펩티다제

      d. exopeptidase   e.

$$N \underset{}{\underline{\hspace{3cm}}} C \rightarrow \phi \rightarrow \underset{aa}{o} \ \underset{aa}{o}$$

  f. 뉴클레오티다제 ── 핵산 소화효소

  g. 뉴클레오시다제

핵산 → 뉴클레오티드 → 뉴클레오시드 → 당, 염기
     ↑   (인, 당, 염기) f.↓ (당, 염기)   g.↗
    뉴클레아제   인

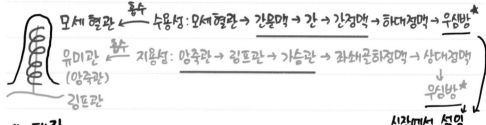

모세혈관 ←흡수── 수용성 : 모세혈관 → 간문맥 → 간 → 간정맥 → 하대정맥 → 우심방 ★

유미관 ←흡수── 지용성 : 암죽관 → 림프관 → 가슴관 → 좌쇄골하정맥 → 상대정맥 → 우심방 ★
(암죽관)

림프관

      심장에서 섞임

★ 대장

대장 : 효소 ✕

                  셀룰로즈(섬유소)

대장균 : 효소 O   ex. 셀룰라제 (식물 세포벽 분해효소)
        ↳ 식물을 분해(소화)할 수 있다

Ch 12. 순환계

* 혈액의 응고

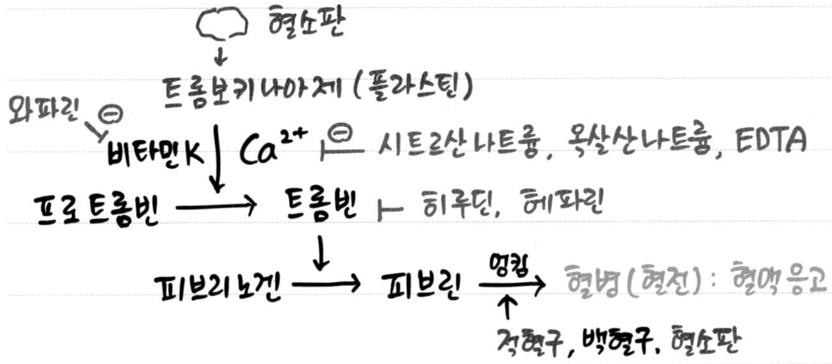

혈소판
↓
트롬보키나아제 (플라스틴)

와파린 ⊖ ⌐ 비타민K ↓ Ca^{2+} ⊢⊖ 시트르산나트륨, 옥살산나트륨, EDTA

프로트롬빈 ⟶ 트롬빈 ⊢ 히루딘, 헤파린

피브리노겐 ⟶ 피브린 엉킴⟶ 혈병 (혈전) : 혈액 응고
↑
적혈구, 백혈구, 혈소판

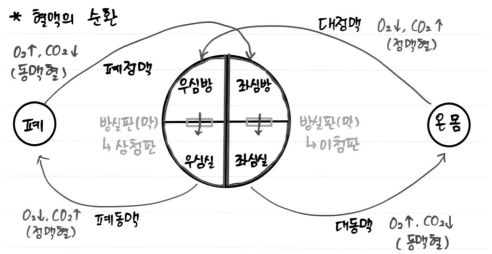

※ 혈액의 순환

O₂↑, CO₂↓
(동맥혈)
$O_2\uparrow, CO_2\downarrow$ (동맥혈)

폐정맥

대정맥 O₂↓, CO₂↑
(정맥혈)
대정맥 $O_2\downarrow, CO_2\uparrow$ (정맥혈)

우심방   좌심방

폐   방실판(막) ↳삼첨판   ↓   ↓   방실판(막) ↳이첨판   온몸

우심실   좌심실

O₂↓, CO₂↑   폐동맥
(정맥혈)
$O_2\downarrow, CO_2\uparrow$ (정맥혈) 폐동맥

대동맥   O₂↑, CO₂↓
(동맥혈)
대동맥 $O_2\uparrow, CO_2\downarrow$ (동맥혈)

1. 대순환 : 좌심실 → 대동맥 → 온 몸의 모세혈관 → 대정맥 → 우심방

2. 폐순환 : 우심실 → 폐동맥 → 폐포의 모세혈관 → 폐정맥 → 좌심방

＊ 심전도

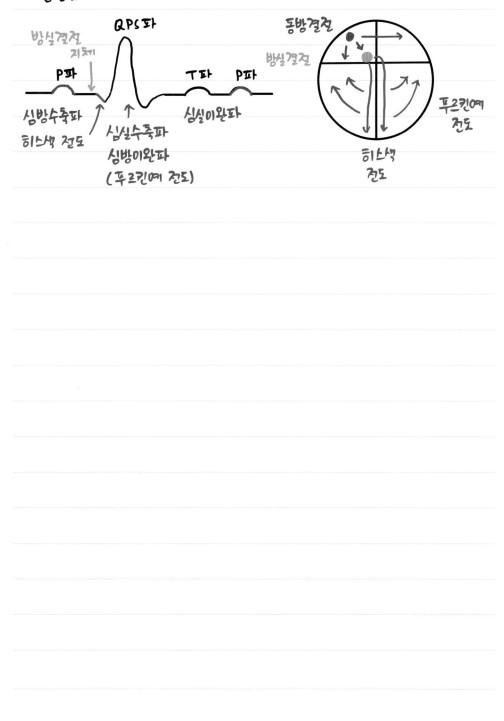

QPS파

방실결절
지체

P파

심방수축파
히스색 전도

심실수축파
심방이완파
(푸르킨예 전도)

T파

심실이완파

P파

동방결절

방실결절

푸르킨예
전도

히스색
전도

* 혈관의 종류와 기능 물질교환

　　총단면적 : <u>모세혈관</u> > 정맥 > 동맥

　　혈류속도 :　동맥 > 정맥 > <u>모세혈관</u> 가장 느림

　　　혈압 :　동맥 > 모세혈관 > 정맥

* 순환계 질환

　1. 고혈압　　2. 동맥경화 (by LDL)　　3. 뇌졸중

* 평균 동맥압 구하기*

　　　　　　　　　　　　이완기압　　수축기압

　= 이완기압 + $\frac{1}{3}$ (맥압)　　80 / 120 mmHg

　=　80　　+ $\frac{1}{3}$ (40)　　　　맥압 = 40

　=　93 mmHg (기준)

Ch 13. 면역

* 감염에 대한 방어기작의 구분

Tip. 변성(경관성) → 판단
T. B 림프구 외에는 다 선천. 구분만 하면 됨!

바이러스 중성↓

┌ 선천 (내재, 비특이적): 신속, 약함   ex. 피부, 점막, 리소자임, 위산, 인터페론,
│   보체, 호중구, 호산구, 호염기구, 대식세포,
│   용해(C1~C30)   자연살해세포
│
│
└ 후천 (획득, 특이적): 느림, 강함   <비활>   <활>
      ex. 림프구 ┬ T 림프구 (세포성) ┬ CD4T → Th (도움T): 세포를 도움
       *   │   └ CD8T → Tc (세포독성T): 세포 파괴
                └ B 림프구 (체액성) → plasma (형질세포): 항체 분비
                                        ↙
                              체액에 가서 방어작용

✱ 염증 반응

순서 ───────────→

1. 비만 + 대식
   ── 식균×

2. 　　　대식 + 호중구
   　　　　── 식균○

3. 　　　　　　　호중구
   　　　　　　　── 식균○

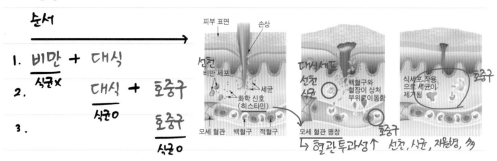

피부 표면　　손상

선천
비만 세포　　세균

대식세포
선천
식균

식세포 작용
으로 세균이
제거됨　　호중구

화학 신호
(히스타민)

모세 혈관　백혈구　적혈구

백혈구와
혈장이 상처
부위로이동함

모세 혈관 팽창　　호중구

↳ 혈관투과성↑ 선천, 식균, 자원병, ≫

✱ 후천성 면역 (면생)

	〈생성〉	〈성숙〉	〈감작〉
T세포 :	골수	흉선	비장, 림프절
B세포 :	골수	골수	비장, 림프절

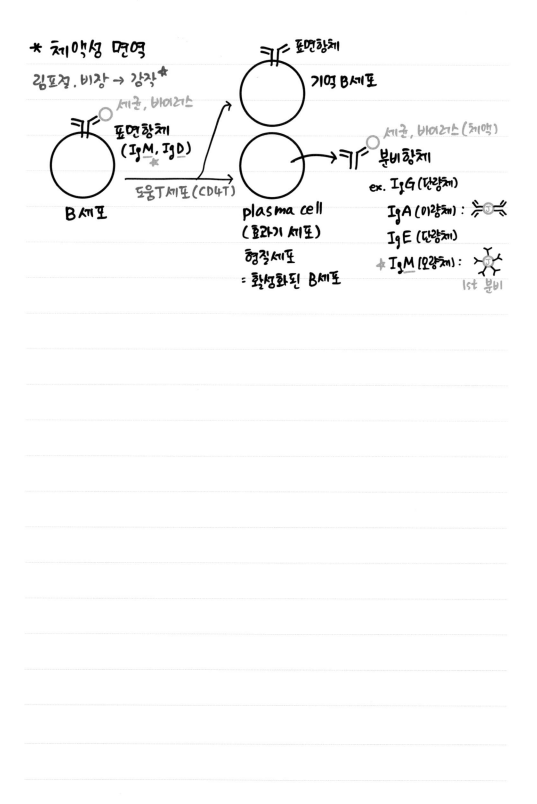

* 체액성 면역

림프절. 비장 → 강작*

세균, 바이러스

표면항체
(IgM, IgD)

B세포

도움T세포(CD4T)

표면항체

기억 B세포

plasma cell
(효과기 세포)

형질세포
= 활성화된 B세포

세균, 바이러스 (체액)

분비항체

ex. IgG (단량체)

IgA (이량체) :

IgE (단량체)

* IgM (오량체) :

1st 분비

✱ 항체의 기능

1. 중화작용

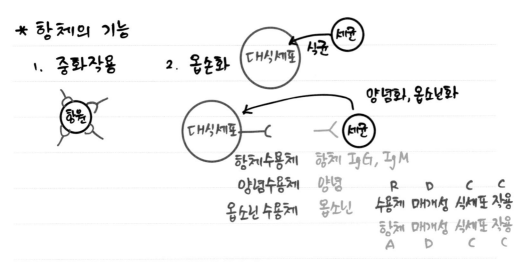

2. 옵손화

양념화, 옵소닌화

항체수용체   항체 I_gG, I_gM
양념수용체   양념
옵소닌 수용체   옵소닌

R   D   C   C
수용체 매개성 식세포 작용

항체 매개성 식세포 작용
A   D   C   C

3. 보체계 활성화와 구멍 형성

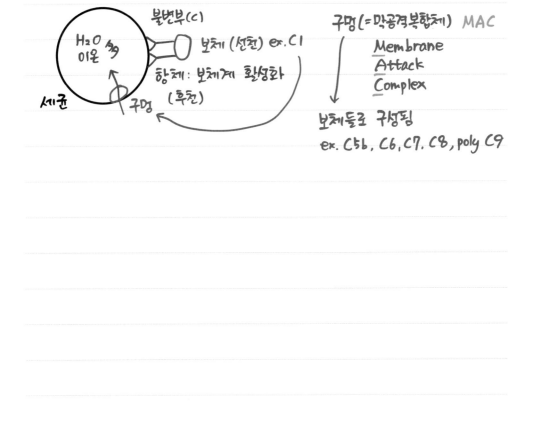

불변부(C)

보체 (선천) ex. C1

항체 : 보체계 활성화
(후천)

H_2O
이온 多

세균   구멍

구멍 (= 막공격복합체)   MAC

Membrane
Attack
Complex

보체들로 구성됨
ex. C5b, C6, C7, C8, poly C9

＊ 세포 매개면역

1. CD8T (세포 독성 T세포, Cytotoxic T cell, CTL)

(날것)
바이러스

(요리사)
프로테아좀
가공

$\alpha 3$ $\alpha 2$

$\beta_2 m$

$\alpha 1$

CD8

림프구

TCR

CD8T (T_c)

→ 재사용

바이러스 항원 ($\alpha \alpha$)

퍼포린 (구멍)

그랜자임 (단백질가수분해효소)

감염된 세포
↳ 사멸

MHC1
(전시) 주조직 적합성 복합체
M H   C   (C)

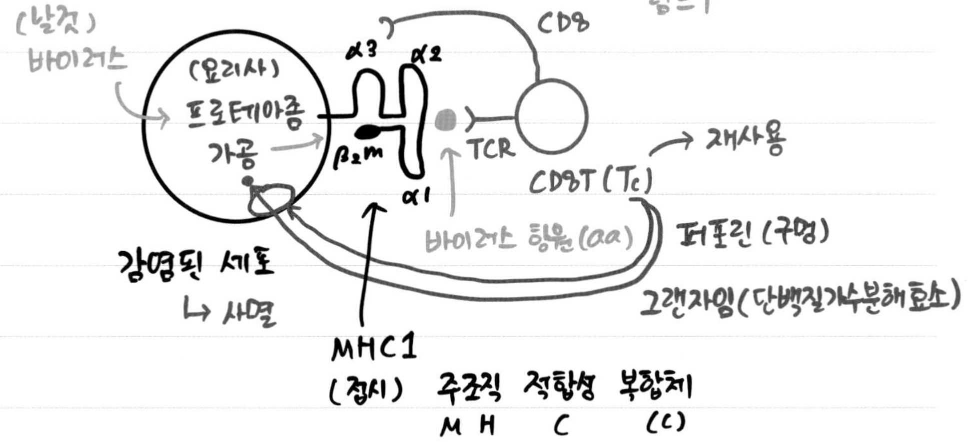

2. CD4T (보조T세포 = 도움T세포 = Th)

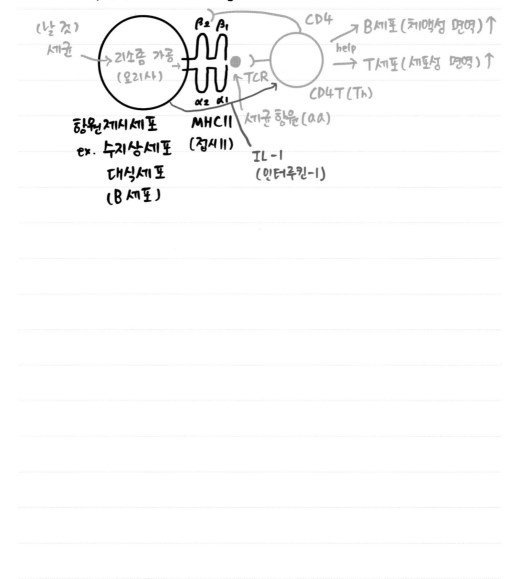

(날 것)
세균

→ 리소좀 가공
(요리사)

항원제시세포
ex. 수지상세포
대식세포
(B세포)

β₂ β₁
α₂ α₁
MHCII
(접시II)

TCR

세균 항원 (aa)

IL-1
(인터루킨-1)

CD4
→ B세포 (체액성 면역) ↑
help
→ T세포 (세포성 면역) ↑
CD4T (Th)

＊ 클론선택 ✈ 〈버넷 – 노벨상〉

골수	말초(림프절, 비장) : 강작 (항원과의 만남)
유전자 재배열 → BCR 다양성 (강작 전에 　이미 확보됨)	

골수: BCR, BCR, BCR (B세포 클론들, 강작 전에 이미 확보됨)

말초: 세균 항원 강작 → B BCR 클론선택 → 증식 분화

동연한 세균항원 → 선택 → 증식, 분화 → 기억B세포 / 형질세포 → 분비항체 대량 빠르게

기억B세포 ★

형질세포 → 분비항체 소량, 천천히

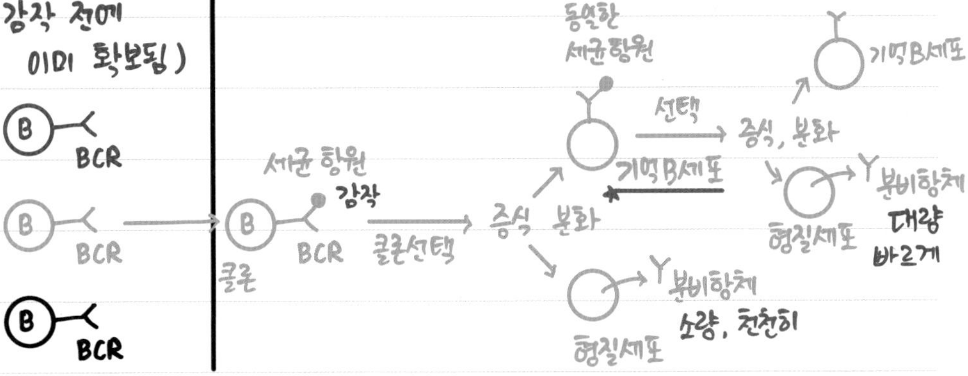

백신 종류에 따라 접종 횟수 다름

✱ 혈액형과 수혈관계

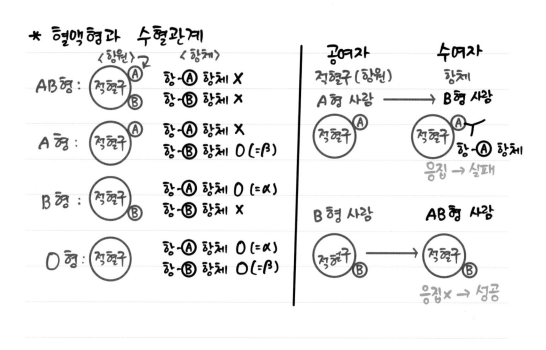

〈항원〉 ㄱ 　　　 **〈항체〉**

AB형 : 적혈구 Ⓐ Ⓑ 　 항-Ⓐ 항체 ✗
　　　　　　　　　 항-Ⓑ 항체 ✗

A형 : 적혈구 Ⓐ 　 항-Ⓐ 항체 ✗
　　　　　　　 항-Ⓑ 항체 ○ (=β)

B형 : 적혈구 Ⓑ 　 항-Ⓐ 항체 ○ (=α)
　　　　　　　 항-Ⓑ 항체 ✗

O형 : 적혈구 　 항-Ⓐ 항체 ○ (=α)
　　　　　 항-Ⓑ 항체 ○ (=β)

공여자 　　　　 **수여자**

적혈구 (항원) 　　 항체

A형 사람 ⟶ B형 사람

적혈구 Ⓐ 　⟶　 적혈구 Ⓐ
　　　　　　　　 항-Ⓐ 항체

응집 → 실패

B형 사람 　　　 AB형 사람

적혈구 Ⓑ 　⟶　 적혈구 Ⓑ

응집✗ → 성공

* RH식 혈액형

ex. 적아세포증

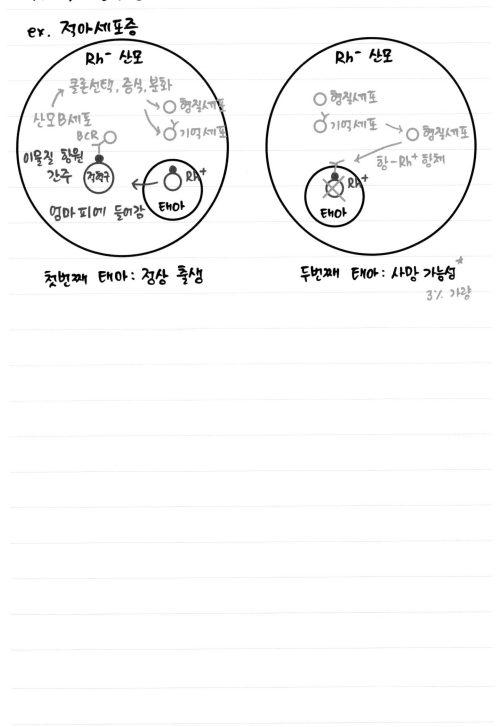

Rh⁻ 산모

클론선택, 증식, 분화
산모B세포 → ○ 형질세포
BCR ○ → 기억세포
이물질 항원
간주 (적혈구) ← ● RА⁺
엄마 피에 들어감 태아

첫번째 태아 : 정상 출생

Rh⁻ 산모

○ 형질세포
기억세포 → ○ 형질세포
RА⁺ ← 항-Rh⁺ 항체
태아

두번째 태아 : 사망 가능성 *
3% 가량

* 면역계의 이상적 현상

1. 면역결핍증 : 면역계의 하나 또는 2 이상의 요소가 결핍

    a. 선천성 면역 결핍증 : 유전적

        ex. 중증복합면역결핍증 (SCID) : T와 B 모두 X or 비활성 상태

        무감마글로불린 혈증 : T는 정상, B는 X → 항체 X

    b. 후천성 면역결핍증 : 살면서 뜨게 됨

        ex. AIDS : HIV 바이러스 감염에 의해 발생하는 질환

2. 자가면역질환 : 면역계가 잘못되어 자기 자신을 공격

    a. 항체-매개성 자가면역질환 : 자신의 분자에 B가 반응

        ex. 류머티스 관절염

    b. T세포-매개성 자가면역질환 : 자신의 분자에 T가 반응

        ex. 인슐린 의존성 당뇨병 이자 β세포 공격 → 인슐린↓ → 혈당↑

3. 알러지 (과민 1형, 즉시형 과민, 아나필락시스)

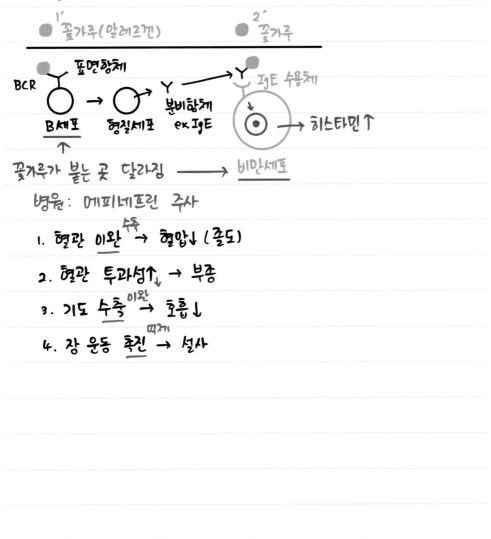

꽃가루가 붙는 곳 달라짐 ──→ 비만세포

병원: 에피네프린 주사

1. 혈관 이완^{수축} → 혈압↓ (졸도)

2. 혈관 투과성↑ → 부종

3. 기도 수축^{이완} → 호흡↓

4. 장 운동 촉진^{억제} → 설사

* 총정리

I. 항체

┌ 태아 수동면역 (산모의 IgG)

분비 ─a. Ig G : 단량체, 多, <u>태반 투과</u>, 중화, 옵소닌화, 보체 활성화

      ├ b. Ig M : 오량체, 가장 먼저 분비, 보체 활성화

      │ c. Ig A : 이량체, 점막면역 ex. 땀, 눈물, 침. 모유 신생아 수동면역

      └ d. Ig E : 단량체, 알러지 유발 (산모의 IgA)

표면 ─e. Ig D : 단량체

2. '호' 시리즈

    a. 호중구 ⟨ ⟩ 3엽 이상, 최다, 세균 방어 (식균)

      ≒ 대식세포

    b. 호산구 ⟨ ⟩ 2엽, 기생충 방어

    c. 호염기구 ⟨ ⟩ 2엽, 알러지, 염증 유발 (히스타민 분비)

      ≒ 비만세포   (식균 작용 X)

Ch 14. 호흡

* 사람의 호흡기관

CO_2 O_2

기도

폐포

폐동맥 CO_2 O_2 → 폐정맥

$O_2\downarrow$ 혈관 $O_2\uparrow$
$CO_2\uparrow$ $CO_2\downarrow$

$O_2\uparrow CO_2\downarrow$
동맥혈

폐정맥

O_2 O_2 좌심방

CO_2 CO_2 우심실

기도   폐포

폐동맥
$O_2\downarrow CO_2\uparrow$

정맥혈

* 호흡운동의 원리

1. 흡기

압격 ⓖ   구강

       압격 ㉔

부피↑←흉강   늑골↑

        횡격막
        수축

〈양기〉
외늑간근 : 수축
내늑간근 : 이완

2. 호기

횡격막↑ (이완)

늑골↓ ｛ 외늑간근 : 이완
         내늑간근 : 수축

흉강 ｛ 압격 ⓖ
      부피 ↓

✻ 호흡운동에 따른 변화

✻ 변성

흉강 내압 초저일 때 ~~폐포 부피도 최저~~ 최고.

폐포 내압 최고일 때 흉강 내압 ~~최저~~

✻ 호흡운동의 조절

변성) 호흡중추, 순환중추, 소화중추 = 연수(뇌)

$$CO_2\uparrow\downarrow + H_2O \rightarrow H_2CO_3 \rightarrow H^+\uparrow\downarrow + HCO_3^-$$

→ 교감신경↑ (노르에피네프린) →

1. $CO_2\uparrow$, $H^+\uparrow$, $pH\downarrow$ → 목/대동맥 수용기↑ → 연수↑ → 호흡(환기)↑

2. $CO_2\downarrow$, $H^+\downarrow$, $pH\downarrow$ → 목/대동맥 수용기↓ → 연수↓ → 호흡(환기)↓

↘ 부교감신경 (아세틸콜린)

* 헤모글로빈의 산소친화도와 산소포화도 곡선

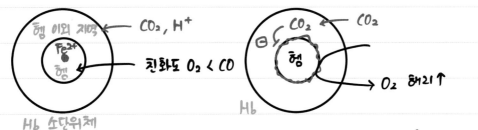

Hb 소단위체

$$Hb + 4O_2 \underset{②\ 해리}{\overset{①\ 포화}{\rightleftharpoons}} Hb \cdot (O_2)_4$$

$Hb + CO_2 \rightarrow Hb \cdot CO_2$ ⟨ O_2 해리↑
포화↓

pH↑ 기체용해도↑

① 과정 촉진 : O_2↑ CO_2↓, H^+↓, 온도↓

② 과정 촉진 : O_2↓ CO_2↑, H^+↑, 온도↑

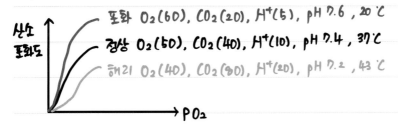

산소 포화도

포화 $O_2(60)$, $CO_2(20)$, $H^+(5)$, pH 7.6 , 20℃

정상 $O_2(50)$, $CO_2(40)$, $H^+(10)$, pH 7.4 , 37℃

해리 $O_2(40)$, $CO_2(80)$, $H^+(20)$, pH 7.2 , 43℃

→ PO_2

cf. 헤모글로빈 vs 미오글로빈 비교

적혈구, 적색↑ (산화된 철)
다량체 (협동성)

근육, 적색
단량체 (비협동성)

Ch 15. 배설

* 여과, 재흡수, 분비

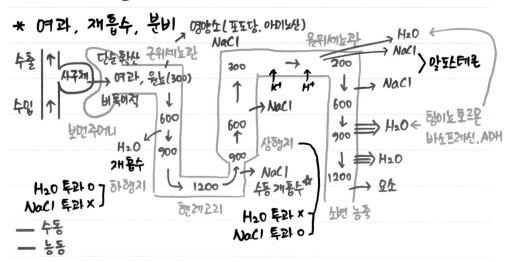

H₂O 투과 O
NaCl 투과 X] 하행지

— 수동
— 능동

H₂O 투과 X
NaCl 투과 O

* 항이뇨 호르몬 (ADH)

시상하부 → ADH → 뇌하수체 후엽 → ADH → 원위세뇨관, → 물 통로 증가
　　　　　　　　　　　　　　　　　　집합관
　　↑
혈중 삼투농도 증가 ⎞ 자극원　　　　　　　　　　　→ H_2O 재흡수 증가
혈압↓　　　　　　 ⎠

　　　　　　　　　　　　　　　　　　혈중 삼투농도↓　⎞ 항상성
　　　　　　　　　　　　　　　　　　혈액량↑ (혈압↑) ⎠
　　　　　　　　　　　　　　　　　　소변량↓

* 알도스테론

혈액량↓ : 과립세포 → 레닌
　　　　　　　　　　↓ 활성화

안지오텐시노겐 ──→ 안지오텐신 I → 안지오텐신 II
(간)*　불활　　　　　중간활성　　　　　　　　* 활성

　　　　　　　　　　　　　　　　　　ACE (안지오텐신 전환 효소)
　　　　　　　　　　　　　폐*　　　↓
　　　　　　　　　　　　　↓
　　　　　　　　　┌──────→ 부신 피질*
　　　　　　　　　↓
　　　　알도스테론 ┬→ Na^+ 재흡수 → H_2O 재흡수 → 혈액량↑
　　　　　　　　　│　　　　　(주)　　　　　　　　　　항상성
사구체　　　　　　└→ K^+ 분비 (보)
결사구체기구　　　　　(원위세뇨관, 집합관)
(과립세포)
수입소동맥

"RAAS" 레닌 - 안지오텐신 - 알도스테론 시스템

Ch 16. 뉴런과 신경계

* 뉴런의 구조

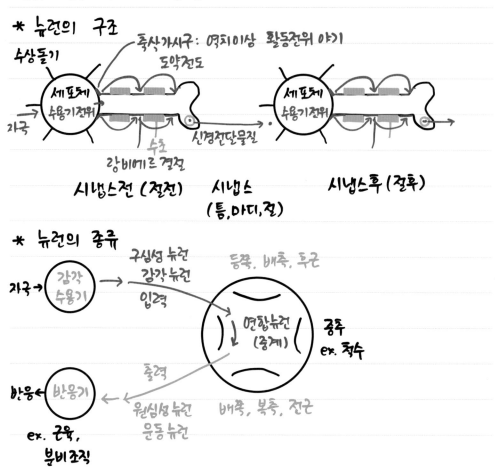

축삭가시구: 역치이상 활동전위 야기
도약전도

수상돌기

세포체
수용기전위

자극

수초

랑비에르 결절

신경전달물질

시냅스전 (전전)   시냅스   시냅스후 (전후)
              (틈,마디,점)

* 뉴런의 종류

자극→ 감각
수용기

구심성 뉴런
감각 뉴런
입력

등쪽. 배측. 후근

연합뉴런
(중계)

중추
ex. 척수

반응← 반응기

출력

원심성 뉴런
운동 뉴런

배측, 복측, 전근

ex. 근육,
분비조직

* 신경전도속도 영향요인

  수초 O : 도약전도O → 빠름

       X : 도약전도X → 느림

  두께 두꺼움 : 저항↓ → 빠름

      얇음 : 저항↑ → 느림

* 전도 ***

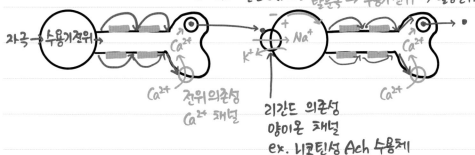

신경전달물질 (리간드)
ex. 아세틸콜린(Ach)

역치 이상 활동전위

탈분극* → 수용기전위 → 활동전위

자극→수용기전위

전위 의존성
Ca²⁺ 채널

리간드 의존성
양이온 채널
ex. 니코틴성 Ach 수용체

＊ 활동전위의 형성

자극 전 = 분극, 휴지막 전위

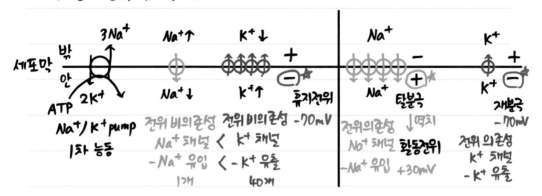

세포막
밖
안

3Na⁺
ATP 2K⁺
Na⁺/K⁺ pump
1차 능동

Na⁺↑
Na⁺↓
전위 비의존성

K⁺↓
K⁺↑
전위 비의존성 -70mV
Na⁺ 채널 < K⁺ 채널
-Na⁺ 유입 < -K⁺ 유출
1개   40개

＋
－ 휴지전위

Na⁺
Na⁺
탈분극
전위의존성
Na⁺ 채널 **활동전위**
-Na⁺ 유입 +30mV
↓역치

K⁺
－
K⁺ ＋
－ 재분극
-70mV
전위 의존성
K⁺ 채널
-K⁺ 유출

(세포막 안쪽 기준)

mV
(활동) +30
(역치) -50
-70

탈분극
분극
재분극
과분극

〈암기〉

전위의존성 Na⁺ 채널: 100% close

전위의존성 K⁺ 채널: open

✳ 중추신경계

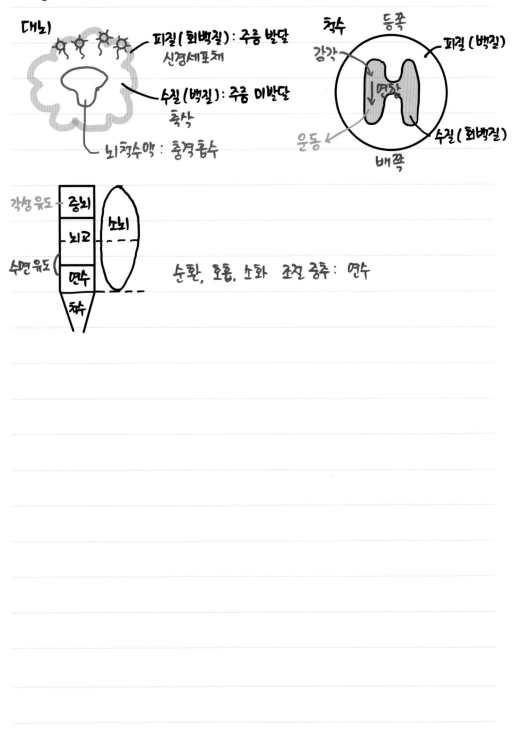

(대뇌)
- 피질 (회백질) : 주름 발달
  신경세포체
- 수질 (백질) : 주름 미발달
  축삭
- 뇌척수액 : 충격흡수

척수 등쪽
- 감각
- 연장
- 운동
- 배쪽
- 피질 (백질)
- 수질 (회백질)

- 각성유도 → 중뇌
- 뇌교
- 수면유도 ← 연수
- 척수
- 소뇌

순환, 호흡, 소화 조절 중추 : 연수

✻ 말초신경계

체성운동신경 (대뇌지배) ⎾ 뇌신경 12
                      ⎿ 척수신경 31

자율운동신경 (대뇌지배 ✕)
┌ 교감신경 (흥분, 급박, 긴급, 도둑놈, 운동) → 1. 동공 이완
│   ↕ 길항   2. 기도 이완 (호흡↑)
└ 부교감신경 (휴식, 평안)   3. 방광 이완 (소변↓)
                                          4. 심장 촉진
                                          5. 소화 억제 (침, 위, 소장,
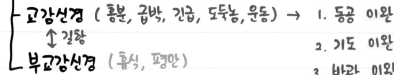
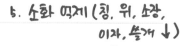
                                                       이자, 쓸개 ↓)
                                          6. 질 수축, 사정 촉진
                                          7. 포도당 분비↑ (에너지원)
                                          8. 부신 수질 자극 →에피네프린
                                                          분비

부교감 뇌 연수 ———— 절전 ———— • 절후 •
                                Ach   Ach

교감 흥수 완수 • 절전 ———— • 절후 ————————— •
              Ach   (N)E
                                      (노르)에피네프린

부교감 천수 ———— 절전 ———— • 절후 •
                          Ach   Ach
      (골반내)

Ch 17. 내분비계와 호르몬

* 뇌하수체

신경세포

후엽

혈관

전엽

내분비세포 자극 → 뇌하수체 전엽 호르몬 생성, 분비

시상하부 생성

1. 항이뇨호르몬 → 원위세뇨관, 접합관 : H_2O 재흡수 ― 혈액량↑, 소변량↓
   = 바소프레신, ADH

2. 옥시토신   유방 : 수축 → 모유
   　　　　　자궁 : 수축 → 분만

* 갑상선과 부갑상선

1. 갑상선

a. 시상하부 → TRH → 뇌·전엽 → TSH → 갑상선 → T_4 (티록신)

T_3 (트리요드티로닌)

: 대사 촉진, 열생성 촉진

b. 혈중 $[Ca^{2+}]$↑ : 갑상선 → 칼시토닌

뼈에 작용

뼈 Ca^{2+} 유리 억제 (뼈 튼튼) → 혈중 $[Ca^{2+}]$↓

2. 부갑상선

혈중 $[Ca^{2+}]$↓ : 부갑상선 → PTH ┬ 신장: Ca^{2+} 흡수

활성 비타민D 형성

↓이동

소장: Ca^{2+} 흡수

└ 뼈: Ca^{2+} 유리 (뼈 연약)

⇓

혈중 $[Ca^{2+}]$↑

시상하부 호르몬	뇌하수체 전엽호르몬	표적세포
GnRH 생식선 자극호르몬 분비 촉진 호르몬	Gn⌈ FSH (여포자극호르몬) ⌊ LH (황체형성호르몬)	여포 황체
TRH 갑상선 자극호르몬 분비 촉진 호르몬	TSH (갑상선 자극호르몬)	갑상선
CRH 부신피질 자극호르몬 분비 촉진 호르몬	ACTH (부신피질 자극호르몬)	부신피질
PRH 프로락틴 분비 촉진 호르몬	P (프로락틴)	유방
MRH 멜라닌 자극호르몬 분비 촉진 호르몬	MSH (멜라닌 자극호르몬)	색소세포
GHRH 성장 자극호르몬 분비 촉진 호르몬	GH (성장 자극호르몬)	온 몸

✽ 그레이브스병 = 항-TSH 수용체 항체 (면역)

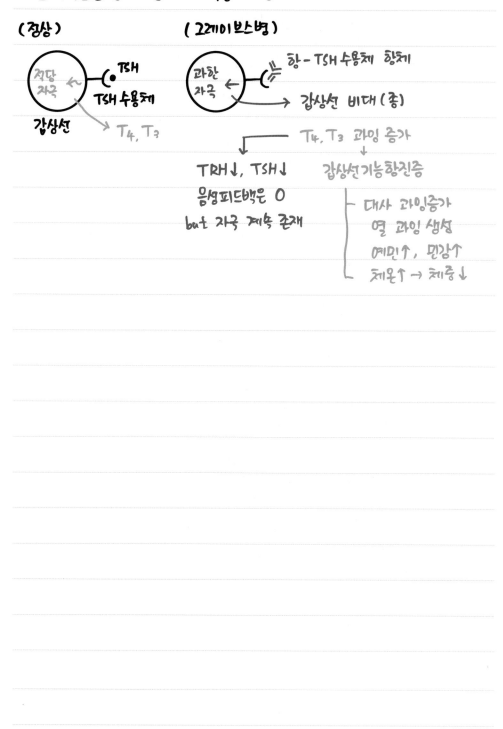

(정상)

자당 자극
갑상선

● TSH
TSH 수용체
→ T₄, T₃

(그레이브스병)

과한 자극
→ 항-TSH 수용체 항체
→ 갑상선 비대 (종)

T₄, T₃ 과잉 증가
↓
갑상선기능항진증

TRH↓, TSH↓
음성피드백은 O
but 자극 계속 존재

- 대사 과잉증가
- 열 과잉 생성
- 예민↑, 민감↑
- 체온↑ → 체중↓

＊ 부신

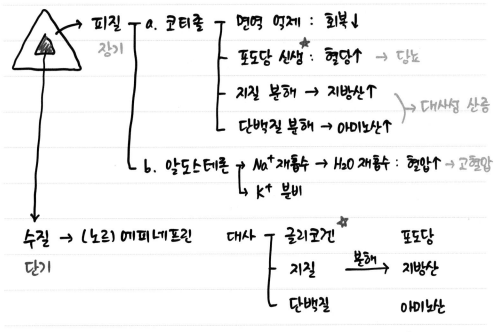

피질 ┬ a. 코티졸 ┬ 면역 억제 : 회복↓
장기 │   ├ 포도당 신생* : 혈당↑ → 당뇨
│   ├ 지질 분해 → 지방산↑ ⎫
│   └ 단백질 분해 → 아미노산↑ ⎭ → 대사성 산증
│
└ b. 알도스테론 → Na⁺ 재흡수 → H₂O 재흡수 : 혈압↑ → 고혈압
               ↳ K⁺ 분비

수질 → (노르) 에피네프린   대사 ┬ 글리코겐*   포도당
단기   ├ 지질   ──분해→ 지방산
                                  └ 단백질   아미노산

Tip : 혈당 증가 방법의 차이점 구별!

* 이자

1. 혈당↑ : 이자β → 인슐린 ┌ 간 : 포도당 $\xrightarrow{\text{합성}}$ 글리코겐 → 포도당↓ (혈당↓)

    (식후)   └ 체세포 : 포도당 흡수 → 포도당↓ (혈당↓)

                            인슐린 수용체 O

2. 혈당↓ : 이자α → 글루카곤 → 간 : 글리코겐 $\xrightarrow{\text{분해}}$ 포도당↑ (혈당↑)

    (식전)

cf. 변성

          10 ~ 20%   대부분

1. 1형 당뇨 (유아기)   2. 2형 당뇨 (성인)

  · 이자β 파괴   · 이자β 파괴 X

  · 인슐린 부족 : 인슐린 주사 치료   · 인슐린 수용체 ┌ 갯수 부족

                                   └ 기능 저하

  · 혈당↑   인슐린 주사로 치료 X

                                식이요법 O

                    · 혈당↑

* 생식선

〈 남성 〉

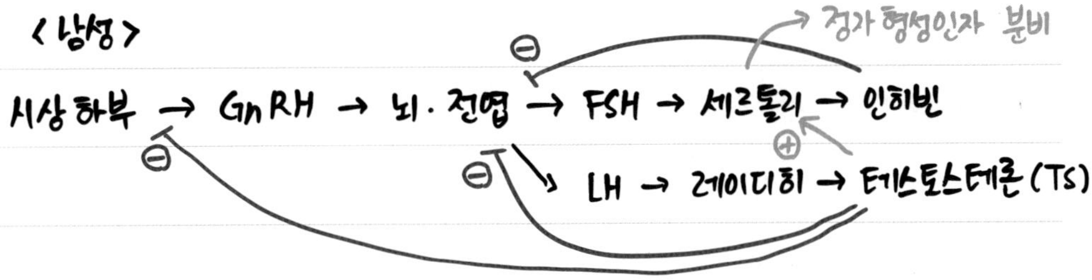

시상하부 → GnRH → 뇌·전엽 → FSH → 세르톨리 → 인히빈

→ 정자 형성인자 분비

LH → 레이디히 → 테스토스테론 (Ts)

Ch 18. 감각

* 시세포

1. 원추세포 : 강한 빛 (작용)

색깔 구분

로돕신 = 레티날 + 옵신 ⎰ 적 - 색맹 (X염색체)
⎱ 녹
청 색맹 (상염색체)

2. 간상세포 : 약한 빛(작용)

명암 구분

로돕신 = 레티날 + 옵신 ← 녹색 (한 파장)

* 간상세포에 의한 시각의 성립

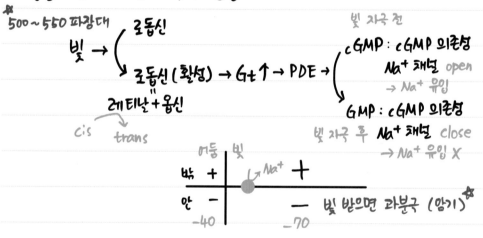

★ 500~550 파장대

빛 → ⎰ 로돕신
⎱ 로돕신 (활성) → G$_t$↑ → PDE → ⎰ cGMP : cGMP 의존성 Na⁺ 채널 open → Na⁺ 유입
⎱ GMP : cGMP 의존성 Na⁺ 채널 close → Na⁺ 유입 X

레티날 + 옵신

cis → trans

빛 자극 전

빛 자극 후

이동 빛

밖 + | ↳Na⁺ +
안 − | — 빛 받으면 과분극 (암기) ★
-40 | -70

* 원근 조절

a. 먼 곳

b. 가까운 곳

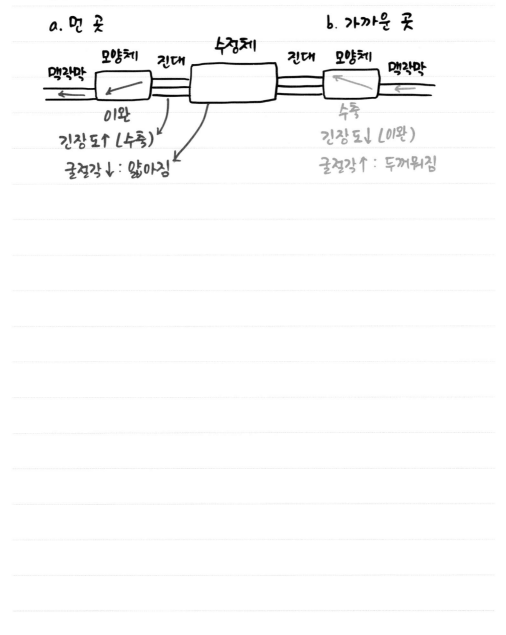

모양체 **진대** **수정체** **진대** **모양체**

맥락막 **맥락막**

이완

긴장도↑ (수축)

굴절각↓ : 얇아짐

수축

긴장도↓ (이완)

굴절각↑ : 두꺼워짐

* 명암 조절

	밝을 때	어두울 때
환상근	수축	이완
방사근 (종주근)	이완	수축
동공 직경	감소 흡수, 빛 양↓	증가 흡수, 빛 양↑

* 사람의 청각

유모세포
(털세포)

청각
감각수용기세포

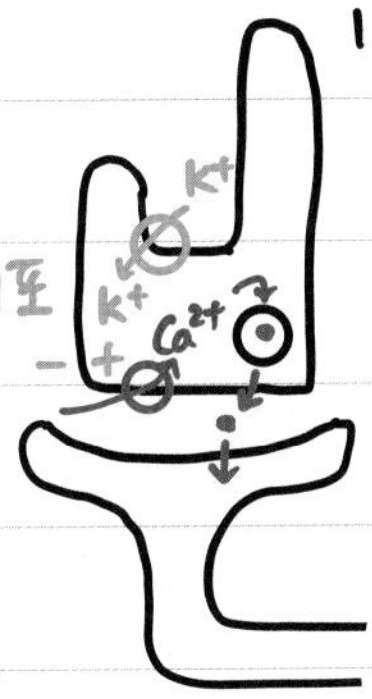

1. 섬모: 긴 쪽으로 휠 때   **2. 짧은 쪽으로 휠 때**

기계의존성 K^+ 채널: open   close

K^+ 유입 → 탈분극 야기 K^+ 유입 X → 과분극 야기

전위의존성 Ca^{2+} 채널: open   close

청각 감각
신경세포

Ca^{2+} 유입 → 신경전달물질 (외) Ca^{2+} 유입 X → 少

흥분성   多   ↓

활동전위 빈도↓

역치 이상 → 활동전위 → 대뇌(측두엽)

(빈도수 증가)   청각 인지

✳ 사람의 후각

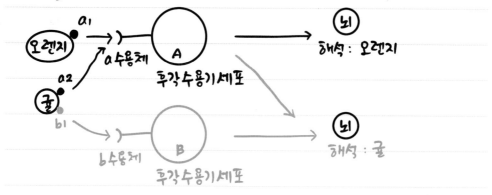

2025

Critical
포인트 생 물

필기노트